普通高等教育"十三五"规划教材
——风景园林建筑系列

风景园林建筑设计基础

第二版

毛靓　杨雪　毕迎春　主编

田大方　审

U0388134

化学工业出版社
·北京·

《风景园林建筑设计基础》（第二版）为风景园林及相关设计类专业的专业基础课教材，共分绪论、上篇（风景园林建筑设计概论）、中篇（风景园林建筑设计）和下篇（风景园林建筑实例），全书共 16 章。本版在第一版的基础上，增加了城乡规划方面的基本知识，主要涵盖了建筑基础知识、城乡规划基础知识、风景园林史、建筑史、风景园林建筑表现、风景园林建筑空间设计、风景园林建筑造型设计、风景园林建筑技术设计、风景园林建筑场地设计、风景园林建筑设计实例等方面的内容，使学生能够更全面地了解风景园林建筑设计。同时，本版教材中还更新了部分风景园林建筑实例，以丰富学生的视野，提高学生的鉴赏能力。

《风景园林建筑设计基础》（第二版）适合风景园林、景观设计、建筑设计、城乡规划、环境艺术及相关设计类专业师生使用，也可作为对风景园林建筑设计感兴趣人员的自学教材以及相关设计人员的参考用书。

图书在版编目（CIP）数据

风景园林建筑设计基础/毛靓，杨雪，毕迎春主编. —
2 版. —北京：化学工业出版社，2018.6（2023.1 重印）
普通高等教育"十三五"规划教材. 风景园林建筑系列
ISBN 978-7-122-32025-4

Ⅰ.①风… Ⅱ.①毛… ②杨… ③毕… Ⅲ.①园林建筑-园林设计-高等学校-教材 Ⅳ.①TU986.4

中国版本图书馆 CIP 数据核字（2018）第 082575 号

责任编辑：尤彩霞
责任校对：边　涛　　　　　　　　　　　　装帧设计：韩　飞

出版发行：化学工业出版社（北京市东城区青年湖南街 13 号　邮政编码 100011）
印　　刷：三河市航远印刷有限公司
装　　订：三河市宇新装订厂
787mm×1092mm　1/16　印张 16¼　字数 418 千字　2023 年 1 月北京第 2 版第 5 次印刷

购书咨询：010-64518888　　售后服务：010-64518899
网　　址：http://www.cip.com.cn
凡购买本书，如有缺损质量问题，本社销售中心负责调换。

定　　价：49.00 元

序

中国风景园林学会（Chinese Society of Landscape Architecture）2009 年年会在《中国风景园林学会北京宣言》中提出，风景园林是已经持续数千年的人类实践活动，是大众物质和精神生活的基本需要，是人类文明不可或缺的组成部分。风景园林工作者的核心价值观是：人与自然、精神与物质、科学与艺术的高度和谐，即现代语境中的"天人合一"。风景园林专业作为人居环境科学的三大支柱之一，其地位日益重要；与此同时，风景园林建筑设计及其相关理论在风景园林学科中的地位与作用也愈发凸显。

风景园林建筑从属于建筑学范畴，作为风景园林及景观专业一门重要的主干课程，是自然科学与人文社会科学高度综合的实践应用型课程。从其形成与发展、设计方法与过程、施工技术和艺术特点等方面比较，风景园林建筑同普通的工业与民用建筑既有共性的特征，又有个性的区别。目前，在国内大多数高等院校风景园林及景观类专业的风景园林建筑教学中，普遍存在课程体系不完整、专业特色不突出、课程设置与实践结合不够紧密、教学内容不能完全适应学科发展等问题。针对以上不足之处，该套风景园林建筑系列图书在强调教学的针对性和时效性的同时，侧重与工程实例相结合，具有以下三个特点：继承性与创新性、全面性与系统性、实用性与适用性。本系列图书由风景园林建筑理论、风景园林建筑技术、风景园林建筑设计三大部分构成。各单册包括《风景园林建筑设计基础》《风景园林建筑设计与表达》《风景园林建筑快速设计》《风景园林建筑结构与构造》《风景园林建筑管理与法规》等。

本套教学及教学参考书由东北林业大学园林学院组织学院建筑教研室的教师编写，参编人员的研究方向涉及建筑学、城市规划、风景园林、环境艺术、土木工程和园林植物与观赏园艺等学科领域，构成了复合型的学缘结构体系，在教学与科研方面具有较丰富的经验。同时，主要参编人员均为国家一级注册建筑师，曾长期从事建筑设计与城市规划设计实践工作，拥有完备的工程设计经验与理论结合实践的能力，并在教学岗位工作多年，因此本套书对教学与工程实践均具有较强的指导作用，适用于风景园林、园林、景观、环境艺术、园艺等专业的高等教育、专业培训及相关工程技术人员参考使用，适应性广、实用性强。

风景园林建筑教学及教学参考书的各单册将陆续与广大读者见面。希望本套书的出版，能够促进风景园林建筑教学的进一步发展，为培养更多的优秀风景园林人才起到积极的作用。

国务院风景园林专业学位指导委员会委员、中国风景园林学会理事

前　言

自 2010 年本教材出版以来，风景园林事业取得了飞速发展，风景园林学科体系日趋完善，风景园林专业教育教学内容、方法和手段不断更新和拓展。为了适应高等学校风景园林专业人才培养的新需求和新要求，结合当前新的发展形势，本教材在课程内容方面做了较大的修改，及时补充了最新的行业发展所需的内容，增加了城乡规划方面的基本知识，使课程体系更加完整，力求为风景园林专业的学生提供较为全面的风景园林建筑知识。

《风景园林建筑设计基础》（第二版）主要涵盖了建筑基础知识、城乡规划基础知识、风景园林史、建筑史、风景园林建筑表现、风景园林建筑空间设计、风景园林建筑技术设计、风景园林建筑场地设计等方面的内容，使学生能够更全面地了解风景园林建筑设计。同时，教材中还更新了部分风景园林建筑实例，以丰富学生的视野，提高学生的鉴赏能力。教材共分绪论、上篇（风景园林建筑设计概论）、中篇（风景园林建筑设计）和下篇（风景园林建筑实例）。

《风景园林建筑设计基础》（第二版）力图建构风景园林建筑的完整知识结构体系，即风景园林建筑设计理论、风景园林建筑设计和风景园林建筑技术，并在有限的学时内完成风景园林建筑设计教学任务，达到风景园林建筑课程体系的培养目标，以满足目前高等院校相关专业课程的教学参考用书，并兼顾相关从业人员培训的需求。

本书第 1、4、7 章由毛靓编写；第 2、8、11、16 章由任君华编写；第 3、9 章由杨雪编写；第 5 章由刘洁编写；第 6、12 章由邵卓峰编写；第 10 章由刘洁、邵卓峰编写；第 13、14 章由毕迎春编写；第 15 章由杨雪、毕迎春编写。

全书由东北林业大学园林学院田大方教授负责审阅，并对书稿提出许多宝贵的意见和建议。

由于编者水平有限，书中难免有不足和欠妥之处，恳请广大读者提出宝贵意见，以便进一步修改和提高。

编　者
2018 年 7 月于哈尔滨

第一版前言

改革开放以来，特别是 20 世纪 90 年代以后的近 20 年时间里，中国风景园林伴随着中国经济的繁荣和人们对人居环境意识的提高，获得了前所未有的迅速发展，其内容和形式也发生了巨大的变化。面对经济社会生活环境的巨大变化，中国风景园林学会适时提出，风景园林工作者的核心价值观是：人与自然、精神与物质、科学与艺术的高度和谐，即现代语境中的"天人合一"；风景园林工作者的历史使命是：保护自然生态系统和自然与文化遗产，规划、设计、建设和管理室外人居环境。

随着风景园林学科的不断发展，作为人居环境科学的重要组成部分，其地位日益重要，所涵盖的学科范围也日趋明确，即风景园林资源保护与利用、风景园林规划与设计、风景园林建设与管理三个方面。同时，风景园林建筑及其相关理论在风景园林学科中的地位与作用也逐渐突出。在风景园林专业教学中，强化风景园林建筑的主干课程地位，完善课程体系，对优化学生知识结构、拓宽学生知识面、使学生能够尽快适应社会发展需要，具有重大的现实意义。

"风景园林建筑"是风景园林及景观专业一门重要的专业主干课程，同时，又是风景园林学、建筑学、城市规划、环境艺术、园艺、林学、文学艺术等自然与人文科学高度综合的一门应用型课程。按学科门类划分，风景园林建筑应属于建筑学范畴，但从风景园林建筑的形成、发展的过程、设计手法、施工技术及艺术特点等方面与建筑设计又有所区别。

本教材是风景园林建筑系列中的一本，针对目前国内大多数高等院校风景园林及景观类专业在风景园林建筑教学方面存在的课程体系不完整、教学内容陈旧、教学方法和课程设置与实践有所脱节等具体实际情况，本书对传统"园林建筑"课程内容进行了丰富、充实和提高，补充了关于风景园林建筑发展、风景园林建筑表现、风景园林建筑技术设计、风景园林建筑场地设计等方面的内容，使学生能够更全面地了解风景园林建筑设计。同时，教材中还整理了古今中外较有影响的风景园林建筑实例，以丰富学生的视野，提高学生的鉴赏能力。教材分绪论、风景园林建筑设计概论（上篇）、风景园林建筑设计（中篇）和风景园林建筑设计实例（下篇）等，共计 16 章内容。

本教材力图构建风景园林建筑学的完整学科知识结构体系，即风景园林建筑设计理论、风景园林建筑设计和风景园林建筑技术，并在有限的学时内完成风景园林建筑设计教学任务，达到风景园林建筑专业的培养目标，以满足目前高等院校相关专业课程的教学参考用书需求，并兼顾相关从业人员培训的需求。

由于编者水平有限，书中难免有不足之处，恳请广大读者提出宝贵意见，以便进一步修改和提高。

编　者
2010 年 1 月于哈尔滨

目　录

中篇　风景园林建筑设计

下篇　风景园林建筑实例

第1章 绪 论

风景园林建筑既是建筑类型中的一种，又是风景园林环境的重要组成要素之一，具有建筑和风景园林的双重性质。对于风景园林和相关专业的学生来说，需要全面掌握建筑和风景园林的基本特点、研究手段和设计方法。本书编写的目的是介绍风景园林建筑设计的基础知识，使风景园林和相关专业的学生能够认识风景园林建筑，掌握风景园林建筑的基本理论知识、风景园林建筑学的研究方法、风景园林建筑的创作内容与方法、建筑规范及建筑制图要求，进而具有一定的风景园林建筑创作能力和鉴赏能力。

1.1 风景园林

1.1.1 园林

园林在中国的古今书籍中根据不同的性质，有不同的称谓，如：苑、庭院、山庄、园等。在这些众多的称谓中，它们的性质、规模可能不完全相同，但它们共同的特点就是：在一定的地段内，利用并改造天然山水、地貌或人为地开辟山水地貌，同时结合植物的栽植和建筑的布置，构成一个供人们观赏、游憩、居住的环境。而创造这样一个环境的全过程就叫"造园"。

由此可见，园林的基本构成要素是：山、水、植物和建筑。

——山、水：是园林的地貌基础，对于地表的起伏处理、水体的开辟和加工，我们称之为"筑山"和"理水"。

——植物：园林的植物就其起源来说，源于生产目的，随着社会的发展和科技的进步，种植园林植物的目的也就逐步由生产转变为观赏为主。

——建筑：指园林中除山水植物以外的全部，包括：屋宇、建筑小品以及各种工程设施。

既然园林的基本构成要素是：山、水、植物和建筑，那么，筑山、理水、植物配置和建筑（包括房屋、道路及建筑小品等）的营造就成为造园的基本内容。

1.1.2 景观

今天在汉语语境下，就景观的概念，我们可以理解为，小到室内、庭院一角，大到城市、区域的环境，都可以形成我们今天所说的"景观"。大体上，对于景观的构成有两种提法：

第一种，认为景观由软质和硬质要素构成：

软质指树木、水体、风、雨、阳光、蓝天、白云等自然要素；硬质指景观构筑物、铺地、墙体、堤坝等人造要素。

第二种，认为景观由形体要素和形式要素构成：

形体要素指地形、水体、植物和建筑；形式要素指光影、色彩、声音和质感等。

无论是软质和硬质，还是形体和形式，景观的界定范围要大于风景园林。

1.1.3 风景

一般指大自然的风光美景，但随着人类社会的不断发展进步，以及人类对风景的认识的不断深入，风景的概念被延伸和扩大。根据尚阔先生的分类方法，以风景中自然与人工成分的多寡来区分，可划分为：自然风景、园林风景和城市风景。

自然风景：以自然物为主体所构成的景观、空间和环境，自然景观成为人们观赏的主要对象。其中包括为游览景观提供方便和丰富景观的道路、观赏性建筑、服务设施以及其他人工构筑物。在对自然景观进行丰富加工的同时，必然会受到不同地域、民族、时代、文化传统、艺术品位和社会意识形态的深刻影响，成为特定的人为景观附加在自然景观上。

园林风景：在人类聚居地，特别是城市，秀美的自然景色一般很是难得。因此，人类基于对大自然热爱的天性，以及环保、生态、健康、怡情的需要，采取人工模拟自然的艺术手段再现"自然环境"和"自然景观"。人们凭借主观意愿，按照人们对自然的理解和喜好，对大自然中的诸多风景加以挑选、提纯、浓缩、集中和重塑。可以说园林风景是一种人化的自然。

城市风景：是以建筑物所构成的几何形体与空间以及由其形成的街道、广场、花园、绿地等城市景观。城市风景的概念是人类对于风景认识的扩展和提升，也是自然风景与人工景观相互融合的必然趋势。

1.1.4 风景园林专业

风景园林作为一个专业或学科，18 世纪以前，在欧洲，称为 Landscape Gardening（造园）。到 19 世纪末期，美国的工业发展很快，出现了许多新城市，风景园林事业也随之有了蓬勃发展，美国风景园林师之父奥姆斯特德，改称为 Landscape Architecture。到 20 世纪 60 年代，在美国通常又称为 Landscape Planning and Design，到 80 年代又称为 Environmental Planning and Design。名称的改变，标志着专业的性质和范围的变化和拓展。

1.2 建筑

建筑是一门古老的科学，历史悠久。早在我国古代文献中，曾记载有巢居的传说，如《韩非子·五蠹》："上古之世，人民少而禽兽众，人民不胜禽兽虫蛇。有圣人作，构木为巢，以避群害。"《孟子·滕文公》："下者为巢，上者为营窟"。正是对原始居住方式的描述。

当阶级产生的时候，出现了供统治阶级住的宫殿、府邸、庄园、别墅，供统治者灵魂"住"的陵墓以及神"住"的庙宇。随着生产的发展，出现了作坊、工场乃至现代化的大工厂。商品交换的产生，出现了店铺、钱庄乃至现代化的商场、百货公司、交易所、银行、贸易中心。交通的发展，出现了从驿站、码头直到现代化的港口、车站、地下铁道、机场。科学文化的发展，又出现了从私塾、书院直到近代化的学校和科学研究建筑。

社会不断发展，建筑早已超出了一般居住范围，建筑类型日益丰富，建筑技术不断提高，建筑形象发生着巨大的变化。然而总的说来，从古到今，建筑的目的都是取得一种人为的环境，供人们从事各种活动。所谓人为，是说建造房屋需要人工和材料。而房屋一经建成，这种人为的环境就产生了。它不但为人们提供了一个有遮掩的内部空间，同时也带来了一个不同于原来的外部空间。因此，1999 年《北京宪章》明确提出了广义建筑学的概念，即"广义建筑学就其学科内涵来说，是通过城市设计的核心作用，从观念上和理论基础上把建筑、地景和城市规划学科的精髓整合为一体，将我们关注的焦点从建筑单体、结构最终转换到建筑环境上来。"

1.3 风景园林建筑

华南农业大学的王绍增教授在《风景园林学的领域与特性——兼论 Cultural Landscapes 的困境》一文中提到："从现在的发展情势来看，风景园林学的领域囊括了从房门口到纯自然保护区之间的整个生活空间。"

基于目前风景园林学科的发展，本书中所指的风景园林建筑是在自然风景、城市环境以及其他室外人居环境中的一切人工建筑物。风景园林建筑是在环境中，以丰富景观并为人们游览、休憩提供场所为主要目的的一类建筑。风景园林建筑作为风景园林这一整体之中的有机组成部分，在进行设计的时候，不能不考虑周围所处的大环境。同时，在评价一个风景园林建筑时，也应该以其是否与周围环境构成了有机融合关系，并达到了和谐统一的效果为评价标准。这也是风景园林建筑设计的出发点和归宿。所以，我们在进行风景园林建筑设计时，应考虑包括建筑物在内的风景园林规划设计。

风景园林建筑不同于其他环境要素的最大特点就是其人工成分多，因此，风景园林建筑在营造景观所运用的手段中是最灵活、最积极的，它的体形、色彩、比例、尺度都可以极大地满足景观营造的需要。同时，其外观、形象和平面功能布局除了要满足特定的功能外，还要受到景观的制约。两者是相辅相成，又相互制约的关系。

风景园林建筑的作用：

① 点景　即点缀风景。建筑与山、水、植物或与其他建筑，甚至建筑本身构成风景图画（有宜近看，也有宜远看）。一般情况下，这些建筑物往往是这些画面的重点或主题，没有建筑也就没有了"景"。重要的建筑物常常成为景观中的构图中心。此外，风景园林或城市景观的风格也在一定程度上取决于建筑的风格（如北京的颐和园、哈尔滨的中央大街）。

② 观景　即观赏风景。以建筑物作为观赏景观的场所，它的位置、朝向、封闭或开敞等处理，往往取决于观景的需要。

③ 限定空间　利用建筑围合成一系列的庭院，或以建筑物为主，加之山石花木和水体，将景观划分为若干空间层次。

④ 组织游览路线　利用道路结合建筑物的穿插、"对景"和隔障，创造一种一步一景、步移景异、具有导向性的动态观赏效果。

风景园林建筑的分类：

① 风景游览建筑　风景园林建筑多为此类，具有一定的使用功能。

② 庭院建筑　凡是能围合成庭院空间而形成独立或相对独立的庭院的建筑。

③ 建筑小品　包括露天陈设、家具、小品点缀物（座椅、路标、指示牌等）。

④ 交通建筑　凡是在游览路线上的道路、阶梯、桥梁、码头等。

⑤ 城市景观建筑　城市雕塑、城市小品、公交站点等。

其他具有风景园林功能或风景园林范围内的建筑及建筑小品。

1.4　建筑与风景园林建筑

通过前面对建筑、风景园林建筑的论述，对两者之间的关系应有一个比较明确的界定。即：建筑包含了风景园林建筑，风景园林建筑又是风景园林的构成要素之一。因此，风景园林建筑既有其他建筑的所共有的共性，又有其自身的不同特性。

风景园林建筑具有以下几方面的特性：

① 功能　风景园林建筑的功能要求主要是要满足人的休憩和文化娱乐活动需要，其艺术性要求高，故风景园林建筑较其他建筑有较高的观赏价值，更富有诗情画意。

② 灵活　风景园林建筑受到休憩游乐活动多样性和观赏性的影响，故造成了设计方面的灵活性特别大，可以说是无规可循、"构园无格"。这给空间组合的多样化带来了很多便利的条件。但对待设计灵活性，一定要一分为二。设计条件愈空泛和抽象，设计愈困难。

③ 观景　风景园林建筑所提供的空间要能适合游客在动中观景的需要，务求景色富有

变化，做到步移景异，即在有限的空间中营造丰富的空间效果。因此，其建筑空间序列和观赏路线组织，比其他类型的建筑显得格外重要。

④ 协调　风景园林建筑是环境与建筑有机结合的产物。因此要使其设计有助于增添景色，与环境相协调。重视室内、外空间的组织和利用，通过巧妙布局，使之成为一个整体。

⑤ 配合　组织风景园林建筑空间的物质手段，除了建筑搭建外，筑山、理水、植物配置也极为重要，它们之间不是彼此孤立的，故需紧密配合，构成一定的景观效果。

以上阐述了风景园林建筑的特殊性，确切地说是相对特殊性，是相对而言的。对建筑来说，某种程度上也都具有这些特性，只是对风景园林建筑来说这些特性显得更突出一些。因此，我们既要学习风景园林建筑属于建筑的一些共性内容，又要掌握风景园林建筑的一些特性，只有这样我们才能较全面地掌握风景园林建筑。也就是说，必须是在掌握建筑设计和风景园林规划设计的基础上，才有可能真正学懂风景园林建筑设计。

1.5　如何学习风景园林建筑设计

1.5.1　注重建筑修养的培养

要成为一个优秀的设计师（无论是建筑师、风景园林设计师还是城市规划师）除了需要具备渊博的专业知识和丰富的经验方法外，建筑修养也是十分重要的。建筑修养是设计师进行建筑设计的灵魂。观念境界的高低、设计方向的对错无不取决于自身修养功底的深浅。建筑修养水平的提高不是一蹴而就、打"短平快"、突击战就能做到的，它必须具有持之以恒的决心与毅力，通过日积月累不断努力来取得的。同时，培养良好的学习习惯与作风是十分必要的。

① 培养向前人学习、向别人学习的习惯，以学习并积累相关专业知识经验。

② 培养向生活学习的习惯，因为建筑从根本上说是为人的生活服务的，真正了解了生活中人的行为、需求、好恶，也就把握了建筑功能的本质需求。生活处处是学问，只要有心留意，平凡细微之中皆有不平凡的真知存在。

③ 培养不断总结的习惯。我们需要通过不断总结已完成的设计过程，达到认识、提高、再认识的目的。许多著名建筑师无论走到哪里，常常是笔记本、速写本乃至剪报本伴随左右，这正是良好习惯和作风的具体体现。

1.5.2　注重正确工作作风和构思习惯的培养

捕捉思维的灵感，激发想象的火花以取得一个好的构思需要一定的外在刺激。除此之外，一个好的工作作风和构思习惯对方案构思也是十分重要的。

例如，应养成一旦进行设计就全身心地投入并坚持下去的作风，杜绝那种部分投入并断断续续的不良习惯。常言道"功夫不负有心人"，其中功夫的大小既取决于身心投入的多少，也关乎于持续时间的长短。只有全身心地投入并不间断地持续下去，才能真正认识题目，把握问题的关键所在，不断尝试，采取各种解决方法，最终收获思维的成果。

应养成脑手配合、思维与图形表达并进的构思方式。避免将思维与图形表达完全分离开来，在一般的设计构思中必然会经历思维——图形表达——评价——再思维——调整图形的循环过程。由于设计任务的相关因素繁多，期望完全想好了、理清了再通过图形一次表达出来是不现实的，也是不科学的。在构思过程中如果能够随时随地地、如实地把思维的阶段成果用图形表达出来，不仅可以有助于理清思路，从而把思维顺利引向深入，而且，具体而形象的图形表达对于及时验证思维成果、矫正构思方向起到了单靠思维方式所不及的作用。此外，由于思维与图形表达不可能是完全一致的，两者之间的微差往往会对思维形成新的刺激与启发，对于加速完成构思是十分有利的。

1.5.3　学会观摩与交流

对初学者而言，同学间的相互交流和对建筑名作的适当模仿是改进设计方法、提高设计水平的有效方法。

建筑名作与一般建筑比较有着多方面的优势：其一，对环境、题目有着更为深入正确的理解与把握；其二，立意境界更高，比一般建筑更为关怀人性，尊重环境；其三，构思独特，富有真见卓识；其四，造型美观而得体，富有个性特色和时代精神；其五，体现出更为成熟系统的处理手法与设计技巧。总之，名作所体现的设计方法、观念更接近于我们对建筑设计的理性认识，因而是我们学习模仿的最佳选择。

模仿学习名作必须是在理解的基础之上的，并且应该是变通的乃至是批判的。要坚决杜绝那种生搬硬套、追求时髦和流于形式的模仿，因为非理解的模仿往往是把名作的外在形式剥离于具体的功能和内在的观念，是对名作的完全误解，其负面影响是显而易见的。为了确保把名作读懂吃透，仅仅了解其图形资料是远远不够的，应尽可能多地研究一些背景性、评论性资料，真正做到知其然、又知其所以然。

作为一种学习的辅助手段，同学间的互评交流也是十分有益的。首先，同学间的互评交流为大家畅所欲言，勇于发表独到意见创造一个良好气氛，通过互评交流不仅可以很好地锻炼方案的语言表达能力，而且能够促进形成认真学习、深入思考之风；其次，同学间的互评交流必然形成不同角度、不同立场、不同观念、不同见解的大碰撞，它既有利于学生取长补短、逐步提高设计观念、改进设计方法，又有利于学生相互启发，学会通过改变视角，更全面、更真实地认识问题，进而达到更完美地解决问题之目的。

1.5.4　注意进度安排的计划性和科学性

在确定发展方案之后又推倒重来，在课程设计中是常常出现的问题，这种现象大致分为两种情况：其一，由于前一阶段（方案构思阶段）的任务没有按计划完成，或时间所限而仓促定案，因此存在着较多的问题，最终导致推倒重来，这种情况完全是由于个人没有完成教学进度要求而造成的，应坚决杜绝；其二，前一阶段的任务已基本完成，但设计者自己仍不甚满意，所以竭力进行新的构思，一旦有了更为满意的想法，就会否定原有方案，有的甚至于反复多次方案仍未真正确立。这种精益求精的精神固然可嘉，但是由于时间、精力等诸多客观因素的制约，推倒重来势必会影响下一阶段任务完成的质量与进度，所以这种做法的最终效果肯定是差强人意的，因而也是不可取的。如果有的同学把方案构思等同于方案设计，把方案的深入完善等大量后续工作置于可有可无的位置，则更是错误的，这样既偏离了课程学习训练的目的，也完全误解了方案设计的性质。因为方案构思固然十分重要，但它并不是方案设计的全部，为了确保方案设计的质量水平，尤其使课程训练更系统、更全面，科学地安排各阶段的时间进度是十分必要的。

上篇 风景园林建筑设计概论

第2章 风景园林建筑概述

建筑是指建筑物与构筑物的总称。无论建筑物还是构筑物，都以一定的空间形式存在，是在一定的科学基础上，由特定的人组织、创造并满足人们需要的特定活动空间环境。概括起来包括：人们的活动场所、一门工程、一门科学；一门行业、一种风格或艺术。

2.1 建筑的含义

狭义的建筑含义：

房屋或建筑物——抵御风雨严寒的遮蔽物（图 2-1）。

图 2-1 建筑的遮蔽物功能（冬季的流水别墅）

建筑的物质性特征——墙、柱、楼板、屋面等（图 2-2）。

建筑的偶然性特征——形式、材料、类型、规模、环境、文化等（图 2-3）。

广义的建筑含义：包括所有人类居住环境，即人居环境。

建筑与环境作为不可分割的整体所具有的层次关系：区域—城市—街区—建筑—室内—家具。我们应从人居环境科学的角度去看待、分析和设计风景园林建筑，充分发挥其在人居环境中的积极作用（图 2-4）。

图 2-2　建筑的物质性特征（"鸟巢"的钢结构）　　　　图 2-3　建筑的偶然性

图 2-4　桃花源里人家——西递

2.2　建筑的分类

建筑的分类方式多种多样，其中常用的有以下几种：

2.2.1　按使用性质

2.2.1.1　民用建筑

① 居住建筑　如住宅、集体宿舍等。

② 公共建筑　如办公建筑、文教建筑、托幼建筑、医疗建筑、商业建筑、观演建筑、体育建筑、展览建筑、旅馆建筑、交通建筑、通讯建筑、风景园林建筑、纪念建筑等。

2.2.1.2　工业建筑

工业建筑即从事生产用的建筑。如按生产性质可以分为：黑色冶金建筑、纺织工业建筑、机械工业建筑、化工工业建筑、建材工业建筑、动力工业建筑、轻工业建筑、其他建筑等；按厂房用途可以分为：主要生产厂房、辅助生产厂房、动力用厂房、附属储藏建筑等；按厂房层数可以分为：单层厂房、多层厂房、混合厂房等；按生产车间内部生产状况可以分为：热车间、冷车间、恒湿恒温车间等。

2.2.1.3　农业建筑

农业建筑即指进行农牧业生产和加工的建筑，如温室、饲养场、农副产品加工厂、粮仓等。

大部分风景园林建筑属于公共建筑的一种类型，从另一个角度来说，不同的建筑类型只要其所处的环境和功能具有风景园林的属性，也可以看作是风景园林建筑（图2-5）；随着西方发达国家和我国先后进入后工业化时代，一些工业废弃地及厂房等附属建筑成为风景园林规划设计的对象，被再开发和再利用，因此，这一类型的建筑因其使用性质发生了变化，可以将其划归到风景园林建筑（图2-6）；由于传统风景园林是由农业生产发展而来，且随着我国农村经济的进一步发展，出现了利用原有农业用地和用房，为人们提供进行休闲娱乐活动场所的新型风景园林环境（即农家乐等以农业观光旅游休闲娱乐为目的的室内、外环境），其中的建筑也可以归属于风景园林建筑（图2-7）。

图2-5　武夷山庄——坐落在著名的武夷山风景名胜区大王峰与幔亭峰麓，
　　　　地处闽江源头崇阳溪畔，毗邻核心景点武夷宫，与武夷山国家旅
　　　　游度假区一水之隔，中国建筑大师杨廷宝教授指导，中国科学院
　　　　院士齐康等设计。

2.2.2　按建筑层数

低层建筑为1～3层；多层建筑为4～6层；中高层建筑为7～9层；高层建筑为建筑高度大于27m的住宅建筑和建筑高度大于24m的非单层厂房、仓库和其他民用建筑；风景园林建筑在一般情况下以低层和多层为主。

图 2-6 北杜伊斯堡景观公园（Duisburg North Landscape Park）建在原钢铁厂与炼炉厂所在地，反映出景观和自然方面新思路的探讨，成为工业地更新与改造的经典设计案例

图 2-7 中国雪乡的居民利用自家的住宅建成了家庭宾馆

2.2.3 按结构材料

① 砌体 指以砖、石材或砌块等材料作为承重墙柱和楼板（砖拱或石拱）的建筑。这种结构在就地取材的情况下能节约钢材水泥和降低造价。但它的抗灾害性能差，自重大，不宜用于抗震设防地区和地基软弱的地方。

② 钢筋混凝土 充分利用钢筋和混凝土的各自的力学特点，将其结合在一起共同工作，所形成的结构。

③ 钢 指以型钢作房屋承重骨架的建筑。钢结构力学性能好，便于制作和安装，结构自重轻。

④ 木 指以木材作房屋承重骨架的建筑。木结构具有自重轻、构造简单、施工方便等优点，我国古代建筑大多采用木结构。但木材易腐、不防火，再加之我国森林资源较少，所以木结构建筑已很少采用。

以上结构材料，风景园林建筑都有应用，砌体结构材料中的实心黏土砖由于其生产过程高能耗、高污染，属于被淘汰的建筑材料；天然石材由于其所表现出的与自然相融合的天然属性，因此风景园林建筑在建造中，天然石材的使用比较普遍；而钢筋混凝土和钢材以其可塑性和适应性，在现代风景园林建筑中的使用越来越多；传统风景园林建筑及建筑小品以使用木材为主。从可持续发展和环境保护的角度来看，钢材由于其可重复利用性以及生产及施工过程中对环境的影响相对混凝土而言较小，因此未来的风景园林建筑应以钢材为主，其他建筑材料为辅。

2.3 建筑的组成

建筑的基本组成包括基础、墙和柱、楼地层、楼梯、屋顶、门窗。

2.3.1 基础

基础是建筑物最下部分，埋在地面以下、地基之上的承重构件。基础承受建筑物的全部荷载（图2-8）。一般的风景园林建筑规模不大，其基础埋置深度相应较浅，但应需要注意其对周边以及地下生态环境等的影响。

2.3.2 墙和柱

墙是建筑物的承重及围护构件。按其所在位置分为内墙和外墙；按其所起的结构作用，分为承重墙和非承重墙。为扩大空间，可用柱来承重。外墙具有抵抗风雪、严寒、太阳辐射的作用。外墙包括勒脚、墙身和檐口。勒脚是外墙与室外地面接近的部分；墙身上有门窗洞口、梁等构件；檐口为外墙与屋顶交接的部分。内墙用于分隔空间，非承重墙又称隔墙。

墙和柱在风景园林建筑中不但要起承重和围护的作用，还要有分隔空间的作用，是划分风景园林建筑内部和外部空间最主要的手段之一（图2-9）。

图2-8　正在施工中的建筑基础

图2-9　墙和柱在风景园林建筑中有分隔空间的作用

2.3.3 楼地层

楼层和地层是建筑物水平方向的围护构件和承重构件（图2-10）。楼层分隔建筑物上下空间，并承受作用其上的家具、设备、人体、隔墙等荷载及楼板自重，并将这些荷载传给墙或柱。楼层还起着墙或柱的水平支撑作用，以增加墙或柱的稳定性。楼层必须具有足够强度和刚度。根据上下空间的特点，楼层还应具有隔声、防潮、防水、保温、隔热等功能。地层是底层房间与土壤的隔离构件，除承受作用其上的荷载外，应具有防潮、防水、保温等功能。

图2-10　传统风景园林建筑中的地面

图2-11　传统风景园林建筑中的楼梯

2.3.4 楼梯

楼梯是建筑中的垂直交通构件。楼梯应有足够的通行宽度和疏散能力（图2-11）。

2.3.5 屋顶

屋顶是房屋最上部的围护结构，应满足相应的使用功能要求，为建筑提供适宜的内部空间环境。屋顶也是房屋顶部的承重结构，受到材料、结构、施工条件等因素的制约。屋顶又是建筑体量的一部分，其形式对建筑物的造型有很大影响，因而设计中还应注意屋顶的美观问题。在满足其他设计要求的同时，力求创造出适合各种类型建筑的屋顶。风景园林建筑因点景是其主要作用之一，因此，其屋顶形式的丰富与否直接影响着其建筑艺术形象，在设计过程中显得尤其重要（图2-12）。

图2-12 风景园林建筑中的屋顶

2.3.6 门窗

门和窗是房屋的重要组成部分。门的主要功能是交通联系，窗主要供采光和通风之用，它们均属建筑的围护构件。在设计门窗时，必须根据有关规范和建筑的使用要求来决定其形式及尺寸。造型要美观大方，构造应坚固、耐久，开启灵活，关闭紧严，便于维修和清洁，规格类型应尽量统一，并符合现行《建筑模数协调统一标准》的要求，以降低成本和适应建筑工业化生产的需要。风景园林建筑的门窗不但具有一般建筑门窗的基本功能，还要具有框景、借景、分隔空间和衔接空间等功能，是风景园林建筑空间设计的重要手段之一（图2-13、图2-14）。

图2-13 风景园林建筑的门

图2-14 风景园林建筑的窗

第3章 风景园林建筑的特性

3.1 风景园林建筑的功能性

建筑功能是指建筑的使用要求和使用目的。风景园林建筑以点景、观景等为使用目的，以满足人的休憩和文化娱乐活动为使用要求。

风景园林建筑与其他建筑类型一样，单一的房间或空间是其组成的最基本的单位，其形式包括：空间的大小、形状、比例以及门窗设置等。这些都必须适用于一定的功能要求。每个房间或空间正是由于功能使用要求不同而保持着各自的独特形式。就像居住空间不同于餐饮空间一样，建筑的功能制约着建筑的空间。但是，建筑功能的合理性并不仅仅表现为单个房间或空间的合理程度。对一栋完整的建筑来说，功能的合理性还表现在房间与房间之间的空间组合的合理性，也就是说，功能对空间既有规定性又有灵活性。

要满足风景园林建筑的功能，就需要满足以下基本要求：

3.1.1 人体活动尺度的要求

人们在建筑所形成的空间里活动，人体的各种活动尺度与建筑空间具有十分密切的关系，为了满足使用活动的需要，首先应该熟悉人体活动的一些基本尺度（图3-1）。

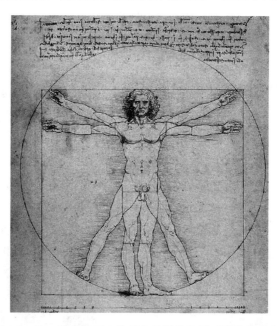

图3-1 达·芬奇关于人体基本尺度的绘画《维特鲁威人》

3.1.2 人的生理要求

主要包括对建筑物的朝向、保温、防潮、隔热、隔声、通风、采光、照明等方面的要求，它们都是满足人们生产或生活所必需的条件（图3-2）。

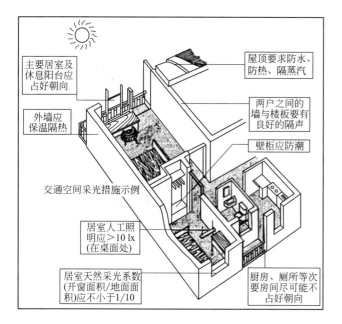

图 3-2　建筑功能要满足人的生理要求

图 3-3　建筑功能要满足使用
要求（图为住宅的功能流线）

3.1.3　使用过程和特点的要求

人们在各种类型的建筑中活动，经常是按照一定的顺序进行的（图 3-3）。

3.2　风景园林建筑的空间性

这里引用中国古代伟大的思想家、哲学家老子的一段话："三十辐，共一毂，当其无，有车之用；埏埴以为器，当其无，有器之用；凿户牖以为室，当其无，有室之用。故有之以为利，无之以为用。"——《道德经》。这段话一语道破了空间的真正含义，一直为国内外建筑界所津津乐道。其意思是说：建筑对人来说，真正具有价值的不是建筑本身的实体外壳，而是当中"无"的部分，所以"有"（指门、窗、墙、屋顶等实体）是一种手段，真正是靠虚的空间起作用。其明确指出"空间"是建筑的本质，是建筑的生命。因此，领会空间、感受空间就成为认识建筑的关键。

建筑空间同风景园林建筑空间一样是一种人为的空间。墙、地面、屋顶、门窗等围成建筑的内部空间（图 3-4）；建筑物与建筑物之间、建筑物与周围环境中的树木、山峦、水面、街道、广场等形成建筑的外部空间（图 3-5）。风景园林建筑及其周围环境所提供的内部和外部空间就是为了满足人们各种各样的休闲娱乐活动需求。

取得合乎使用要求和审美需求的室内外空间是设计和建造风景园林建筑的根本目的，强调空间的重要性和对空间的系统研究是近代建筑发展中的一个重要特点。建筑日趋复杂的功能要求，建造技术和材料的不断变化，为设计师们对建筑室内外空间的探讨提供了更多的可能，特别是风景园林建筑不但要求灵活的室内空间，更需要丰富的室外空间从而使得风景园林建筑在空间功能和空间艺术两方面较之传统园林建筑取得了新的进展和突破。

首先，建筑类型繁多、功能多样，要解决好建筑的使用问题，特别是风景园林建筑日趋多样和复杂的功能，就必须对其各个组成部分进行周密的分析，通过设计把它们转化为各种使用空间。就一定意义而言，各种不同的功能要求，实际是根据其功能关系的不同，对内部各空间的形状、大小、数量、彼此关系等所进行的一系列全面合理的组织与安排。而墙体、地面、顶棚等则是获得这些空间的手段。因而可以说，空间的组织是建筑功能的集中体现。

图 3-4　别墅室内空间

图 3-5　别墅室外空间

其次，在建筑艺术表现方面，风景园林建筑不但把建筑本身视为一种造型艺术，将式样风格、形体组合、墙面划分以及装饰细节等方面作为设计的重点，而且更加强调其空间意义。建筑与风景园林一样是空间的艺术，是由空间中的长、宽、高向度与人活动于其中的时间向度所共同构成的时空艺术。空间是建筑艺术及风景园林艺术最重要的内涵，因此风景园林建筑对空间性的重视程度是它区别于其他艺术门类的根本特征。

3.3　风景园林建筑的技术性

能否获得某种形式的空间，不仅取决于我们的主观愿望，更主要的是取决于工程结构和物质技术条件的发展水平。矛盾是一切事物发展的源泉和动力。物质技术条件与建筑空间就是矛盾的两个方面，当两者不能相互满足时，就会产生矛盾，也正是这个矛盾，又会相互促进各自的发展。正是建筑的物质技术条件的不断发展，才出现了能够满足更多、更复杂功能的结构形式，从而使人类建造复杂建筑成为可能。同时，也正是由于人类对于建筑多功能的需求的不断增长，又促进了建筑的物质技术条件的不断进步。

此外，建筑作为一门艺术，与其他艺术门类的一个显著的不同就是建筑的技术性。意大利著名的建筑师奈尔维对建筑技术有这样一段话："一个技术上完善的作品，有可能在艺术上效果甚差，但是，无论是古代还是现代，却没有一个从美学观点上是公认的杰作而在技术上不是一个优秀的作品。"因此，良好的技术是一个优秀建筑的必要而非充分条件。

建筑的物质技术条件主要是指房屋用什么建造和怎样去建造的问题。它一般包括建筑的材料、结构、施工技术和建筑中的各种设备等。

3.3.1　建筑结构

结构是建筑的骨架，它为建筑提供合乎使用的空间并承受建筑物的全部荷载，抵抗由于风雪、地震、土壤沉陷、温度变化等可能对建筑引起的损坏。结构的坚固程度直接影响着建筑物的安全和寿命。

柱、梁板和拱券结构是人类最早采用的两种结构形式，由于天然材料的限制，当时不可能取得很大的空间。利用钢和钢筋混凝土可以使梁和拱的跨度大大增加，它们仍然是目前所常用的结构形式。

随着科学技术的进步，人们能够对结构的受力情况进行分析和计算，相继出现了桁架、刚架和悬挑结构。

如果我们观察一下大自然，会发现许多非常科学合理的"结构"。生物要保持自己的形态，就需要一定的强度、刚度和稳定性，它们往往是既坚固又最节省材料的。钢材的高强度、混凝土的可塑性以及各种各样的塑胶合成材料，使人们从大自然的启示中，创造出诸如壳体、折板、悬索、充气等多种多样的新型结构，为建筑取得灵活多样的空间提供了条件。

风景园林建筑较其他建筑而言，由于其更多的自然属性以及与自然环境的天然联系，就必然要求其结构设计趋向自然，融入自然（图3-6）。

图 3-6　中国传统抬梁式木构架形式

图 3-7　传统风景园林建筑中使用的天然材料

3.3.2　建筑材料

建筑材料对于结构的发展有着重要的意义。砖的出现，使得拱券结构得以发展；钢和水泥的出现促进了高层框架结构和大跨度空间结构的发展；而塑胶材料则带来了面目全新的充气建筑。同样，材料对建筑的装修和构造也十分重要，玻璃的出现给建筑的采光带来了方便，油毡的出现解决了平屋顶的防水问题，而用胶合板和各种其他材料的饰面板则正在取代各种抹灰中的湿操作。

建筑材料基本可分为天然的和非天然的两大类，它们各自又包括了许多不同的品种，为了能够很好地进行风景园林建筑设计，应该了解建筑对材料有哪些要求以及各种不同材料的特性（图3-7）。

3.3.3　建筑施工

建筑物通过施工，把设计变为现实。建筑施工一般包括两个方面：
① 施工技术　人的操作熟练程度、施工工具和机械、施工方法等。
② 施工组织　材料的运输、进度的安排、人力的调配等。

由于建筑的体量庞大，类型繁多，同时又具有艺术创作的特点，许久以来，建筑施工一直处于手工业和半手工业状态，只是在本世纪初，建筑才开始了机械化、工厂化和装配化的进程。

机械化、工厂化和装配化可以大大提高建筑施工的速度。对于风景园林建筑来说，大多数风景园林建筑的建设地点位于生态环境相对脆弱和敏感的区域，机械化、工厂化和装配化的建设模式可以最大程度地避免在风景园林规划建设时对自然生态环境造成不可补救的破坏，从而达到风景园林建设的最终目的——保护生态环境。

建筑设计中的一切意图和设想，最后都要受到施工实际的检验。因此，设计工作者不但要在设计工作之前周密考虑建筑的施工方案，而且还应该经常深入现场，了解施工情况，以便协同施工单位，共同解决施工过程中可能出现的各种问题。风景园林建筑设计尤其如此，在自然风景区等对外力介入非常敏感的地区进行风景园林建筑设计，更应该从建筑技术方案的选择，到材料的准确应用，再到现场施工环节的跟踪指导等全过程的参与决策，将工程建设对环境的负面影响降到最低。

3.4　风景园林建筑的艺术性

建筑艺术性可以简单地解释为建筑的观感或美观问题。

建筑构成我们日常生活的物质环境，同时又以其艺术形象给人以精神上的感受。我们知道，绘画通过颜色和线条表现形象，音乐通过音阶和旋律表现形象。

建筑及风景园林建筑有可供使用的空间，这是其区别于其他造型艺术的最大特点。和建筑空间相对存在的是它的实体所表现出的形和线。建筑通过各种实际材料表现出它们不同的色彩和质感。一幅画却只能通过纸、笔和颜料再现对象的色彩和质感。光线和阴影（天然光或人工光）能够加强建筑的形体的起伏凹凸的感觉，从而增添它们的艺术表现力。这就是构成建筑及风景园林建筑艺术性的基本手段。古往今来，许多优秀的设计师正是巧妙地运用了这些表现手段，从而创造出了许多优美的建筑艺术形象。和其他造型艺术一样，建筑艺术性的问题涉及文化传统、民族风格、社会思想意识等多方面的因素，并不单纯是一个美观的问题，但一个良好的建筑艺术形象，却首先应该是美观的。为了便于初学者入门，下面介绍在运用这些表现手段时应该注意的一些基本原则，包括：比例、尺度、均衡、韵律、对比等。

3.4.1　比例

指建筑的各种大小、高矮、长短、宽窄、厚薄、深浅等的比较关系。建筑的整体、建筑各部分之间以及各部分自身都存在有这种比较关系，犹如人的身体有高矮胖瘦等总的体形比例，又有头部与四肢、上肢与下肢的比例关系，而头部本身又有五官位置的比例关系（图 3-8）。

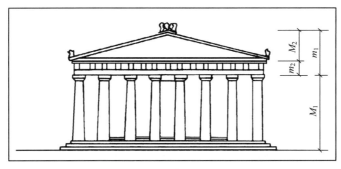

图 3-8　帕提农神庙　门廊的设计按照黄金分割比例关系
（m_1/M_1，m_2/M_2）使建筑立面显得典雅、庄重、和谐

3.4.2　尺度

主要是指建筑与人体之间的大小关系和建筑各部分之间的大小关系，而形成的一种大小感。建筑中有一些构件是人经常接触或使用的，人们熟悉它们的尺寸大小，如门扇一般高为 2～2.5m，窗台或栏杆一般高为 90cm 等。这些构件就像悬挂在建筑物上的尺子一样，人们会习惯地通过它们来衡量建筑物的大小（图 3-9）。

3.4.3　对比

事物总是通过比较而存在的，艺术上的对比手法可以达到强调和夸张的作用。对比需要

图 3-9　建筑的尺度感

一定的前提，即对比的双方总是要针对某一共同的因素或方面进行比较。如建筑形象中的方与圆——形状对比；光滑与粗糙——材料质地的对比；水平与垂直——方向的对比。其他如光与影、虚与实的对比等。在建筑设计中成功地运用对比可以取得丰富多彩或突出重点的效果（图 3-10），反之不恰当的对比则可能显得杂乱无章。

在艺术手法中，对比的反义词是调和，调和也可以看成是极微弱的对比。在艺术处理中常常用形状、色彩等的过渡和呼应来减弱对比的程度。调和的东西容易使人感到统一和完美，但处理不当会使人感到单调呆板。

3.4.4　韵律

如果我们认真观察一下大自然，大自然的波涛，一颗树木的枝叶，一片小小的雪花……会发现它们有想象不到的构造，它们有规律的排列和重复的变化，犹如乐曲中的节奏一般，给人一种明显的韵律感。建筑中的许多部分，或因结构的安排，也常常是按一定的规律重复出现的，如窗子、阳台和墙面的重复，柱与空廊的重复等，都会产生一定的韵律感（图3-11）。

3.4.5　均衡

建筑的均衡问题主要是指建筑的前后左右各部分之间的关系，要给人安定、平衡和完整的感觉。均衡最容易用对称的布置方式来取得，也可以用一边高起一边平铺、或一边一个大体积另一边几个小体积等方法取得。这两种均衡给人的艺术感受不同，一般来说前者较易取得严肃庄重的效果，而后者较轻易取得轻快活泼的效果（图 3-12）。

3.4.6　稳定

主要是指建筑物的上下关系在造型上所产生的一定艺术效果。人们根据日常生活经验，知道物体的稳定和它的重心位置有关，当建筑物的形体重心不超出其底面时，较易取得稳定感。上小下大的造型，稳定感强烈，常被用于纪念性建筑。有些建筑则在取得整体稳定的同时，强调它的动态，以表达一定的设计意图。

建筑造型的稳定感还来自人们对自然形态（如树木、山石）和材料质感的联想。随着建造技术的进步，取得稳定感的具体手法也不断丰富，如在近代建筑中还常通过表现材料的力学性能、结构的受力合理等，以取得造型上的稳定感（图 3-13）。

图 3-10 对比

图 3-11 颐和园长廊的韵律感

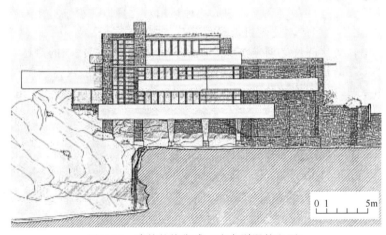

图 3-12 建筑的均衡感（流水别墅的立面）

图 3-13 建筑的稳定感

第4章 风景园林建筑的发展

风景园林建筑是建筑与风景有机结合的产物，其必然要反映出建筑与风景园林各自的特点。而无论是建筑，还是风景园林都是时代精神和地域文化的产物。不同时代、不同地域所产生的建筑与风景园林是研究风景园林建筑发展历史的基础。本章将通过对建筑历史及风景园林历史的阐述来整理出风景园林建筑发展的历史脉络，明确建筑、风景园林及风景园林建筑之间的历史传承和发展趋势，即建筑与风景园林之间是合——分——合的历史过程，风景园林建筑在两者分与合的过程中逐渐发展起来，并发展成今天各种异彩纷呈的风景园林建筑，而今后风景园林建筑必将沿着自己的发展轨迹继续发展下去。摸清历史脉络，寻找发展规律，使风景园林建筑设计更加符合社会历史发展潮流，是每个专业人员的历史责任。

4.1 中国风景园林及建筑的发展

中国传统风景园林及风景园林建筑经过几千年的发展与演变，形成了非常完整且独具特色的设计方法和技术体系，成为中国传统建筑文化的精粹，值得我们深入学习和研究。

4.1.1 中国传统风景园林发展

我国传统风景园林建造的历史始于何时，至今尚无明确的定论，但中国传统风景园林的悠久历史是无可否认的。在几千年的漫长历史发展过程中，中国传统风景园林形成了世界上独树一帜的东方园林体系。按照历史年代和风景园林产生发展过程可作如下划分：

4.1.1.1 生成期（公元前16世纪～公元前11世纪）

从风景园林建筑的使用性质来分析，风景园林主要是供游憩、文化娱乐、起居的要求而兴建，而使用者则必须占有一定的物质财富和劳动力，才有可能建造供他们游憩享乐的风景园林。在人类的生产能力很低，改造自然、征服自然的能力很弱时，即只有依靠群体的力量才能获得生活资料的原始社会，是谈不上造园活动的。

当社会从原始社会向奴隶社会转变后，由于生产的增长，交换的扩大，奴隶主的财富不断增加，从而他们的思想和趣味也随之起了变化。这时，既有奴隶经济基础的剩余生活资料可供奴隶主使用，又有可供他们驱使的劳动力，这就为满足他们要过奢侈享乐生活所需的风景园林的建造活动提供了条件。如在我国古代第一个奴隶制国家夏朝，农业和手工业都有相当的发展，那时已有青铜器，有锛、凿、刀、锥、戈等工具，为营造活动提供了技术上的条件。因此，在夏朝已经出现了宫殿建筑。

从有关记载，如《周礼》："园圃树果瓜，时敛而收之"；《说文》："囿，所以域养禽兽也"；《周礼地官》："囿人掌囿游之兽禁，牧百兽"等中，说明囿的作用主要是放牧百兽，以供狩猎游乐。在园、圃、囿三种形式中，囿具备了园林活动的内容，特别是从商代到了周代，就有周文王的"灵囿"。据《孟子》记载："文王之囿，方七十里"，其中养有兽、鱼、鸟等，不仅供狩猎，同时也是周文王欣赏自然之美、满足他的审美享受的场所。可以说，

"囿"是我国古典风景园林的一种最初形式。

4.1.1.2 发展期（秦朝～南北朝）

到了封建社会的秦代，秦始皇完成了统一中国的大业。在建立了前所未有的民族统一的大国后，连续不断地营建宫、苑，不下三百处，其中最为有名的应推上林苑中的阿房宫（图4-1），周围三百里，内有离宫七十所，"离宫别馆，弥山跨谷"。可以想见，规模是多么宏伟。在终南山顶上建阙，在当时来说已算是一种高大的建筑物了。山本静，水流则动。当时人们已经懂得了这其中的道理，把樊川的水引来作池，苑中还有涌泉、瀑布，以及种类繁多的动植物，规模相当壮观。

图 4-1　根据历史记载绘制的阿房宫

汉代，所建宫苑以未央宫、建章宫、长乐宫规模为最大。汉武帝在秦上林苑的基础上继续扩大，苑中有宫，宫中有苑，在苑中分区养动物，栽培各地的名果奇树多达三千余种，不论是其内容和规模都相当可观（图4-2、图4-3）。

从三国到隋朝统一中国以前的四百六十多年中，由于战乱较多，在没落、无为、遁世和追求享乐的思想影响之下，宫苑建筑之风盛行，又因当时建筑技术与材料已相当发达，建筑装饰中色彩丰富以及优美的纹样图案等，都为造园活动提供了技术与艺术的条件。

这一时期有影响的苑室，如三国时代曹操所建的铜雀台，台是建在南北五里、东西七里的郓城（今河南临漳），规模虽不算太大，规划却相当合理，说明当时的城市规划也有了一定的发展。就台本身来说，已经不是一般的建筑，出现了五层楼阁，可以说它是当时的高层建筑了。在台与台之间设有可以放置或卸下的阁道（类似浮桥），而且是用机械设备开动，足以说明当时工程技术的进步。

在三国魏晋时期，产生了许多擅长山水画的名手，他们善于画山峰、泉、丘、壑、岩等。为此，在山水画的出现和发展的基础上，由画家所提供的构图、色彩、层次和美好的意境往往成为造园艺术的借鉴。这时文人士大夫更是以玄谈隐世、寄情山水、以隐退为其高尚，更有的文人画家以风雅自居。因此，该时期的造园活动将所谓"诗情画意"也运用到园林艺术之中来了，为隋唐的山水园林艺术发展打下了基础。

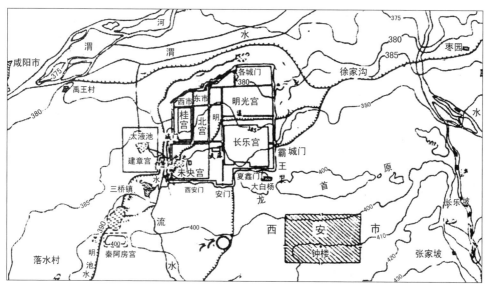

图 4-2　未央宫、建章宫、长乐宫的位置

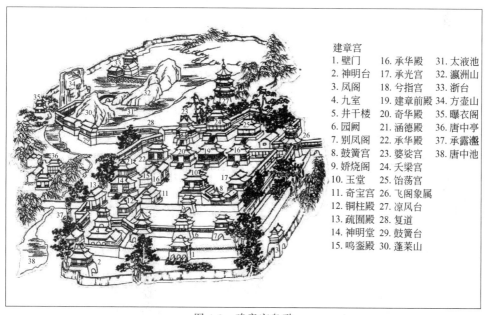

建章宫
1. 壁门　　16. 承华殿　　31. 太液池
2. 神明台　17. 承光宫　　32. 瀛洲山
3. 凤阁　　18. 兮指宫　　33. 浙台
4. 九室　　19. 建章前殿　34. 方壶山
5. 井干楼　20. 奇华殿　　35. 曝衣阁
6. 园阙　　21. 涵德殿　　36. 唐中亭
7. 别凤阁　22. 朱华殿　　37. 承露盘
8. 鼓簧宫　23. 婆娑宫　　38. 唐中池
9. 娇烧阁　24. 夭梁宫
10. 玉堂　　25. 饴荡宫
11. 奇宝宫　26. 飞阁象属
12. 铜柱殿　27. 凉风台
13. 疏圃殿　28. 复道
14. 神明堂　29. 鼓簧台
15. 鸣銮殿　30. 蓬莱山

图 4-3　建章宫鸟瞰

三国时，魏文帝还"以五色石起景阳山于芳林苑，树松竹草木、捕禽兽以充其中"。吴国的孙皓在建业（今南京）"大开苑圃，起土山楼观，功役之费以万计"。晋武帝司马炎重修"香林苑"，并改名为"华林苑"。

在以园林优美闻名于世的苏州，据记载在春秋、秦汉和三国时代，统治者已开始利用这里明山秀水的自然条件，兴建花园，寻欢作乐。东晋顾辟疆在苏州所建辟疆园，应当是这个时期江南最早的私家园林了。

南朝，梁武帝的"芳林苑"，"植嘉树珍果，穷极雕丽"。他广建佛寺，自己三次舍身同泰寺。北朝，在盛乐（今蒙古和林格尔县）建"鹿苑"，引附近的武川之水注入苑内，广九十里，成为历史上结合蒙古自然条件所建的重要的园林。

4.1.1.3 兴盛期（隋朝～元朝）

隋炀帝时期更是大造宫苑，所建离宫别馆四十余所。杨广所建的宫苑以洛阳最宏伟的西苑而著称，据《隋书》记载："西苑用二百里，其内为海，周十余里，为蓬莱、方丈、瀛洲诸山，高百余尺，台观殿阁，罗络山上，海北有渠，萦行注海。缘渠作十六院，门皆临渠，穷极华丽"，供游玩的龙舟及其他船只数万艘，由此可以看出游园活动的规模之大。苑内有周长十余里的人工海，海中有百余尺高的三座海上神山造景，山水之胜和极多的殿堂楼观、动植物等。这种极尽豪华的园林艺术，在开池筑山、模仿自然、聚石引水、植林开涧等有若自然的造园手法，为以后的自然式造园活动打下了坚实的基础。

唐代，是继秦汉以后我国历史上的极盛时期。此时期的造园活动和所建宫苑的壮丽，比以前更有过之而无不及。北宋时期的李格非在《洛阳名园记》中提到，唐贞观开元年间，公卿贵戚在东都洛阳建造的邸园，总数就有一千多处，足见当时园林发展的盛况。唐朝文人画家以风雅高洁自居，多自建园林，并将诗情画意融贯于园林之中，追求抒情的园林趣味。说园林是诗，但它是立体的诗；说园林是画，但它是流动的画。中国园林从模仿自然美，到掌握自然美，由掌握到提炼，进而把它典型化，使我国古典园林发展形成写意山水园阶段。如在长安建有宫苑结合的"南内苑"、"东内苑"、"芙蓉苑"及骊山的"华清宫"等。著名的"华清宫"至今仍保留有唐代园林艺术风格，极为珍贵。华清宫位于陕西临潼县，离西安东约三十公里的骊山之麓，以骊山脚下涌出的温泉得天独厚。华清宫的最大特点是体现了我国早期出现的自然山水园林的艺术特色，随地势高下曲折而筑，是因地制宜的造园佳例。这里青松翠柏遍岩满谷，风光十分秀丽。绿荫丛中，隐现着亭、台、轩、榭、楼、阁，高低错落有致，浑然一体。登上望京楼，还可远眺近览，远望山形，犹如骊马，故名"骊山"。造园家利用骊山起伏多变的地形布置园林建筑，大殿小阁鳞次栉比，楼台亭榭相连，奇树异花点缀其间，风光十分秀丽。尤其当夕阳西下，落日的余晖犹如给青秀山岭抹上一片金色，更加神奇绚丽。所谓"骊山晚照"，被誉为"关中八景"之一。

唐诗宋词，这在我国历史上是诗词文学的极盛时期，绘画也甚流行，出现了许多著名的山水诗、山水画。而文人画家陶醉于山水风光，试图将生活诗意化。借景抒情，融汇交织，把缠绵的情思从一角红楼、小桥流水、树木绿化中泄露出来，形成文人构思的写意山水园林艺术。这些文人画家本人也亲自参加造园，所造之园多以山水画为蓝本，诗词为主题，以画设景，以景入画，寓情于景，寓意于形，以情立意，以形传神。楹联、诗对与园林建筑相结合，富于诗情画意，耐人寻味。因此，由文人画家参与园林设计，使三度空间的园林艺术比一纸平面上的创作更有特色，为造园活动带来深刻影响，所以，经文人画家着意经营的园林艺术达到了妙极山水的意境。

在宋代，有著名的汴京"寿山艮岳"（今河南开封），周围十余里，规模大、景点多，其造园手法也比过去大有提高。寿山艮岳是先构图立意，然后根据画意施工建造的，园的设计者就是以书画著称的赵佶本人。

根据不同的景区要求，布置艮岳中的建筑。亭、台、轩、榭等，疏密错落，有的追求清淡脱俗、典雅宁静，有的可供坐观静赏，而在峰峦之势，则构筑可以远眺近览的建筑，如介亭等。

艮岳是以山、池作为园林的骨干，但欣赏景点的位置常设在建筑物内，因此这些建筑不仅是休息的地方，而且也是风景的观赏点，具有了使用与观赏的双重作用。艮岳中也有宫殿，但它已不是成群或成组为主的布置，而是因势因景点的需要而建，这与唐以前的宫苑有了很大的不同。

因地制宜的造园原则，使艮岳构园得体，精而合宜。如依山势建楼，有依翠楼、降雪楼等。沼池有洲，洲中植梅或植芦，亭、榭隐于花树之间，形成隐露的庭园景色。这种见树当荫、园中有院、依山就势的园林布置手法，使得造园意境更富有情趣。所谓"宜亭斯亭，宜榭斯树"，这种因地制宜的造园原则的运用，使得艮岳如"天造地设"，"自然生成"。

艮岳中养禽兽较多，但其功能作用有了根本的变化，已不再供狩猎之用，而是起到自然情趣的作用，是园林景观的组成部分之一。

艮岳的营建，是我国园林史上的一大创举，它不仅有艮岳这座全用太湖石叠砌而成的园林假山之最，更有众多反映我国山水特色的景点；它既有山水之妙，又有众多的亭、台、楼、阁的园林建筑，它是一个典型的山水宫苑，成为宋以后元、明、清宫苑的重要借鉴，而元、明、清的宫苑也是在继承这一传统的山水宫苑形成的基础上进一步发展起来的。

4.1.1.4 成熟期（明清）

明、清是我国传统园林艺术的集大成时期，此时期规模宏大的皇家园林多与离宫相结合，建于郊外，少数设在城内的规模也都很宏大。其总体布局有的是在自然山水的基础上加工改造，有的则是靠人工开凿兴建，其建筑宏伟浑厚、色彩丰富、豪华富丽。封建士大夫的私家园林，多建在城市之中或近郊，与住宅相连。在不大的面积内，追求空间艺术的变化，风格素雅精巧，达到平中求趣、拙间取华的意境，满足以欣赏为主的要求。明、清的园林艺术水平比以前有了提高，文学艺术成了园林艺术的组成部分，所建之园处处有画景，处处有画意。明、清时期造园理论也有了重要的发展，出现了明末吴江人计成所著的《园冶》一书，这一著作是明代江南一带造园艺术的总结。该书比较系统地论述了园林中的空间处理、叠山理水、园林建筑设计、树木花草的配置等许多具体的艺术手法。书中所提"因地制宜"、"虽由人作，宛自天开"等主张和造园手法，为我国的造园艺术提供了理论基础。

现存皇家园林最大的是河北承德避暑山庄，避暑山庄的总面积约560hm^2，它的特点是园内围进了许多山岭，只有五分之一左右的平地，而平地内又有许多水面，这与圆明园、颐和园的布局上有所不同（图4-4）。园的周围绕以防御性的砖石构筑的宫垣，似宫城一般，宫垣高约一丈，厚约五尺。四周设六个门，南面有丽正门、德汇门、碧峰门，东边及东北、西北各一门，形成与一般皇家园林的不同特点。清代皇帝选择这块山常绿、水常清、天常蓝的地方作园址，

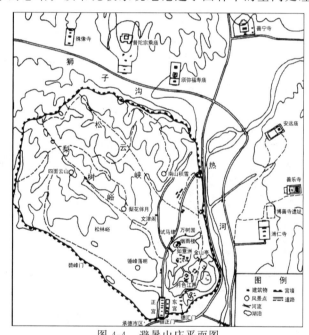

图4-4 避暑山庄平面图

充分利用热河泉源和数条山涧，因地就势，加以人工穿凿，形成镜湖、澄湖、上湖、下湖、如意湖等水景区。其间又用杨柳依依的长堤或桥相连，形成水面的深远、曲折、含蓄、多变的园林艺术意境。又叠石堆山于湖中，构成了月色江声洲、如意洲、金山洲等众多的洲与岛，丰富了水面的变化与层次。随着水面的曲折变化，将楼、台、亭、榭等，或倚岸临水，或深入水际，或半抱水面，或掩映于绿树鲜花丛中，皆以因水成景、因水而秀。而热河泉水，蒸汽弥漫，更为奇雾。雨中山庄，湖光浩渺，更有魅力。

江南的私家园林是最为典型的私家园林的代表。江南私家园林是以开池筑山为主的自然式风景山水园林。江南一带河湖密布，具有得天独厚的自然条件，又有玲珑空透的太湖石等

造园材料，这些都为江南造园活动提供了非常有利的条件。江南园林的特点："妙在小，精在景，贵在变，长在情"，"高低曲折随人意，好处多从假字来"，这也是我国园林艺术的精华所在。皇家园林一般总是带有均衡、对称、庄严豪华以及威严的气氛。而江南地区的私家园林，多建在城市，并与住宅相连。占地甚少，小者一二亩（1亩＝666.7平方米），大者数十亩。在园景的处理上，善于在有限的空间内有较大的变化，巧妙地组成千变万化的景区和游览路线。常用粉墙、花窗或长廊来分隔园景空间，但又隔而不断，掩映有趣。通过画框似的一个个漏窗，形成不同的画面，变幻无穷，堂奥纵深，激发游人探幽的兴致。有虚有实，步移景换，主次分明，景多意深，其趣无穷。

如苏州拙政园（图4-5），园中心是远香堂，它的四面都是挺秀的窗格，像是画家的取景框，人们在堂内可以通过窗格观赏园景。远香堂的对面，绿叶掩映的山上，有雪香云蔚亭，亭的四周遍植腊梅；东隅，亭亭玉立的玉兰和鲜艳的桃花，点缀在亭台假山之间；望西，朱红栋梁的荷风四面亭，亭边柳条摇曳，春光月夜，倍觉雅静清幽。园内植物花卉品种繁多，植树栽花，富有情趣，建筑玲珑活泼，给人以轻松之感。

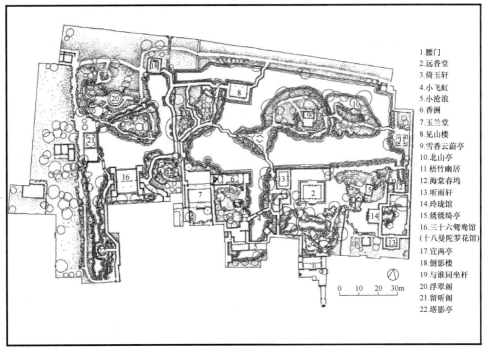

1. 腰门
2. 远香堂
3. 倚玉轩
4. 小飞虹
5. 小沧浪
6. 香洲
7. 玉兰堂
8. 见山楼
9. 雪香云蔚亭
10. 北山亭
11. 梧竹幽居
12. 海棠春坞
13. 听雨轩
14. 玲珑馆
15. 绣绮亭
16. 三十六鸳鸯馆（十八曼陀罗花馆）
17. 宜两亭
18. 倒影楼
19. 与谁同坐杆
20. 浮翠阁
21. 留听阁
22. 塔影亭

图4-5　拙政园平面图

巧于因借是江南园林的另一特点，利用借景的手法，使得盈尺之地，俨然大地。借景的办法，通常是通过漏窗使园内外或远或近的景观有机地结合起来，给有限的空间以无限延伸，有时也用园内有园，大园包小园，造成空间多变，层次丰富，这种园中之园，又常在曲径通幽处，使游人感到"山重水复疑无路"时却又"柳暗花明又一村"，使之产生"迂回不尽之致，云水相忘之乐"。有时远借他之物、之景，为我所有，丰富园景。

4.1.2　中国传统建筑的发展

我国古代建筑经历了原始社会、奴隶社会和封建社会三个历史阶段。其中封建社会是形成我国古典建筑的主要阶段。

原始社会，建筑发展极缓慢，古人从建造穴居和巢居开始，逐步掌握了营建地面房屋的技术，创造了原始的木构架建筑，满足了基本的居住和公共活动要求。

奴隶社会，大量奴隶劳动和青铜工具的使用，使建筑有了巨大的发展，出现了宏伟的都城、宫殿、宗庙、陵墓等建筑。这时，以夯土墙和木构架为主体的建筑已初步形成，后期出现了瓦屋彩绘的豪华宫殿。这一时期，中国传统的院落式建筑群组合已经开始走向定型。

西周代表性建筑遗址是陕西岐山凤雏村遗址，它是一座相当严谨的四合院式的建筑，由两进院落组成，是我国已知最早的、最严整的四合院实例。同时瓦的发明是西周在建筑上的突出成就。春秋时期，建筑的重要发展是瓦的普遍使用和高台建筑，以及砖的使用。

封建社会，中国古代建筑逐步形成了一种成熟的、独立的体系，不论在城市规划、建筑群、园林、民居等方面，还是在建筑空间处理、建筑艺术与材料结构方面，其和谐统一、设计方法、施工技术等，都有卓越的创造与贡献。

战国时手工业、商业发展，城市繁荣，规模扩大出现了一个城市建设高潮，如齐的临淄、赵的邯郸、魏的大梁，都是工商业大城市，又是诸侯统治的据点。《考工记》记录了我国最早的城市规划学说。秦始皇统一全国后，统一法令，统一货币和度量衡，统一文字，修驰道通达全国，筑长城，修筑都城、宫殿、陵墓。

汉代建筑的突出表现就是木构架建筑渐趋成熟，砖石建筑和拱券技术有了很大发展。斗拱在汉代普遍使用，屋顶形式多样。三国、两晋、南北朝（公元 220 年～公元 589 年）时期突出的建筑类型是佛寺、佛塔、石窟。自然山水式的风景园林有了重大的发展。

封建社会中期（隋至宋）是我国封建社会的鼎盛时期，也是我国古代建筑的成熟时期。无论是在城市建设、木架建筑、砖石建筑、建筑装饰、设计和施工技术方面都有巨大发展。隋代建筑主要是兴建都城（大兴城和洛阳城），兴建宫殿、苑囿，并开南北大运河、修长城。唐代的建筑已形成完整的建筑体系，其特点：①规模宏大、规划严整；②建筑群处理愈趋成熟；③木构架建筑解决了大面积、大体量的技术问题；④设计与施工水平提高；⑤砖石建筑进一步发展；⑥建筑艺术加工的真实与成熟。宋代建筑继承了唐代建筑的特点并在以下几个方面有所发展：①城市结构布局有了根本性的变化；②木构架建筑采用了古典模数制；③建筑组合方面加强了进深方向的空间层次，以衬托主体建筑；④建筑装修和色彩有了很大的发展；⑤砖石建筑的水平达到新高。

元、明、清是我国封建社会晚期，政治、经济、文化的发展都处于迟缓状态中，有时还出现倒退现象，因此建筑的发展也是缓慢的，其中尤以元代和清代为甚。蒙古贵族统治者先后攻占了金、西夏、吐蕃、大理和南宋的领土，建立了一个疆域广大的军事帝国。他们来自游牧民族，除了在战争中大规模进行屠杀外，又圈耕地为牧场，大量掳掠农业人口与手工业工人，严重破坏农业与工商业，致使两宋以来高度发展的封建经济和文化遭到极大摧残，对中国社会的发展起了明显的阻碍作用，建筑发展也处于凋敝状态。明朝是在元末农民大起义的基础上建立起来的汉族地主阶级政权。明初为巩固其统治，采用了各种发展生产的措施，如解放奴隶、奖励垦荒、扶植工商业、减轻赋税等，使社会经济得到迅速恢复和发展。到了明晚期，在封建社会内部已孕育了资本主义的萌芽。随着经济文化的发展，建筑也有了进步，主要表现为：①砖已普遍用于民居；②琉璃面砖、琉璃瓦的质量提高，应用广泛；③明代形成新的定型的木构架；④建筑群的布置更加成熟；⑤官僚地主私园发达；⑥官式建筑的装修、彩画、装饰定型化。清朝建筑大体是因袭明代传统，但在下列几方面有所发展：①皇家园林达到极盛期；②藏传佛教建筑兴盛；③住宅建筑百花齐放；④简化单体建筑，提高群体建筑与装修设计水平；⑤建筑技艺有所创新。

4.1.3　中国传统建筑的特征

4.1.3.1　建筑的多样性与主流

建筑特征总是在一定的自然环境和社会条件的影响下形成的。中国地域辽阔、民族众多，从北到南、从东到西，地质、地貌、气候、水文条件变化很大，各民族的历史背景、文化传统、生活习惯不同，因而形成许多各具特色的建筑风格，呈现出多样性的特点（图4-6）。

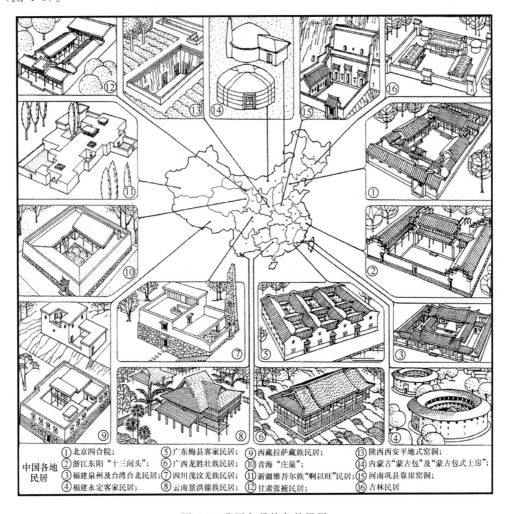

中国各地民居	① 北京四合院；	⑤ 广东梅县客家民居；	⑨ 西藏拉萨藏族民居；	⑬ 陕西西安平地式窑洞；
	② 浙江东阳"十三间头"；	⑥ 广西龙胜壮族民居；	⑩ 青海"庄窠"；	⑭ 内蒙古"蒙古包"及"蒙古包式土房"；
	③ 福建泉州及台湾台北民居；	⑦ 四川茂汶羌族民居；	⑪ 新疆维吾尔族"阿以旺"民居；	⑮ 河南巩县靠崖窑洞；
	④ 福建永定客家民居；	⑧ 云南景洪傣族民居；	⑫ 甘肃张掖民居；	⑯ 吉林民居

图4-6 我国各具特色的民居

从全国范围和整个中国的历史时期来看，我国大部分地区使用的是木构架建筑。木构架建筑之所以如此长期、广泛地被作为一种主流建筑类型加以使用，必然有其内在的优势：①取材方便；②适应性强；③抗震性好；④施工速度快；⑤便于修缮和搬迁。

4.1.3.2 木构架的特色

（1）结构体系

① 穿斗式 用穿枋把柱子串联起来，形成一榀一榀的屋架；檩条直接搁置在柱头上；沿檩条方向，再用斗枋把柱子串联起来，由此形成了一个整体框架。

② 抬梁式 柱上搁置梁头，梁头搁置檩条，梁上再用矮柱支起较短的梁，如此重叠而上，梁的总数可达3～5根。当柱上采用斗拱时，则梁头搁于斗拱上（图4-7）。

（2）斗拱

斗拱是我国木构架建筑特有的结构构件，其作用是在柱子上伸出悬臂梁承托出檐部分的重量。斗拱的主要构件是拱、斗、昂（图4-8、图4-9）。

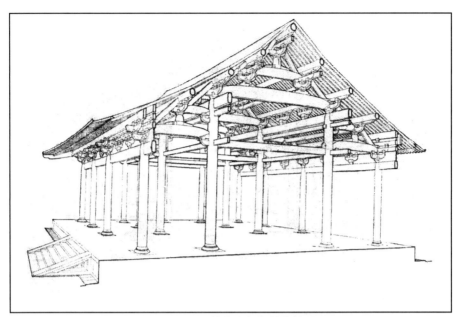

图 4-7　中国传统木构架结构体系

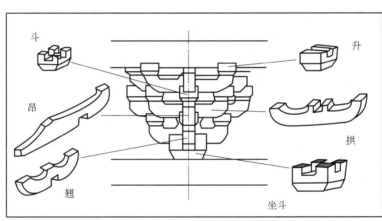

图 4-8　斗拱组成

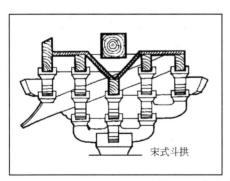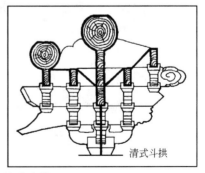

图 4-9　宋式斗拱和清式斗拱

4.1.3.3　单体建筑构成

中国古代单体建筑的特点是简明、真实、有机，以及平面、结构、造型三者的不可分割性（图 4-10～图 4-13）。

图 4-10 山西五台山佛光寺大殿（唐代），是目前我国现存最古老的木构建筑

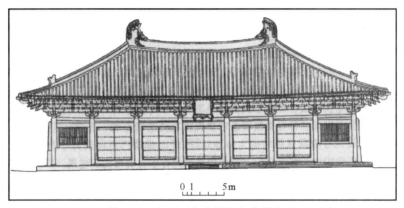

图 4-11 山西五台山佛光寺大殿立面

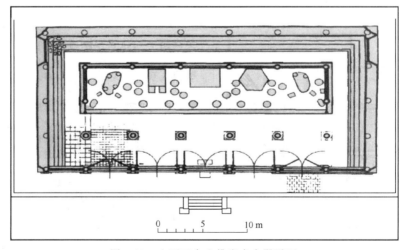

图 4-12 山西五台山佛光寺大殿平面

"简明"：是指平面以"间"为单位，由间构成单座建筑，而"间"则由两榀屋架构成，因此建筑物的平面轮廓与结构布置都十分简洁明确，为设计施工带来方便。

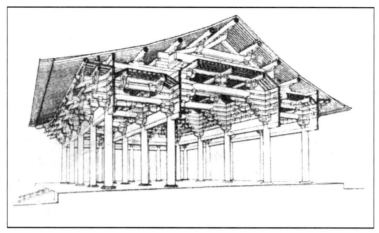

图 4-13　山西五台山佛光寺大殿木构架

"真实"：是指对结构的真实性显示。一般建筑都毫无保留地暴露梁架、斗拱、柱子等全部木构架部件。这种暴露正好展示了中国建筑的结构美。

"有机"：是指室内空间可以灵活分隔，以满足各种不同功能的要求，并易于和环境融为一体，室内外空间可相互流通渗透。

4.1.3.4　建筑群的组合

中国古代建筑以群体组合见长。宫殿、陵墓、坛庙、衙署、邸宅、佛寺、道观等都是众多单体建筑组合起来的建筑群。其中特别擅长于运用院落的组合手法来达到各类建筑的不同使用要求和精神目的。庭院是中国古代建筑群体布局的灵魂。庭院布局的多元功能：空间聚合、气候调节、防护戒卫、场所调适、伦理礼仪、审美怡乐（图 4-14）。

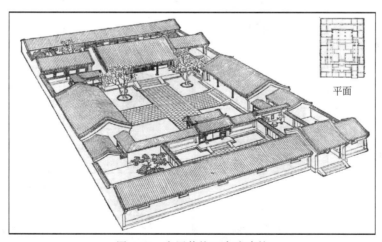

平面

图 4-14　中国传统四合院建筑

4.1.3.5　建筑与环境

中国古代两大主流哲学派别——儒家和道家都主张"天人合一"的思想。在长期的历史发展过程中，这种思想促进了建筑与自然的相互协调与融合，从而使中国建筑有一种和环境融为一体的、如同从土地里生长出来的气质（图 4-15）。

4.1.4　中国传统风景园林建筑的特征

中国传统建筑从其构筑形制上，可以分为大木大式和大木小式建筑。大式建筑主要用于

图 4-15　中国传统建筑与环境的关系

建筑组群的主要和次要殿屋，属于高等级建筑；小式建筑主要用于民宅、店铺、亭廊等民间建筑和建筑组群的辅助建筑，属于低等级建筑。中国传统风景园林建筑除部分殿、厅、堂等主要建筑以外，大多属于大木小式建筑类型（图 4-16）。

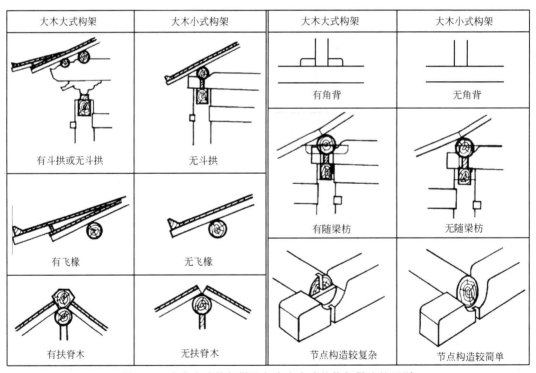

图 4-16　大木小式构架做法与大木大式的构架做法的区别

中国传统建筑从其木构架建筑体系来看，又可以分为正式建筑和杂式建筑。所谓正式和杂式建筑是古建筑行业对官式建筑的一种习惯区分，文物保护科研所主编的《中国古建筑修缮技术》一书中对此有明确的阐述：在古建筑中，平面投影为长方形，屋顶为硬山、悬山、庑殿或歇山作法的砖木结构的建筑叫"正式建筑";其他形式的建筑统称为"杂式建筑"。中国传统风景园林中的殿、阁、厅、堂、轩、馆、斋、室等主要建筑为"正式建筑",而亭、榭、廊等则多是属于"杂式建筑"。传统风景园林中"正式建筑"除了具有观景功能以外,还兼具了部分生活起居的功能,而"杂式建筑"则主要突出其游乐性和观赏性。传统风景园林中"正式建筑"在空间布局中起主导作用,而"杂式建筑"是"正式建筑"的有力补充。"杂式建筑"以不拘一格、多样丰富的体型,大大丰富了风景园林空间形态和外观形体(图4-17)。

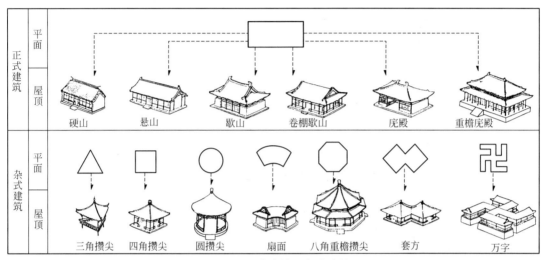

图 4-17　正式建筑和杂式建筑

4.1.5　中国传统风景园林建筑的特性

中国传统风景园林建筑是伴随着中国传统风景园林的发展逐渐成熟的。中国传统风景园林建筑的各个类型之间(如大木大式和大木小式,正式建筑和杂式建筑,皇家园林建筑和私家园林建筑等)有着从外在形态到结构形制、从构造做法到建筑装饰等众多的区别,但在风景园林这一大的背景下,具有建筑美与自然美协调统一的特性。

在中国传统风景园林中,风景园林建筑无论多寡,无论性质和功能如何,都力求与山、水、植物这三个造园要素有机地组织在一系列的风景图画之中。在风景园林的总体上使得建筑美与自然美结合起来,达到一种人工与自然高度协调的境界——天人和谐的境界。

中国传统风景园林建筑之所以能够求得建筑美与自然美的融合,从根本上说是源于其造园哲学、美学乃至思维方式。同时,中国传统木构架建筑本身所具有的特性也为中国传统风景园林建筑实现建筑美与自然美的统一提供了优越的条件。对木构架体系的单体建筑来说,其内墙外墙可有可无,空间可虚可实、可隔可透。传统风景园林中的建筑充分利用了这种灵活性和随意性而创造了千姿百态、生动活泼的建筑艺术形式,以及与自然环境充分融合的整体环境观。中国传统风景园林建筑还把传统建筑化整为零,由个体组合为建筑组群,将中国传统建筑的可变性和灵活性发挥到了极致。它一反宫殿、衙署的严整、对称、均齐的格局这一儒家封建礼制伦理观念的物化产物,完全自由随意、因山就水、高低错落。这种千变万化的随意特性更加强化了建筑与自然环境的嵌合关系。同时,它还利用建筑内部空间与外部空间的通道以及流动的可能性,把建筑内的小空间与自然界的大空间沟通起来,体现了"道法自然"的哲理。

在中国一些优秀的传统园林里面,尽管建筑比较密集,但也不会让人感觉到困于建筑空间之内。虽然处处有建筑,却处处洋溢着大自然的盎然生机。这种和谐性,在一定程度上体现了中国传统文化对博大自然的"天人合一"的哲学思想和对自然的"为而不持，主而不宰"的态度（图4-18）。

图4-18　中国传统建筑的天井是"天人合一"的哲学思想在建筑中的具体体现

4.2　世界风景园林发展

一般认为，风景园林有东方、西方两大体系。

东方以中国风景园林为代表，影响日本、朝鲜及东南亚，主要特色是自然山水、植物与人工山水、植物和建筑相结合。

西方园林，又称为欧洲园林，主要是以古埃及和古希腊园林为渊源，以法国古典主义园林和英国自然风景式园林为两大流派，以人工美的规则式园林和自然美的自然式园林为造园风格，思想理论、艺术造诣精湛独到。欧洲园林覆盖面广，它以欧洲本土为中心，势力范围囊括欧洲、北美洲、南美洲、澳大利亚等四大洲，对南非、北非、西亚、东亚等地区的园林发展产生了重要影响。欧洲园林的两大流派都有自己明显的风格特征。规则式园林：气势恢宏，视线开阔，严谨对称，构图均衡，花坛、雕像、喷泉等装饰丰富，体现庄重典雅、雍容华贵的气势。自然风景式园林：取消了园林与自然之间的界线，将自然为主体引入到园林，排除人工痕迹，体现一种自然天成、返璞归真的艺术。

4.2.1　日本古代园林

日本早期园林是为防御、防灾或实用而建的宫苑，周围开壕筑城，内部掘池建岛，宫殿为主体，其间列植树木。而后学习中国汉唐宫苑，加强了游观设置，以观赏、游乐为主要设景、布局原则，创造了崇尚自然的朴素园林特色。

4.2.1.1　日本古代宫苑

日本古代的宫苑庭园全面地接受了中国汉唐以来的宫苑风格，多在水上做文章，掘池以象征海洋，起岛以象征仙境，布石植篱瀑布细流以点化自然，并将亭阁、滨台（钓殿）置于湖畔绿荫之下以享人间美景。奈良时代的后期即天平时代圣武天皇的平城宫内南苑、西池宫、松林苑、鸟池塘等苑园都具有这个特点。

4.2.1.2　日本中期的寺园、枯山水及茶庭

12世纪日本从武士政权、幕府政权到群藩割据，经历数百年的战乱和锁国状态。12～

13世纪武士执政期间，对贵族豪华虚荣的生活方式取轻视态度，而朴素的实用生活方式则十分重视。武家建园则和实际生活紧密相关，在庭园中惜爱树木，不作华丽玩乐设施，一切从朴素或实用出发，造庭趋于简朴。幕府时期是将军执政，特别重视佛教的作用，佛教推行净土真宗、宿命轮回和精神境界，深受幕府和御人家崇敬。此时从中国宋朝传入的禅宗思想更受欢迎，所以大兴寺院庭造之风。14～15世纪的日本，幕府御人家花园和禅宗寺院庭园比前代又有新的演变。中国宋代饮茶风气传入日本以后，在日本形成茶道。封建上层人家以茶道仪式为清高之举，茶道和禅宗净土结合之后更带有一种神秘色彩，根据茶道净土的环境要求，造庭形式出现了茶庭的创作。

随着幕府、禅宗和茶道的发展，造庭又一度形成高峰，为适应这种形势的需要，造庭师和造庭书籍不断涌现，并且在造庭式样上也有所创新。日本造园史里最著名的梦窗国师创造了许多名园，例如西芳寺、临川寺、天龙寺等庭园都经他手创作。梦窗国师是枯山水式庭园的先驱，他所做的庭园具有广大的水池，曲折多变的池岸，池面呈"心"字形。从置单石发展叠组石，还进一步叠成假山设在泷石，植树远近大小与山水建筑相配合。利用夸张和缩写的手法创造出残山剩水形式的枯山水风格。枯山水式庭园以京都龙安寺方丈南庭、大仙院方丈北东庭最为著名，寺园内以白沙和拳石象征海洋波涛和岛屿。龙安寺方丈南庭全用白沙敷设，其中掇石五处共15块（分为五、二、三、二、三），将白沙绕石耙出波纹状，以此想象海中山岛。大仙院方丈前庭以一组石造为主体，山石作有"瀑布"状，以此象征峰峦起伏的山景，山下还有"溪流"，也是用白沙敷成"溪水"，并耙出流淌的波纹，借以高度概括出无水似有水、无声寓有声的山水意境，充分表现了含蓄而洗练的性格，被视为枯山水的代表作（图4-19、图4-20）。

4.2.1.3 日本后期的茶庭及离宫书院式庭园

室町末期至桃山初期，日本国内处于群雄割据的乱世局面，豪强诸侯争雄夺势各据一方，建造高而坚固的城堡以作防御，建造宏伟华丽的宅邸庭园以作享乐。因此武士家的书院式庭园竞相兴盛，比较突出的有两条城、安土城、聚乐第、大阪城、伏见城等，其中主题仍以蓬莱山水为主流。石组多用大块石料，借以形成宏大凝重的气派。树木多为整形修剪式，还把成片的植物修剪成自由起伏的不规则状态，使总体构成大书院、人石组、大修剪的宏观特点。

江户时代开始兴盛起来的离宫书院式庭园也是独具民族风格的一种形式，这种形式的代表作品是桂离宫庭园。桂离宫庭园的中心有个大的水池，池心有三岛，并且有桥相连。园中

图4-19　日本天龙寺

图 4-20　日本龙安寺

图 4-21　日本桂离宫平面

道路曲折回环联系各处。池岸曲绕，山岛有亭，水边有桥，轩阁庭院有树木掩映，石灯笼、石组布置其间，花草树木极其丰富多彩。桂离宫庭园内的主要建筑是古书院、中书院和新书院等三大组建筑群，排列自然，错落有致（图 4-21、图 4-22）。修学院离宫与桂离宫齐名，且文人趣味浓厚，类似桂离宫的还有蓬莱园、小石川后乐园、纪洲公西园（赤坂离宫）、大久保侯的乐寿园（旧芝离宫）、滨御殿等。

图 4-22 日本桂离宫

日本庭园受中国传统风景园林的启发，形成的自然山水园，在发展过程中又根据本国的地理环境、社会历史和民族感情创造出了独特的日本风格。日本庭园的传统风格具有悠久的历史，后来逐渐规范化，现代的造园虽然手法越来越丰富，但依然保持其传统的风格与神韵。日本庭园对世界造园活动也产生了很大的影响，直到明治维新以后才随着西方文化的输入，开始有了新的转折，增添了西式造园形式和技艺。

4.2.2 西方传统风景园林

4.2.2.1 古埃及墓园

埃及早在公元前 4000 年就跨入了奴隶制社会，到公元前 28 世纪至公元前 23 世纪，形成法老政体的中央集权制。法老（即埃及国王）死后都兴建金字塔作王陵，并建墓园。金字塔浩大、宏伟、壮观，反映出当时埃及科学与工程技术已很发达。金字塔四周布置规则对称的林木，中轴为笔直的祭道，控制两侧均衡，塔前留有广场，与正门对应形成庄严、肃穆的气氛（图 4-23、图 4-24）。

4.2.2.2 古希腊庭院和柱廊园

古希腊是欧洲的发源地，古希腊的建筑、景园开欧洲建筑、景园之先河，直接影响着古罗马意大利及法国、英国等国的建筑、景园风格。后来英国吸收了中国自然山水园的意境，融入造园之中，对欧洲造园也有很大影响。

古希腊庭园的出现时间非常久远，公元前 9 世纪时，古希腊有位盲人诗人荷马，留下两部史诗。史诗中歌咏了 400 年间的庭园状况，从中可以了解到古希腊庭园大的有 1.5hm²，周边有围篱，中间为领主的私宅。庭园内花草树木栽植很规整，有终年花或果实累累的植物，

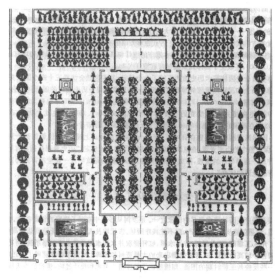

图 4-23　古埃及墓园平面

图 4-24　古埃及墓园想象图

树木有梨、栗、苹果、葡萄、无花果、石榴和橄榄树等。园中还配以喷泉，并留有生产蔬菜的地方。特别在院落中间，设置喷水池，其水法创作，对当时及以后世界造园工程产生了极大的影响，尤其对意大利、法国利用水景造园的影响更为明显。

公元前 3 世纪，古希腊哲学家伊壁鸠鲁在雅典建造了历史最早的文人园，利用此园对男女门徒进行讲学。公元前 5 世纪，古希腊曾有人渡海东游，从波斯学到了西亚的造园艺术，从此古希腊庭园由果菜园改造成装饰性的庭园。住宅方正规则，其内整齐地段植花木，最终发展成了柱廊园（图 4-25）。

图 4-25　古希腊庭园

古希腊的柱廊园，改进了波斯在造园布局上结合自然的形式，而变成了喷水池占据中心位置、使自然符合人的意志、有秩序的整形园。把西亚和欧洲两个系统的早期庭园形式与造园艺术联系起来，起到了过渡的作用。

4.2.2.3 古罗马庄园

意大利东海岸，强大的城邦罗马征服庞贝等广大地区，建立了奴隶制的古罗马大帝国。古罗马的奴隶主贵族们又兴起了建造庄园的风气。意大利是伸入地中海的半岛，半岛多山岭溪泉，并有曲长的海滨和谷地，气候湿润，植被繁茂，自然风光极为优美。古罗马贵族占有大量的土地、人力和财富，极尽奢华享受。他们除在城市里建有豪华的宅第之外，还在郊外选择风景优美的山阜营宅造园，在很长一个时期里，古罗马山庄式的园林遍布各地。古罗马山庄的造园艺术吸取了西亚、西班牙和古希腊的传统形式，特别对水法的创造更为奇妙。古罗马庄园又充分地结合原有山地和溪泉，逐渐发展成具有古罗马特点的台地柱廊园（图4-26）。

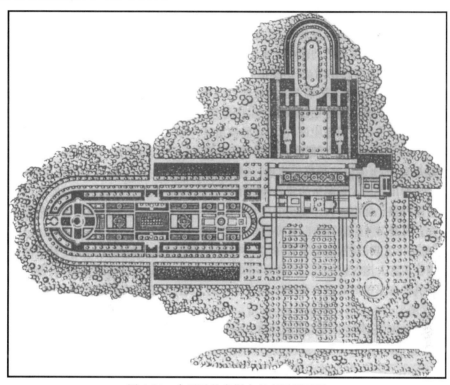

图 4-26　古罗马的突斯卡母庄园平面图

4.2.2.4 意大利庄园

14～17世纪欧洲以意大利为中心兴起文艺复兴运动，冲破了由中世纪封建教会统治的黑暗时期，意大利的造园出现了以庄园为主的新面貌，其发展分为文艺复兴初期、中期、后期三个阶段，各阶段所造庄园有不同的特色（图4-27、图4-28）。

① 文艺复兴初期的庄园　文艺复兴初期庄园的形式和内容大致如下：依据地势高低开辟台地，各层次自然连接；主体建筑在最上层台地上，保留城堡式传统；分区简洁，有树坛、树畦、盆树，并借景于园外；喷水池在一个局部的中心，池中有雕塑。

② 文艺复兴中期的庄园　公元15世纪，意大利庄园的设计一般是先在半山开辟台地，每层台地之中都有大的喷水池和大的雕像，中轴明显，两侧对称有树坛。主建筑的前后有规则的花坛和整齐的树畦。台地层次、外形力求规整，连接各层台地设有蹬道，而且阶梯有直、有折、有弧旋等多种变化，水池在纵横道的交点上，植坛规则布置。同时，这一时期出现了巴洛克式的庄园。巴洛克式庄园被认为是不求刻板，追求自由奔放，并富于色彩和装饰变化，形成了一种新风格。

图 4-27   意大利爱斯特庄园平面图   图 4-28   意大利卡普拉罗庄园平面图

③ 文艺复兴后期的庄园   公元 17 世纪开始，巴洛克式建筑风格已渐趋成熟定型，人们反对墨守成规的古典主义艺术，而要求艺术更加自由奔放，富于生动活泼的造型、装饰和色彩。这一时期的庄园受到巴洛克浪漫风格的很大影响，在内容和形式上富于新的变化。这时的庄园，注意了境界的创造，极力追求主题的表现，造成美妙的意境。常对一些局部单独塑造，以体现各具特色的优美效果，对园内的主要部位或大门、台阶、壁龛等作为视景焦点而极力加工处理，在构图上运用对称、几何图案或模纹花坛等。

4.2.2.5   法国古典园林

法国的园林艺术在 17 世纪下半叶形成了鲜明的特色，产生了成熟的作品，对欧洲各国有很大的影响。它的代表作是孚·勒·维贡府邸花园（建于 1656～1671）和凡尔赛宫园林，创作者是 A. 勒诺特尔（图 4-29、图 4-30）。这时期的园林艺术是古典主义文化的一部分，所以，法国园林艺术在欧洲被称为古典主义园林艺术，以法国的宫廷花园为代表的园林则被称为勒诺特尔式园林。

17 世纪上半叶，古典主义已经在法国各个文化领域中发展起来，造园艺术也发生了重大变化。A. 勒诺特尔是法国古典园林集大成的代表人物，他继承和发展了整体设计的布局原则，借鉴意大利园林艺术，并为适应宫廷的需要而有所创新，眼界更开阔，构思更宏伟，手法更复杂多样。他使法国造园艺术摆脱了对意大利园林的模仿，成为独立的流派。法国古典主义文化当时领导着欧洲文化潮流，A. 勒诺特尔的造园艺术流传到欧洲各国，许多国家的君主甚至直接模仿凡尔赛宫及其园林。

4.2.2.6   英国园林

指英国在 18 世纪发展起来的自然风景园。这种风景园以开阔的草地、自然式种植的树丛、蜿蜒的小径为特色。不列颠群岛潮湿多云的气候条件，资本主义生产方式造成庞大的城市，促使人们追求开阔、明快的自然风景。英国本土丘陵起伏的地形和大面积的牧场风光为园林形式提供了直接的范例，社会财富的增加为园林建设提供了物质基础。这些条件促成了独具一格的英国式园林的出现。这种园林与园外环境结为一体，又便于利用原始地形和乡土植物，所以被各国广泛地用于城市公园，也影响现代城市规划理论的发展（图 4-31）。

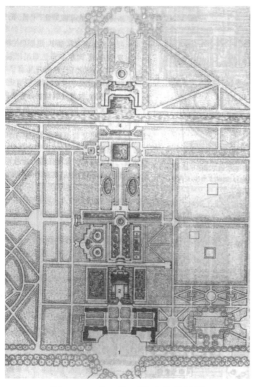

图 4-29　孚·勒·维贡府邸花园

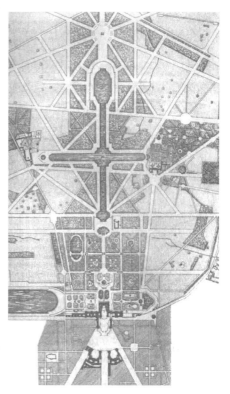

图 4-30　凡尔赛宫

图 4-31　英国自然风景园

4.3　中外风景园林发展的基本特点

同建筑发展一样，风景园林的发展史同时也是社会的发展史。概括起来，中、西方风景园林的发展历史可分为四个阶段，这四个阶段主要体现在人与自然的环境关系的变化上。

第一阶段：人类社会原始时期，人与自然是经常处于感性的适应的状态，人与自然环境之间呈现出亲和的关系。这种情况没有必要也没有可能产生风景园林。但到了进入原始农业时期，房前屋后有了果木蔬圃，开始了风景园林的萌芽状态。

第二阶段：这个阶段大体上相当于奴隶社会和封建社会的漫长时期。人对自然已经有了一些了解，能够自觉地加以开发。但总的看来，人与自然环境之间已经从感性的适应状态转变为理性的适应状态，但仍然保持着亲和的关系。物质、精神水平的提高，植物栽培、建筑技术的进步，促进了风景园林的发展，形成了不同地区、不同民族的风景园林，但它们有着共同的特点：①为少数统治阶级服务，为少数人私有；②是封闭的、内向的；③以追求视觉的景观美和精神寄托为目的；④造园的工作者是工匠、文人和艺术家。

第三阶段：18世纪中叶到20世纪第二次世界大战之前，工业文明的兴起，资本主义大工业的发展，人对自然的理解和逐步控制，对自然的掠夺性的索取过度，而开始受到自然的惩罚。两者从亲和关系转向对立关系。这一阶段的园林比之上一个阶段，在内容和性质上均有所发展、变化：①除私有园林外，开始出现政府向公众开放的公共风景园林；②规划设计从公众的内向型转变为开放的外向型；③造园除为视觉景观和精神的陶冶，也着重在发挥其改善城市环境质量的生态作用——环境效益，以及为市民提供游憩和交往活动的场地——社会效益；④由现代型的职业造园师主持设计。

第四阶段：第二次世界大战后，世界园林的发展又出现了新的趋势。人与大自然的理性适应状态逐渐升华到一个更高的境界，二者之间比前一阶段的敌斥、对立关系又逐渐回归为亲和的关系。园林的内容性质变化如下：①私有园林已不占主导地位，"城市在园林中"已成为现实，发达国家和地区还出现了"园林城市"；②园林设计广泛利用生态学、环境科学及各种先进技术，由城市延展到郊外，甚至向更广阔的国土范围延展，形成大地景观规划；③城市的飞速发展，建筑、城市规划、风景园林三者的关系已经密不可分，往往是"你中有我，我中有你"。

第5章 风景园林建筑与城乡规划

5.1 城乡规划概述

5.1.1 城乡规划相关概念

2007年我国颁布了《中华人民共和国城乡规划法》（后简称《城乡规划法》），2015年又对其进行了修订。根据《城乡规划法》的相关规定，城乡规划，包括城镇体系规划、城市规划、镇规划、乡规划和村庄规划。城市规划、镇规划分为总体规划和详细规划。详细规划分为控制性详细规划和修建性详细规划。

城市（包括镇）是人类文明的载体，同时也是国家和地区社会经济发展中心。现代城市是一个多功能、社会化的有机综合体，是一个高度复杂的动态系统。城市内部功能、空间结构的合理化迫切需要城市规划的引导。科学合理的城市规划能为国家与地区的建设带来巨大的综合效益。

乡村（Country），是居民以农业为经济活动基本内容的一类聚落的总称，是相对独立的且具有特定的经济、社会和自然景观特点的地区综合体。到新石器时代，农业和畜牧业开始分离，以农业为主要生计的氏族定居下来，出现了真正的乡村。中国已经发掘的最早村落遗址属新石器时代前期，如浙江的河姆渡和陕西的半坡等。按照乡村的经济活动内容，可分为以一业为主的农业村（种植业）、林业村、牧村和渔村，也有农林、农牧、农渔等兼业村落。根据乡村是否具有行政含义，可分为自然村和行政村。自然村是村落实体，行政村是行政实体。一个大自然村可设几个行政村，一个行政村也可以包含几个小自然村。一般来说，乡村聚落具有农舍、牲畜棚圈、仓库场院、道路、水渠、宅旁绿地，以及特定环境和专业化生产条件下特有的附属设施等。小村一般无服务职能，中心村落则有小商店、小医疗诊所、邮局、学校等生活服务和文化设施，可发挥最低层级的中心地职能。随着现代城市化的发展，在城市郊区还出现了城市化村这种类似城市的乡村聚落。

城乡规划具有指导和规范城乡建设的重要作用。城乡规划的指导作用体现在合理利用城乡土地，协调城乡空间布局和各项建设，发挥城乡整体优化功能和效益等方面。城乡规划的主要规范作用体现在促进土地资源的合理配置、确定城乡公共物品的提供、推动区域经济的发展。城乡规划的主要制度作用体现在城市规划及其管理，降低土地利用的交易费用、减少因政策失误所造成的损失。

规划区，是指城市、镇和村庄的建成区以及因城乡建设和发展需要，必须实行规划控制的区域。规划区的具体范围由有关人民政府在组织编制的城市总体规划、镇总体规划、乡规划和村庄规划中，根据城乡经济社会发展水平和统筹城乡发展的需要划定。

城市总体规划、镇总体规划的内容应当包括：城市、镇的发展布局，功能分区，用地布局，综合交通体系，禁止、限制和适宜建设的地域范围，各类专项规划等。规划区范围、规划区内建设用地规模、基础设施和公共服务设施用地、水源地和水系、基本农田和绿化用地、环境保护、自然与历史文化遗产保护以及防灾减灾等内容，应当作为城市总体规划、镇总体规划的强制性内容。

乡规划、村庄规划应当从农村实际出发，尊重村民意愿，体现地方和农村特色。乡规划、村庄规划的内容应当包括：规划区范围，住宅、道路、供水、排水、供电、垃圾收集、畜禽养殖场所等农村生产、生活服务设施、公益事业等各项建设的用地布局、建设要求，以及对耕地等自然资源和历史文化遗产保护、防灾减灾等的具体安排。乡规划还应当包括本行政区域内的村庄发展布局。

5.1.2 城市规划的发展历程

5.1.2.1 中国古代的城市规划

中国古代文明中有关城镇修建和房屋建造的论述总结了大量生活实践的经验，其中经常以阴阳五行和堪舆学的方式出现。虽然至今尚未发现有专门论述规划和建设城市的中国古代书籍，但有许多理论和学说散见于《周礼》《商君书》《管子》和《墨子》等政治、伦理和经史书中。

夏代（公元前21世纪起）对"国土"进行全面的勘测，国民开始迁居到安全处定居，居民点开始集聚向城镇方向发展。夏代留下的一些城市遗迹表明当时已经具有了一定的工程技术水平，如陶制排水管的使用及夯打土坯筑台技术的采用等，但总体上在居民点的布局结构方面都尚为原始。夏代的天文学、水利学和居民点建设技术为以后中国的城市建设规划思想的形成积累了物质基础。

商代开始出现了我国的城市雏形。商代早期建设的河南偃师商城，中期建设的位于今天郑州的商城和位于今天湖北的盘龙城，以及位于今天安阳的殷墟等都城，都已有发掘的大量材料。商代盛行迷信占卜，崇尚鬼神，这直接影响了当时的城镇空间布局。

中国中原地区在周代已经结束了游牧生活，经济、政治、科学技术和文化艺术都得到了较大的发展，这期间兴建了丰、镐两座京城。在修复建设洛邑城时，"如武王之意"完全按照周礼的设想规划城市布局。召公和周公曾去相土勘测定址，进行了有目的、有计划、有步骤的城市建设，这是中国历史上第一次有明确记载的城市规划事件。

成书于春秋战国之际的《周礼·考工记》记述了关于周代王城建设的空间布局："匠人营国，方九里，旁三门。国中九经九纬，经涂九轨。左祖右社，面朝后市，市朝一夫"（图5-1）。同时，《周礼》书中还记述了按照封建等级中不同级别的城市如"都"、"王城"和"诸侯城"在用地面积、道路宽度、城门数目、城墙高度等方面的级别差异；还有关于城外的郊、田、林、牧地的相关关系的论述。《周礼·考工记》记述的周代城市建设的空间布局制度对中国古代城市规划实践活动产生了深远的影响。《周礼》反映了中国古代哲学思想开始进入都城建设规划，这是中国古代城市规划思想最早形成的时代。

战国时期形成了大小套城的都城布局模式，即城市居民居住在称之为"郭"的大城，统治者居住在称为"王城"的小城。列国都城基本上都采取了这种布局模式，反映了当时"筑城以卫君，造郭以守民"的社会要求。

秦统一中国之后，在城市规划思想上也曾尝试过进行统一，并发展了"相天法地"的理念，即强调方位，以天体星象坐标为依

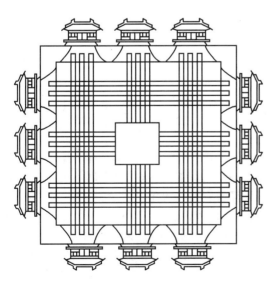

图 5-1 《周礼·考工记》王城图

据，布局灵活具体。秦国都城咸阳虽然宏大，却无统一规划和管理，贪大求快引起国力衰竭。由于秦王朝信神，其城市规划中的神秘主义色彩对中国古代城市规划思想影响深远。同时，秦代城市的建设规划实践中出现了不少复道、甬道等多重的城市交通系统，这在中国古代城市规划史中具有开创性的意义。

汉代国都长安的遗址发掘表明，其城市布局并不规则，没有贯穿全城的对称轴线，宫殿与居民区相互穿插，说明周礼制布局在汉朝并没有在国都规划实践中得到实现。王莽代汉取得政权后，受儒教的影响，在城市空间布局中导入祭坛、明堂、辟雍等大规模的礼制建筑，在国都洛邑的规划建设中有充分的表现。洛邑城空间规划布局为长方形，宫殿与市民居住生活区在空间上分隔，整个城市的南北中轴上分布了宫殿，强调了皇权、周礼制的规划思想理念得到全面的体现。

三国时期，魏王曹操在公元213年营建的邺城规划布局中，已经采用城市功能分区的布局方法。邺城的规划继承了战国时期以宫城为中心的规划思想，改进了汉长安布局松散、宫城与坊里混杂的状况。邺城功能分区明确，结构严谨，城市交通干道轴线与城门对齐，道路分级明确（图5-2）。邺城的规划布局对此后的隋唐长安城的规划，以及对以后的中国古代城市规划思想发展产生了重要影响。

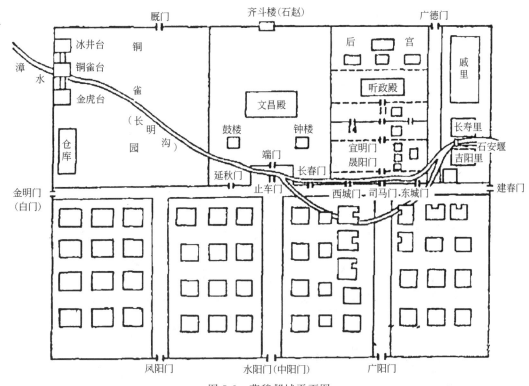

图 5-2　曹魏邺城平面图

三国期间，吴国国都原位于今天的镇江，后按诸葛亮军事战略建议迁都，选址于金陵。金陵城市用地依自然地势发展，以石头山、长江险要为界，依托玄武湖防御，皇宫位于城市南北的中轴上，重要建筑以此对称布局。"形胜"是对周礼制城市空间规划与自然结合理念思想综合的典范。

南北朝时期，东汉时传入中国的佛教和春秋时代创立的道教空前发展，开始影响中国古代城市规划思想，突破了儒教礼制城市空间规划布局理论一统天下的格局。具体有两方面的影响：一方面城市布局中出现了大量宗庙和道观，城市的外围出现了石窟，拓展和丰富了城市空间理念；另一方面城市的空间布局强调整体环境观念，强调形胜观念，强调城市人工和自然环境的整体和谐，强调城市的信仰和文化功能。

隋初建造的大兴城（长安）汲取了曹魏邺城的经验并有所发展。除了城市空间规划的严谨外，还规划了城市建设的时序：先建城墙，后辟干道，再造居民区的坊里。

宋代开封城的扩建，按照五代后周世宗柴荣的诏书，进行有规划的城市扩建，为认识中国古代城市扩建问题研究提供了代表性案例。随着商品经济的发展，从宋代开始，中国城市建设中延绵千年的里坊制度逐渐被废除，在北宋中叶的开封城中开始出现了开放的街巷制度。这种街巷制成为中国古代后期城市规划布局与前期城市规划布局区别的基本特征，反映了中国古代城市规划思想重要的新发展。

元代出现了中国历史上另一个全部按城市规划修建的都城——大都（图 5-3）。城市布局更强调中轴线对称，在几何中心建中心阁，在很多方面体现了《周礼·考工记》上记载的王城的空间布局制度。同时，城市规划又结合了当时的经济、政治和文化发展的要求，并反映了元大都选址的地形地貌特点。

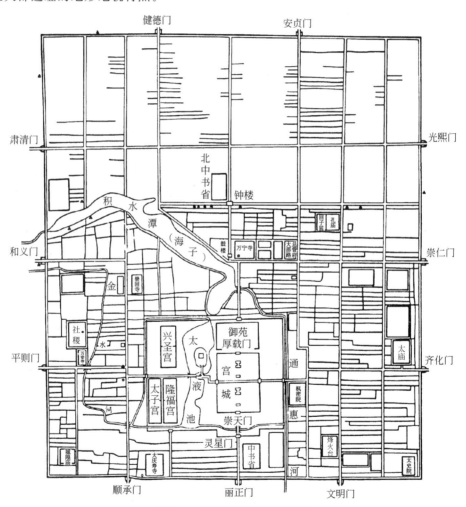

图 5-3　元大都城复原平面图

中国古代城市规划强调整体观念和长远发展，强调人工环境与自然环境的和谐，强调严格有序的城市等级制度。这些理念在中国古代的城市规划和建设实践中得到了充分的体现，同时也影响了日本、朝鲜等东亚国家的城市建设实践。

5.1.2.2 西方古代的城市规划

大约公元前 3000 年，在小亚细亚已经存在耶立科（Jericho），在古埃及有赫拉考波立斯（Hierakonpolis），在波斯有苏达（Suda）等古文明地区的城市。在公元前 4000 年至公元前 2500 年的 1500 年间，世界人口数量增加了一倍，城市数量也成倍增长。考古资料表明，这些城市主要分布在北纬 20°～40°之间，且绝大部分选址于海边或大河两岸。

古代两河流域文明发源于幼发拉底河与底格里斯河之间的美索不达米亚平原，当地的居民信奉多神教，建立了奴隶制政权，创造出灿烂的古代文明。古代两河流域的城市建设充分体现了其城市规划思想，比较著名的有波尔西巴（Borsippa）、乌尔（Ur）（图 5-4）以及新巴比伦城。

波尔西巴建于公元前 3500 年，空间特点是南北向布局，主要考虑当地南北向良好的通风；城市四周有城墙和护城河，城市中心有一个"神圣城区"，王宫布置在北端，三面临水，住宅庭院则杂混布置在居住区。

北

图 5-4　乌尔城

乌尔的建城时间约在公元前 2500 年到公元前 2100 年。该城有城墙和城壕，面积约 88hm²。人口 30000～35000 人。乌尔城平面呈卵形，王宫、庙宇以及贵族僧侣的府邸位于城市北部的夯土高台上，与普通平民和奴隶的居住区间有高墙分隔。夯土高台共 7 层，中心最高处为神堂，之下有宫殿、衙署、商铺和作坊。乌尔城内有大量耕地。

公元前 500 年的古希腊城邦时期，提出了城市建设的希波丹姆（Hippodamus）模式，这种城市布局模式以方格网的道路系统为骨架，以城市广场为中心。广场是市民聚集的空间，城市以广场为中心的核心思想反映了古希腊时期的市民民主文化。因此，古希腊的方格网道路城市从指导思想方面与古埃及和古印度的方格网道路城市存在明显差异。希波丹姆模式寻求几何图像与数之间的和谐与秩序的美，这一模式在希波丹姆规划的米利都城（Miletus）（图 5-5）得到了完整的体现。

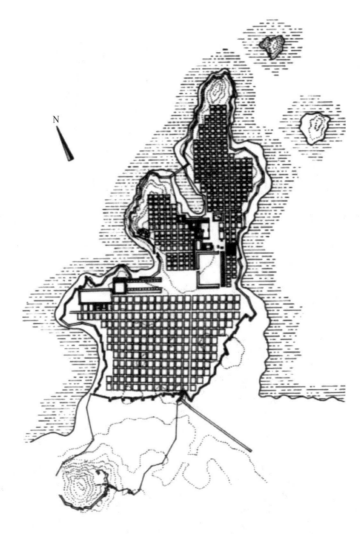

图 5-5　米利都城

公元前 1 世纪的古罗马建筑师维特鲁威（Vitruvius）的著作《建筑十书》（De Architectura Libri Decem），是西方古代保留至今唯一最完整的古典建筑典籍。该书分为十卷，在第一卷"建筑师的教育，城市规划与建筑设计的基本原理"、第五卷"其他公共建筑物"中提出了不少关于城市规划、建筑工程、市政建设等方面的论述。

5.1.3 现代城乡规划的理论

5.1.3.1 田园城市（Garden City）理论

1898 年英国人霍华德（Ebenezer Howard）提出了"田园城市"的理论。他经过调查，写了一本书：《明天——一条引向真正改革的和平道路》（Tomorrow. a Peaceful Path towards Real Reform），希望彻底改良资本主义的城市形式，指出了工业化条件下存在着城市与适宜的居住条件之间的矛盾、大城市与自然隔离的矛盾。霍华德认为，城市无限制发展与城市土地投机是资本主义城市灾难的根源，建议限制城市的自发膨胀，并使城市土地属于这一城市的统一机构。

他认为，城市人口过于集中是由于城市吸引人口的"磁性"所致，如果把这些磁性进行有意识地移植和控制，城市就不会盲目膨胀；如果将城市土地统一归城市机构，就会消灭土地投机，而土地升值所获得的利润，应该归城市机构支配。他为了吸引资本实现其理论还声称，城市土地也可以由一个产业资本家或大地主所有。霍华德指出"城市应与乡村结合"。他以一个"田园城市"的规划图解方案更具体地阐述其理论（图 5-6）：城市人口 32000 人，占地 404.7hm²。城市外围有 2023.4hm² 土地为永久性绿地，供农牧产业用。城市部分由一系列同心圆组成。有 6 条大道由圆心放射出去，中央是一个占地 20hm² 的公园。沿公园也可建公共建筑物，其中包括市政厅、音乐厅兼会堂、剧院、图书馆、医院等，它们的外面是一圈占地 58hm² 的公园，公园外圈是一些商店、商品展览馆，再外一圈为住宅，再外面为宽 128m 的林荫道，大道当中为学校、儿童游戏场及教堂，大道另一面又是一圈花园住宅。

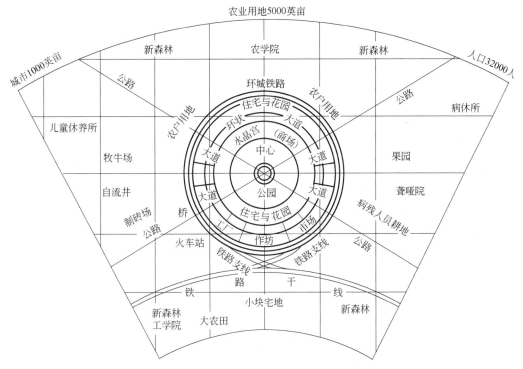

图 5-6 "田园城市"的规划图解方案

（注：1 英亩＝4046.85 平方米）

霍华德的理论比傅立叶、欧文等人的空想前进了一步。他把城市当作一个整体来研究，联系城乡的关系，提出适应现代工业的城市规划问题，对人口密度、城市经济、城市绿化的重要性问题等都提出了见解，对城市规划学科的建立起到重要的作用，今天的规划界一般都把霍华德的"田园城市"方案的提出作为现代城市规划的开端。

霍华德提出的"田园城市"与一般意义上的花园城市有着本质上的区别。一般的花园城市是指在城市中增添了一些花坛和绿地，而霍华德所说的"Garden"是指城市周边的农田和园地，通过这些田园控制城市用地的无限扩张。

霍华德的这一理论受到了广泛的关注，并在英国出现了两种以"田园城市"为名的建设试验：一种是房地产公司经营的、位于市郊的、以"花园城市"为名、以中小资产阶级为对象的大型住区；另一种为根据霍华德的"田园城市"思想进行的试点，例如始建于1902年的莱切沃斯（Letch Worth）位于伦敦东北，距伦敦64km，但到1917年时，人口才18000人，与霍华德的理想相距甚远。

5.1.3.2　卫星城镇规划的理论

20世纪初，大城市的恶性膨胀，使如何控制及疏散大城市人口成为突出的问题。霍华德的"田园城市"理论由他的追随者昂温（Unwin）进一步发展成为在大城市的外围建立卫星城市，以疏散人口控制大城市规模的理论，并在1922年提出一种理论方案。同时期，美国规划建筑师惠依顿也提出在大城市周围用绿地围起来，限制其发展。在绿地之外建立卫星城镇，设有工业企业，和大城市保持一定联系。

1912—1920年，巴黎制定了郊区的居住建设规划。打算在离巴黎16km的范围内建立28座居住城市，这些城市除了居住建筑外，没有生活服务设施，居民的生产工作及文化生活上的需要尚需去巴黎解决，一般称这种城镇为"卧城"。1918年芬兰建筑师伊利尔·沙里宁（Eliel Saarinen）与荣格（Bertel Jung）受一私人开发商的委托，在赫尔辛基新区明克尼米-哈格（Munkkiniemi Haaga）提出一个17万人口的扩张方案。虽然该方案由于远远超出了当时财政经济和政治处理能力，缺乏政治经济的背景分析和考虑，只有一小部分得以实施，但由此建筑师沙里宁在第二次世界大战以前被看成为了一个规划师。沙里宁的方案主张在赫尔辛基附近建立一些半独立城镇，以控制其进一步扩张。这类卫星城镇不同于"卧城"除了居住建筑外，还设有一定数量的工厂、企业和服务设施，使一部分居民就地工作，另一部分居民仍去母城工作。

不论是"卧城"还是半独立的卫星城镇，对疏散大城市的人口方面并无显著效果，所以不少人又进一步探讨大城市合理的发展方式。1928年编制的大伦敦规划方案中，采用在外围建立卫星城镇的方式，并且提出大城市的人口疏散应该从大城市地区的工业及人口分布的规划着手。这样，建立卫星城镇的思想开始和地区的区域规划联系在一起。

第二次世界大战中，欧洲不少城市受到不同程度破坏。在城市的重建规划时，郊区普遍新建了一些卫星城市。英国在这方面作了很多工作，由阿伯克隆比（Patrick Abercrombie）主持的大伦敦规划，主要是采取在外围建设卫星城镇的方式，计划将伦敦中心区人口减少60%，这些卫星城镇独立性较强，城内有必要的生活服务设施，而且还有一定的工业，居民的工作及日常生活基本上可以就地解决，这类卫星城镇是基本独立的。第一批先建造了哈罗（Harlow）、斯特文内奇（Stevenage）等8个卫星城镇，吸收了伦敦市区500多家工厂和40万居民。目前英国这样的卫星城镇已有40多个。

哈罗是1947年规划设计的，1949年开始建造，距伦敦37km，规划人口7.8万人，用地约2590hm²，由伦敦迁出一部分工业和人口来此。生活居住区由多个邻里单位组成，每个邻里单位有小学及商业中心。几个邻里单位组成一个区。城市主要道路在区与区之间的绿地穿过，联系着市中心、车站和工业区。

英国的各新城开发公司，为了吸引工厂迁入卫星城镇创造了种种条件：修好道路，划好工业区，修建了长期出租的厂房。也采取许多措施吸引居民迁入，如提供较好的居住条件，每人平均绿化面积达50多平方米，房租及地税也比较低。

在瑞典首都斯德哥尔摩附近建立的卫星城市魏林比（Vallinby）是半独立的，对母城有较大的依赖性，距母城 16km，以一条电气化铁路和一条高速干道与母城联系。人口为 24000 人，用地 1.7hm²。车站是居民必经之处，安排在地下。在车站上面建立商业中心，靠近中心为多层居住建筑，外围为低层住宅。这种规划方式也反映了这类对母城有较大依赖性的卫星城镇的特点。

苏联在 1930 年代曾规定在莫斯科、列宁格勒（今圣彼得堡）等大城市不再建设大的工业项目，把在外围建立卫星城镇作为控制大城市人口的一种手段。在莫斯科等大城市的总体规划中考虑了卫星城市的布点，将它作为大城市发展的一种形式。莫斯科规划人口为 700 万人，500 万人分布在市区，100 万人分布在 15 个卫星城镇中，另外 100 万人分布在其他城镇中。

第三代的卫星城实质上是独立的新城。以英国在 1960 年代建造的米尔顿·凯恩斯（Milton-Keynes）为代表。其特点是城市规模比第一、第二代卫星城扩大，并进一步完善了城市公共交通及公共福利设施。该城位于伦敦西北与利物浦之间，与两城各相距 80km，占地 90hm²，规划人口 25 万人。该城于 1967 年开始规划，1970 年开始建设，1977 年底已有居民 8 万人。规划的特点是城镇具有多种就业机会，社会就业平衡，交通便捷，生活接近自然，规划方案具有灵活性和经济性。城市平面为方形，纵横各约 8km，高速干道横贯中心。方格形道路网的道路间距为 1km。邻里单位内设有与机动车道完全分开的自行车道与人行道。城市中心设大型商业中心，邻里单位设小型商业点，位于交通干道的边缘。

从卫星城镇的发展过程中可以看出，由"卧城"到半独立的卫星城，到基本上完全独立的新城，其规模逐渐趋向由小到大。英国在 1940 年代的卫星城，人口在 5 万～8 万人之间，1960 年代后的卫星城，规模已扩大到 25 万～40 万人。日本的多摩新城，规模也由原计划的 30 万人扩大到 40 万人。规模大些就可以提供多种就业机会，也有条件设置较大型完整的公共文化生活服务设施，可以吸引较多的居民，减少对母城的依赖。

5.1.3.3　现代建筑运动对城市规划的影响与《雅典宪章》（Charter of Athens）

法国人勒·柯布西耶（Le Corbusier）在 1925 年发表了《城市规划设计》一书，将工业化思想大胆地带入城市规划。早在 1922 年他就曾提出一个称为"300 万人口的当代城市"的巴黎改建设想方案来阐述他的观点（图 5-7）。

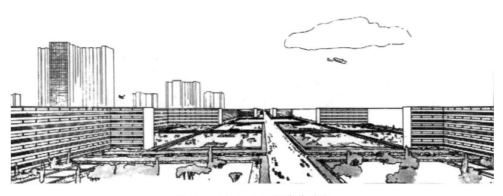

图 5-7　300 万人口的当代城市

柯布西耶的理论面对大城市发展的现实，承认现代化的技术力量。他认为，大城市的主要问题是城市中心区人口密度过大，城市中机动交通日益发达，数量增多，速度提高，但是现有的城市道路系统及规划方式与这种要求产生矛盾。城市中绿地空地太少，日照通风、游憩、运动条件太差。因此要从规划着眼，以技术为手段，改善城市的有限空间，以适应这种情况。他主张提高城市中心区的建筑高度，向高层发展，增加人口密度。

柯布西耶认为，交通问题的产生是由于车辆增多，而道路面积有限，交通愈近市中心愈集中，而城市因为是由内向外发展，愈近市中心道路愈窄。他主张市中心空地、绿化要多，并增加道路宽度和停车场，以及车辆与住宅的直接联系，减少街道交叉口或组织分层的立体交通。按照这些理论，他在1922年提出的巴黎建筑规划方案中，将城市总平面规划为由直线道路组成的道路网、城市路网由方格对称构成、几何形体的天际线、标准的行列式空间的城市。城市分为三区，市中心区为商业区及行政中心，全部建成60层的高楼，工业区与居住区有方便的联系，街道按交通性质分类。改变沿街建造的密集式街道，增加街道宽度及建筑的间距，增加空地、绿地，改善居住建筑形式，增加居民与绿地的直接联系。

柯布西耶以建筑美学的角度，从根本上向旧的建筑和规划理论发起了冲击。这意味着20世纪初期"新建筑运动"向学院派及古典主义的冲击扩大到城市规划的领域。

在柯布西耶提出了空间集中的规划理论的时候，赖特却相反地提出反集中的空间分散的规划理论。赖特（Frank Lloyd Wight）在1935年发表的《广亩城市：一个新的社区规划》（Broadacre City：A New Community Plan）充分地反映了他倡导的美国化的规划思想，强调城市中的人的个性，反对集体主义。赖特在1920—1930年代成为一名社会革命者，但他并未参加社会主义的左翼阵营。相反，他呼吁城市回到过去的时代。而他的社会思想的物质载体就是"广亩城市"（图5-8）。他相信电话和小汽车的力量，认为大都市将死亡，美国人将走向乡村，家庭和家庭之间要有足够的距离，以减少接触来保持家庭内部的稳定。

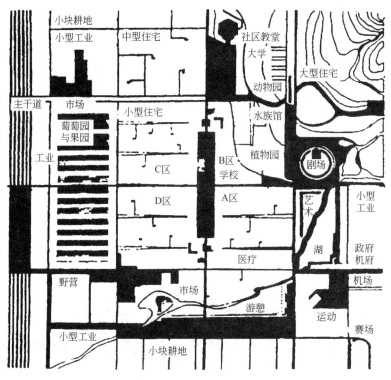

图 5-8　广亩城市

在对比柯布西耶和赖特的两个极端的规划理论时，我们也可以发现他们的共性，即：都有大量的绿化空间在他们"理想的城市"中；都已经开始思考当时所出现的新技术；电话和汽车对城市产生的影响。

1933年国际现代建筑协会（CIAM）在雅典开会，中心议题是城市规划，并制定了一个《城市规划大纲》，这个大纲后来被称为《雅典宪章》。这个大纲集中地反映了当时"现代建筑"学派的观点。大纲首先提出，城市要与其周围影响地区作为一个整体来研究，指出城市规划的目的是解决居住、工作、游憩与交通四大城市功能的正常进行。

《大纲》还提出，城市发展中应保留名胜古迹及历史建筑。

《大纲》最后指出，城市的种种矛盾，是由大工业生产方式的变化和土地私有引起。城市应按全市人民的意志进行规划，要以区域规划为依据。城市按居住、工作、游憩进行分区及平衡后，再建立三者联系的交通网。居住为城市主要因素，要多从居住者的要求出发，应以住宅为细胞组成邻里单位，应按照人的尺度（人的视域、视角、步行距离等）来估量城市各部分的大小范围。城市规划是一个三度空间的科学，不仅是长宽两方向，应考虑立体空间。要以国家法律形式保证规划的实现。

《大纲》中提出的种种城市发展中的问题、论点和建议，很有价值，对于局部地解决城市中一些矛盾也起过一定的作用。这个《大纲》中的一些理论由于基本想法上是要适应生产及科学技术发展给城市带来的变化，而敢于向一些学院派的理论、陈旧的传统观念提出挑战，因此具有一定的生命力。《大纲》中的一些基本论点，成为资本主义近代规划学科的重要内容，至今还有着深远的影响。

5.1.3.4 马丘比丘宪章（Charter of Machu Picchu）

1978年12月，一批建筑师在秘鲁的利马集会，对《雅典宪章》40多年的实践作了评价，认为实践证明《雅典宪章》提出的某些原则是正确的，而且将继续起作用，如把交通看成为城市基本功能之一，道路应按功能性质进行分类，改进交叉口设计等。但是也指出，把小汽车作为主要交通工具和制定交通流量的依据的政策，应改为使私人车辆服从于公共客运系统的发展，要注意在发展交通与能源危机之间取得平衡。《雅典宪章》中认为，城市规划的目的是在于综合城市四项基本功能——生活、工作、游憩和交通，其解决办法就是将城市划分成不同的功能分区。但是实践证明，追求功能分区却牺牲了城市的有机组织，忽略城市中人与人之间多方面的联系，城市规划应努力去创造一个综合的多功能的生活环境。这次集会后发表的《马丘比丘宪章》还提出了城市急剧发展中如何更有效地使用人力、土地和资源，如何解决城市与周围地区的关系，提出生活环境与自然环境的和谐问题。

5.1.3.5 邻里单位和小区规划

1930年代，开始在美国，不久又在欧洲，出现一种"邻里单位"（Neighborhood Unit）的居住区规划思想（图5-9）。它与过去将住宅区的结构从属于道路划分方格的那种形式不同。旧的方式，路格很小，方格内居住人口不多，难于设置足够的公共设施。儿童上学及居民购买日常的必需品，必须穿越城市道路。在以往机动交通不太发达的情况下，尚未感到过多的不方便。1920年代后，城市道路上的机动交通日益增长，交通量和速度都增大，车祸经常发生，对老弱及儿童穿越道路的威胁更加严重，而且过小的路格，过多的

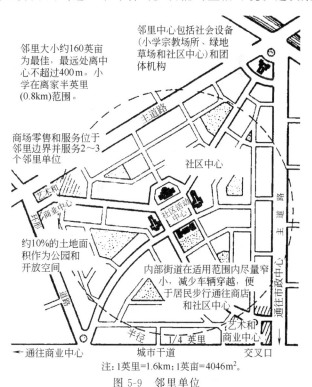

邻里中心包括社会设备（小学宗教场所、绿地草场和社区中心）和团体机构

邻里大小约160英亩为最佳，最远处离中心不超过400m。小学在离家半英里（0.8km）范围。

商场零售和服务位于邻里边界并服务2～3个邻里单位

约10%的土地面积作为公园和开放空间

内部街道在适用范围内尽量窄小，减少车辆穿越，便于居民步行通往商店和社区中心

注：1英里=1.6km；1英亩=4046m²。

图5-9　邻里单位

交叉口，也降低了城市道路的通行能力。旧的住宅布置方式，大都是围绕道路形成周边和内天井的形式，结果住宅的朝向不好，建筑密集。机动交通发达后，沿街居住非常不安宁。

"邻里单位"思想要求在较大的范围内统一规划居住区，使每一个"邻里单位"成为组成居住区的"细胞"。开始时，首先考虑的是幼儿上学不要穿越交通干道，"邻里单位"内要设置小学，以此决定并控制"邻里单位"的规模。后来也考虑在"邻里单位"内部设置一些为居民服务的、日常使用的公共建筑及设施，使"邻里单位"内部和外部的道路有一定的分工，防止外部交通在"邻里单位"内部穿越。

"邻里单位"思想还提出在同一邻里单位内安排不同阶层的居民居住，设置一定的公共建筑，这些也与当时资产阶级搞阶级调和社会改良主义的意图相呼应。"邻里单位"理论在英国及欧美一些国家盛行，而且也按这种方式建造了一些居住区。

这种思想因为适应了现代城市由于机动交通发展带来的规划结构上的变化，把居住的安静、朝向、卫生、安全放在重要的地位，因此对以后居住区规划影响很大。

第二次世界大战后，在欧洲一些城市的重建和卫星城市的规划建设中，"邻里单位"思想更进一步得到应用、推广，并且在它的基础上发展成为"小区规划"的理论。试图把小区作为一个居住区构成的"细胞"，将其规模扩大，不限于以一个小学的规模来控制，也不仅是由一般的城市道路来划分，而趋向于由交通干道或其他天然或人工的界线（如铁路、河流等）为界。在这个范围内把居住建筑、公共建筑、绿地等予以综合解决，使小区内部的道路系统与四周的城市干道有明显的划分。公共建筑的项目及规模也可以扩大，不仅是日常必需品的供应，一般的生活服务也都可以在小区内解决。

5.1.3.6 有机疏散理论

针对大城市过分膨胀所带来的各种"弊病"，伊利尔·沙里宁（Eliel Saarinen）在 1934 年发表了《城市：它的发展、衰败与未来》（City：Its Growth，Its Decay，Its Future）一书，书中提出了有机疏散的理论。

有机疏散理论，并不是一个具体的或技术性的指导方案，而是对城市的发展带有哲理性的思考，是在吸取了前期和同时代城市规划学者的理论和实践经验的基础上，在对欧洲、美国一些城市发展中的问题进行调查研究与思考后得出的结果。有机疏散论认为没有理由把重工业布置在城市中心，轻工业也应该疏散出去。当然，许多事业和城市行政管理部门必须设置的城市的中心位置。城市中心地区由于工业外迁而空出的大面积用地，应该用来增加绿地，而且也可以供给必须在城市中心地区工作的技术人员、行政管理人员、商业人员居住，让他们就近享受家庭生活。

二战之后西方许多大城市纷纷以沙里宁的有机疏散理论为指导，调整城市发展战略。形成健康、有序 的发展模式。其中最著名的是大伦敦规划和大巴黎规划。

5.1.3.7 理性主义规划理论及其批判

1960—1970 年代的西方城市规划操作的指导理论可以用三个词来概括：系统、理性和控制论。

第二次世界大战结束以后，刘易斯·凯博（Lewis Keeble）1952 在年出版的《城乡规划的原则与实践》（Principles and Practice of Town and Country Planning）中，全面阐述了当时被普遍接受的规划思想。经过十几年的实践，1961 年该书再版了。这本书中集中反映了城市规划中的理性程序，城市规划的对象还主要局限在物质方面，规划编制程序步步相扣，从现状调查、数据收集统计、方案提出与比较评价、方案选定、各工程系统的规划的编制都在理论上达到了至善至美的严密逻辑。在规划实践中这本书成为当时城市规划编制工作的操作指导手册，其思想方法代表了理性主义的标准理论。

与理性主义规划相辅的是 1960 年代末 1970 年代初，在城市规划中系统工程的导入和数理分析的大量推广，大型计算机的出现是其技术基础。系统工程的导入使得人们把城市更多地看成一个巨型系统，而规划则更多地从运筹学和系统结构方面着手。城市规划的前期调查发现变得越来越严密，工作量也就越来越大，大型计算机的出现使得大量调查数据的处理成为可能。城市规划工作中运用了大量的数理模型，包括用纯粹数理公式表达的城市发展模型和城市规划控制模型。在此现象之下，城市规划编制的理论程序也就更加理性，理性主义成为主导的规划思想。

5.1.3.8 城市设计研究

第二次世界大战之后，西方社会沉浸在一种和平恢复和社会经济高速发展的气氛之下。从总体上看，主导的社会意识是乐观的，绝大多数的规划师正忙于工程，像凯博这样的规划师则在制定操作色彩很浓的理性的系统规划。在规划物质环境方面，规划师一方面忙于工程实践，另一方面急需形态设计的理论指导和一套操作性很强的分析方法。大家关心的是如何设计得更漂亮、更美观、更能让人们满足、信服。吉伯德（F. Gibberd）和凯文·林奇（Kevin Lynch）分别在1952年和1960年出版了《市镇设计》（Town Design）和《城市意象》（The Image of the City），并立刻成为市场上的畅销书和规划师、设计师的工作手册。

当时城市设计研究的重点集中于城市空间景观的形态构成要素方面，凯文·林奇在做了大量第一手的问卷调查分析后，认为城市空间景观中界面、路径、节点、场地、地标是最重要的构成要素，并有基本规律可以把握，在塑造城市空间景观的时候，应从对这些要素的形态把握入手。历史上城市设计被看作为纯粹的艺术灵感创作，1960年代，城市设计研究的贡献就在于对城市设计进行了全面的理性分析，发现其中是有科学规律可循的，这不仅大大加强了对城市空间景观形象的理性认识，更重要的是把城市空间景观的创作过程理性化了。

5.1.3.9 城市规划的社会学批判、决策理论和新马克思主义

简·雅各布斯（Jane Jacobs）于1961年发表的《美国大城市的死与生》（The Death and Life of Great American cities）被一些学者称作当时规划界的一次大地震。雅各布斯在书中对规划界一直奉行的最高原则进行了无情的批判。她把城市中大面积绿地与犯罪率的上升联系到一起，把现代主义和柯布西耶推崇的现代城市的大尺度指责为对城市传统文化的多样性的破坏。她批判大规模的城市更新是国家投入大量的资金让政客和房地产商获利，让建筑师得意，城市无产者却被驱赶到了近郊区，在那里造起了一片片新的住宅区实际上是一片片未来的贫民窟。

无论雅各布斯的观点正确与否，这是现代城市规划几十年来第一次被赤裸裸地暴露在社会公众面前，包括现代城市规划的一条条理念及其工作方法，也包括规划师的灵魂与钱袋。雅各布斯是一位嫁给了建筑师的新闻记者，作为一个"外行"，对城市规划理论的发展起到了一个里程碑式的作用。更重要的是，从专业理论的发展角度，规划师们过去集中讨论的是如何做好规划，而雅各布斯让规划师开始注意到是在为谁做规划。

而罗尔斯（J. Bawls）在1972年发表了《公正理论》（Theory of Justice）在规划界第一次把规划公正的理论问题提到了论坛上。半年之后，新马克思主义地理学家的大卫·哈维（David Harvey）写了《社会公正与城市》（Social Justice and the City）一书，把这个时代的规划社会学理论推向高潮，成为以后的城市规划师的必读之书。

1970年代后期，城市学中新马克思主义的另一位掌门人曼纽尔·卡斯泰尔斯（Manuel Castells）于1977年发表了《城市问题：马克思主义探索》（The Urban Question：A Marxist Approach）正面打出了马克思主义的旗号。1978年，他又发表了专著《城市阶级与权力》（City，Class and Power）反映出1960年代培养的一代马克思主义青年在规划理论界开始占据了城市学理论的制高点。这一方面是因为这些热血青年开始走向大学教授的岗

位；另一方面，规划理论界开始摆脱简·雅各布斯对城市表象景观的市民式的抨击，进入了针对这些表象之下的社会、经济和政治制度本质的深入分析和批判。

5.1.3.10　全球城（Global City）、全球化理论到全球城镇区域

进入 1990 年代后，规划理论的探讨出现了全新的局面。20 世纪 80 年代讨论的现代主义迅速隐去，取而代之的是大量对城市发展新趋势的研讨。

大城市全球化方面最早的有影响的课题是约翰·弗里德曼（John Friedman）组织的世界大都市比较，这项研究形成的成果发表于《Development and Change》杂志的 1986 年第 117 期上，题为《世界城的假想》（The World City Hypothesis）。早期发表的文献还有 1990 年费恩斯坦（S. S. Fainstein）发表的《世界经济的变化与城市重构》（The Changing World Economy and Urban Restructuring）和同年金（Anthony King）发表的专著《全球城》（Global Cities）。1991 年萨森（Saski Sassen）也随后写了一本几乎同名的书《全球城》（The Global City）。

全球化是 20 世纪末世界范围内最典型的，也是影响面最广的社会经济现象。所谓全球化，通常是指世界各国之间在经济上越来越相互依存、各种发展资源（如信息、技术、资金和人力）的跨国流动规模越来越扩大，而世界贸易所涉及的商品和服务越来越多，超过了历史上的任何时期。1990 年代以来，西方国家的产业结构及全球的经济组织结构发生了巨大的变化：管理的高层次集聚、生产的低层次扩散、控制和服务的等级体系扩散方式构成了信息经济社会的总体特征。霍尔（P. Hall）早在 1966 年便前瞻性地提出了基于新型全球经济重组背景下将产生一些世界城市（World City）的论断，描述了其政治、经济、社会、信息、文化等方面的特征。沃夫、弗里德曼、莫斯、萨森等人提出了世界城市体系假说，他们认为各种跨国经济实体正在逐步取代国家的作用，使得国家权力空心化，全球出现了新的等级体系结构，分化为世界级城市、跨国级城市、国家级城市、区域级城市、地方级城市——即形成了"世界城市体系"。

经济全球化进一步以功能性分工强化不同层级都市区在全球网络中的作用，带来了全球范围全新的地域空间现象——全球城市区域（Global City Region）。2001 年斯考特（Allen Scott）等发表《全球城市区域：趋势、理论、政策》（Global City Regions：Trends, Theory, Policy）一书，提出"全球城市区域不同于普通意义的城市，也不同于仅有地域联系的城市群或城市连绵区，而是在高度全球化下以经济联系为基础，由全球城市及其腹地内经济实力较雄厚的二级大中城市扩展联合而形成的独特空间现象"。根据斯考特的例证，一旦"都市区"、"大都市带"、"城市密集区"（Desakota）及"大都市连绵区"（MIR）被赋予全球经济的战略地位，就足以成为全球城市区域。

考虑到全球城市体系由"树枝纵向结构"向"网络状横向结构"的转变，同济大学的吴志强教授在 2002 年又进一步提出了"Global Region"（GRs）的概念，从区域角度更好地解决都市区域的城市社会经济问题，这是一种城市要素集聚和全球化时代的新形态。另外，区域不是一个泛指的概念，它与社会经济发展紧密相关。城市不是一个绝对独立发展的单元，而是处于一定的区域经济背景之下的相对独立单元，以区域整体的力量进行全球合作与竞争。因此，全球城镇区域也是在城市之间竞争向以区域为主导的竞争演变背景下提出的一种新的城市区域发展模式和形态。

5.1.3.11　从环境保护到永续发展的规划思想

1970 年代初，石油危机对西方社会意识形成了强烈的冲击，第二次世界大战后重建时期的以破坏环境为代价的乐观主义人类发展模式彻底打破，保护环境从一般的社会呼吁逐步在城市规划界成为思想共识和一种操作模式。西方各国相继在城市规划中增加了环境保护规划部分，对城市建设项目要求进行环境影响评估（Environmental Impact Assessment）。

1980 年代，环境保护的规划思想又逐步发展成为永续发展的思想。其实人类对于永续发展问题的认识可以追溯到 200 多年前，英国经济学家马尔萨斯（T. R. Malthus）的《人口原理》已经指出了人口增长、经济增长与环境资源之间的关系。100 年前，当工业化引起城市环境恶化，霍华德提出了"田园城市"的概念。1950 年代，人居生态环境开始引起人类的重视。1960 年代，人们开始关注考虑长远发展的有限资源的支撑问题，罗马俱乐部《增长的极限》代表了这种思想。

1978 年，联合国环境与发展大会第一次在国际社会正式提出"永续的发展（Sustainable Development）"的观念。1980 年由世界自然保护同盟等组织、许多国家政府和专家参与制定了《世界自然保护大纲》，认为应该将资源保护与人类发展结合起来考虑，而不是像以往那样简单对立。1981 年，布朗的《建设一个永续发展的社会》，首次对永续发展观念作了系统的阐述，分析了经济发展遇到的一系列的人居环境问题，提出了控制人口增长、保护自然基础、开发再生资源的三大永续发展途径，他的思想在最近又得到了新的发展。

1987 年，世界环境与发展委员会向联合国提出了题为《我们共同的未来》的报告，对永续发展的内涵作了界定和详尽的立论阐述，指出我们应该致力于资源环境保护与经济社会发展兼顾的永续发展的道路。1992 年，第二次环境与发展大会通过了《环境与发展宣言》和《全球 21 世纪议程》，其中心思想是：环境应作为发展过程中不可缺少的组成部分，必须对环境和发展进行综合决策。大会报告的第七章专门针对人居环境的永续发展问题进行论述，这次会议正式地确立了永续发展是当代人类发展的主题。1996 年的人居二次大会（Habitat Ⅱ）又被称为城市高峰会议（The City Summit），总结了第二次环境与发展会议以来人居环境发展的经验，审议了大会的两大主题："人人享有适当的住房"和"城市化进程中人类住区的永续发展"，通过了《伊斯坦布尔人居宣言》。1998 年 1 月，联合国永续发展署在巴西圣保罗召开地区间专家组会议，1998 年 4 月召开永续发展委员会第六次集会，讨论研究各国永续发展新的经验。

近年来，随着全球气候变化成为不容忽视的事实，并已经和正在产生的一系列严重的后果威胁着自然和人类的安全。在城市规划领域，如何应对气候变化日益凸显出其必要性和紧迫性。尤其是 2009 年 12 月哥本哈根联合国气候会议之后，在城市发展中减少温室气体排放、降低能源消耗成为全世界城市共同关心的议题。"低碳城市""零碳城市""共生城市"等新的城市永续模式应运而生。

5.2　城乡规划编制有关内容

我国的城市规划编制组成划分为城市总体规划和详细规划两个阶段，部分大中城市因实际需要在两个阶段之间增加了一个分区规划阶段。总体规划阶段的编制内容包括城市规划纲要、总体规划；详细规划阶段编制内容包括控制性详细规划、修建性详细规划。

城市规划纲要论证城市发展的技术经济依据，社会发展条件，城市在区域发展中的战略地位、作用，确定规划期内城市社会发展方向、目标以及城市性质、规模、总体布局等战略性重大原则问题，作为编制城市总体规划的依据。成果以文字为主、辅以必要的城市发展示意性图纸。

城市总体规划是根据城市规划纲要，经综合研究确定城市性质、发展规模和规划布局，研究各阶段的发展程序，统筹安排城乡各项建设用地，合理配置城市各项基础设施，引导城市整体协调合理地发展，规划期限一般为 20 年。

城市分区规划在总体规划的基础上，对城市土地利用、人口分布和公共服务设施市政基础设施的配置做出进一步的规划安排，为详细规划和规划管理提供依据。

控制性详细规划是以城市总体规划或分区规划为依据,确定建设用地界线和适用范围、使用强度和空间环境控制,作为规划管理和综合开发、土地有偿使用的依据。

修建性详细规划是用以指导各项建筑和工程设施设计和施工的规划设计。

5.2.1 编制城乡规划的相关技术文件

编制城乡规划应执行建设部发布的技术标准和技术规范,主要有:城市用地分类与规划建设用地标准(GBJ 50137—2011);城市居住区规划设计规范(GB 50180—1993)(2016 年版);城市规划基本术语标准(GB/T 50280—1998);城市抗震防灾规划标准(GB 50413—2007);城市给水工程规划规范(GB 50282—2016);城市工程管线综合规划规范(GB 50289—2016);城市电力规划规范(GB 50293—2014);城市排水工程规划规范(GB 50318—2016);城乡建设用地竖向规划规范(CJJ 83—2016);城市规划制图标准(CJJ/T 97—2003);乡镇集贸市场规划设计标准(CJJ/T 87—2000);风景名胜区规划规范(GB 50298—1999);历史文化名城保护规划规范(GB 50357—2005);城市道路交通规划设计规范(GB 50220—1995);城市道路绿化规划与设计规范(CJJ 75—1997);公园设计规范(GB 51192—2016);镇规划标准(GB 50188—2007);城市居民生活用水量标准(GB/T 50331—2002);城市用水分类标准(CJ/T 3070—1999);城市容貌标准(GB 50449—2008);城市绿地分类标准(CJJ/T 85—2002);风景园林图例图示标准(CJJ 67—1995);园林基本术语标准(CJJ/T 91—2002);环境卫生设施与设备图形符号(CJJ/T 125—2008);城市环境卫生设施规划规范(GB 50337—2003);城镇环境卫生设施设置标准(CJJ 27—2005);市容环境卫生术语标准(CIJ/T 65—2004)。

5.2.2 城乡规划用地的分类与标准

5.2.2.1 城乡规划用地的分类

编制城市总体规划的首要问题是城乡土地的使用问题。根据城市用地分类与规划建设用地标准(GBJ 50137—2011)2.0.1 条的解释:城乡用地"指市(县、镇)域范围内所有土地,包括建设用地与非建设用地。建设用地包括城乡居民点建设用地、区域交通设施用地、区域公用设施用地、特殊用地、采矿用地以及其他建设用地等。非建设用地包括水域、农林用地以及其他非建设用地等。"城乡用地分类和代码,详见表 5-1。

表 5-1 城乡用地分类和代码

类别代码			类别名称	范 围
大类	中类	小类		
H			建设用地	包括城乡居民点建设用地、区域交通设施用地、区域公用设施用地、特殊用地、采矿用地等
	H1		城乡居民点建设用地	城市、镇、乡、村庄以及独立的建设用地
		H11	城市建设用地	城市和县人民政府所在地镇内的居住用地、公共管理与公共服务用地、商业服务业设施用地、工业用地、物流仓储用地、交通设施用地、公用设施用地、绿地
		H12	镇建设用地	非县人民政府所在地镇的建设用地
		H13	乡建设用地	乡人民政府驻地的建设用地
		H14	村庄建设用地	农村居民点的建设用地
	H2		区域交通设施用地	铁路、公路、港口、机场和管道运输等区域交通运输及其附属设施用地,不包括中心城区的铁路客货运站、公路长途客货运站以及港口客运码头
		H21	铁路用地	铁路编组站、线路等用地
		H21	公路用地	高速公路、国道、省道、县道和乡道用地及附属设施用地
		H23	港口用地	海港和河港的陆域部分,包括码头作业区、辅助生产区等用地
		H24	机场用地	民用及军民合用的机场用地,包括飞行区、航站区等用地
		H25	管道运输用地	运输煤炭、石油和天然气等地面管道运输用地

类别代码			类别名称	范围
大类	中类	小类		
H	H3		区域公用设施用地	为区域服务的公用设施用地,包括区域性能源设施、水工设施、通讯设施、殡葬设施、环卫设施、排水设施等用地
	H4		特殊用地	特殊性质的用地
		H41	军事用地	专门用于军事目的的设施用地,不包括部队家属生活区和军民共用设施等用地
		H42	安保用地	监狱、拘留所、劳改场所和安全保卫设施等用地,不包括公安局用地
	H5		采矿用地	采矿、采石、采沙、盐田、砖瓦窑等地面生产用地及尾矿堆放地
	H9		其他建设用地	除以上之外的建设用地,包括边境口岸和风景名胜区、森林公园等的管理及服务设施等用地
E			非建设用地	水域、农林等非建设用地
	E1		水域	河流、湖泊、水库、坑塘、沟渠、滩涂、冰川及永久积雪,不包括公园绿地及单位内的水域
		E11	自然水域	河流、湖泊、滩涂、冰川及永久积雪
		E12	水库	人工拦截汇集而成的总库容不小于 10 万立方米的水库正常蓄水位岸线所围成的水面
		E13	坑塘沟渠	蓄水量小于 10 万立方米的坑塘水面和人工修建用于引、排、灌的渠道
	E2		农林用地	耕地、园地、林地、牧草地、设施农用地、田坎、农村道路等用地
	E9		其他非建设用地	空闲地、盐碱地、沼泽地、沙地、裸地、不用于畜牧业的草地等用地

5.2.2.2 城市规划用地的分类

根据城市用地分类与规划建设用地标准（GBJ 50137—2011），城市建设用地共分为 8 大类、35 中类、42 小类，详见表 5-2。

表 5-2　城市建设用地分类和代码

类别代码			类别名称	范围
大类	中类	小类		
R			居住用地	住宅和相应服务设施的用地
	R1		一类居住用地	公用设施、交通设施和公共服务设施齐全、布局完整、环境良好的低层住区用地
		R11	住宅用地	住宅建筑用地、住区内城市支路以下的道路、停车场及其社区附属绿地
		R12	服务设施用地	住区主要公共设施和服务设施用地,包括幼托、文化体育设施、商业金融、社区卫生服务站、公用设施等用地,不包括中小学用地
	R2		二类居住用地	公用设施、交通设施和公共服务设施较齐全、布局较完整、环境良好的多、中、高层住区用地
		R20	保障性住宅用地	住宅建筑用地、住区内城市支路以下的道路、停车场及其社区附属绿地
		R21	住宅用地	
		R22	服务设施用地	住区主要公共设施和服务设施用地,包括幼托、文化体育设施、商业金融、社区卫生服务站、公用设施等用地,不包括中小学用地
	R3		三类居住用地	公用设施、交通设施不齐全,公共服务设施较欠缺,环境较差,需要加以改造的简陋住区用地,包括危房、棚户区、临时住宅等用地
		R31	住宅用地	住宅建筑用地、住区内城市支路以下的道路、停车场及其社区附属绿地
		R32	服务设施用地	住区主要公共设施和服务设施用地,包括幼托、文化体育设施、商业金融、社区卫生服务站、公用设施等用地,不包括中小学用地

类别代码			类别名称	范 围
大类	中类	小类		
A			公共管理与公共服务用地	行政、文化、教育、体育、卫生等机构和设施的用地,不包括居住用地中的服务设施用地
	A1		行政办公用地	党政机关、社会团体、事业单位等机构及其相关设施用地
	A2		文化设施用地	图书、展览等公共文化活动设施用地
		A21	图书展览设施用地	公共图书馆、博物馆、科技馆、纪念馆、美术馆和展览馆、会展中心等设施用地
		A22	文化活动设施用地	综合文化活动中心、文化馆、青少年宫、儿童活动中心、老年活动中心等设施用地
	A3		教育科研用地	高等院校、中等专业学校、中学、小学、科研事业单位等用地,包括为学校配建的独立地段的学生生活用地
		A31	高等院校用地	大学、学院、专科学校、研究生院、电视大学、党校、干部学校及其附属用地,包括军事院校用地
		A32	中等专业学校用地	中等专业学校、技工学校、职业学校等用地,不包括附属于普通中学内的职业高中用地
		A33	中小学用地	中学、小学用地
		A34	特殊教育用地	聋、哑、盲人学校及工读学校等用地
		A35	科研用地	科研事业单位用地
	A4		体育用地	体育场馆和体育训练基地等用地,不包括学校等机构专用的体育设施用地
		A41	体育场馆用地	室内外体育运动用地,包括体育场馆、游泳场馆、各类球场及其附属的业余体校等用地
		A42	体育训练用地	为各类体育运动专设的训练基地用地
	A5		医疗卫生用地	医疗、保健、卫生、防疫、康复和急救设施等用地
		A51	医院用地	综合医院、专科医院、社区卫生服务中心等用地
		A52	卫生防疫用地	卫生防疫站、专科防治所、检验中心和动物检疫站等用地
		A53	特殊医疗用地	对环境有特殊要求的传染病、精神病等专科医院用地
		A59	其他医疗卫生用地	急救中心、血库等用地
	A6		社会福利设施用地	为社会提供福利和慈善服务的设施及其附属设施用地,包括福利院、养老院、孤儿院等用地
	A7		文物古迹用地	具有历史、艺术、科学价值且没有其他使用功能的建筑物、构筑物、遗址、墓葬等用地
	A8		外事用地	外国驻华使馆、领事馆、国际机构及其生活设施等用地
	A9		宗教设施用地	宗教活动场所用地
B			商业服务业设施用地	各类商业、商务、娱乐康体等设施用地,不包括居住用地中的服务设施用地以及公共管理与公共服务用地内的事业单位用地
	B1		商业用地	各类商业经营活动及餐饮、旅馆等服务业用地
		B11	零售商业用地	商铺、商场、超市、服装及小商品市场等用地
		B12	批发市场用地	以批发功能为主的市场用地
		B13	餐饮业用地	饭店、餐厅、酒吧等用地
		B14	旅馆用地	宾馆、旅馆、招待所、服务型公寓、度假村等用地
	B2		商务用地	金融、保险、证券、新闻出版、文艺团体等综合性办公用地
		B21	金融保险业用地	银行及分理处、信用社、信托投资公司、证券期货交易所、保险公司以及各类公司总部及综合性商务办公楼宇等用地
		B22	艺术传媒产业用地	音乐、美术、影视、广告、网络媒体等的制作及管理设施用地
		B29	其他商务设施用地	邮政、电信、工程咨询、技术服务、会计和法律服务以及其他中介服务等的办公用地

类别代码			类别名称	范围
大类	中类	小类		
B	B3		娱乐康体用地	各类娱乐、康体等设施用地
		B31	娱乐用地	单独设置的剧院、音乐厅、电影院、歌舞厅、网吧以及绿地率小于65%的大型游乐等设施用地
		B32	康体用地	单独设置的高尔夫练习场、赛马场、溜冰场、跳伞场、摩托车场、射击场,以及水上运动的陆域部分等用地
	B4		公用设施营业网点用地	零售加油、加气、电信、邮政等公用设施营业网点用地
		B41	加油加气站用地	零售加油、加气以及液化石油气换瓶站等用地
		B49	其他公用设施营业网点用地	电信、邮政、供水、燃气、供电、供热等其他公用设施营业网点用地
	B9		其他服务设施用地	业余学校、民营培训机构、私人诊所、宠物医院等其他服务设施用地
M			工业用地	工矿企业的生产车间、库房及其附属设施等用地,包括专用铁路、码头和附属道路、停车场等用地,不包括露天矿用地
	M1		一类工业用地	对居住和公共环境基本无干扰、污染和安全隐患的工业用地
	M2		二类工业用地	对居住和公共环境有一定干扰、污染和安全隐患的工业用地
	M3		三类工业用地	对居住和公共环境有严重干扰、污染和安全隐患的工业用地(需布置绿化防护用地)
W			物流仓储用地	物资储备、中转、配送等用地,包括附属道路、停车场以及货运公司车队的站场等用地
	W1		一类物流仓储用地	对居住和公共环境基本无干扰、污染和安全隐患的物流仓储用地
	W2		二类物流仓储用地	对居住和公共环境有一定干扰、污染和安全隐患的物流仓储用地
	W3		三类物流仓储用地	存放易燃、易爆和剧毒等危险品的专用物流仓储用地
S			道路与交通设施用地	城市道路、交通设施等用地,不包括居住用地、工业用地等内部的道路、停车场等用地
	S1		城市道路用地	快速路、主干路、次干路和支路等用地,包括其交叉口用地
	S2		轨道交通线路用地	独立地段的城市轨道交通地面以上部分的线路、站点用地
	S3		交通枢纽用地	铁路客货运站、公路长途客货运站、港口客运码头、公交枢纽及其附属设施用地
	S4		交通场站用地	静态交通设施用地,不包括交通指挥中心、交通队用地
		S41	公共交通场站用地	公共汽车、出租汽车、轨道交通(地面部分)的车辆段、地面站、首末站、停车场(库)、保养场等用地,以及轮渡、缆车、索道等的地面部分及其附属设施用地
		S42	社会停车场用地	公共使用的停车场和停车库用地,不包括其他各类用地配建的停车场(库)用地
	S9		其他交通设施用地	除以上之外的交通设施用地,包括教练场等用地
U			公用设施用地	供应、环境、安全等设施用地
	U1		供应设施用地	供水、供电、供燃气和供热等设施用地
		U11	供水用地	城市取水设施、水厂、加压站及其附属的构筑物用地,包括泵房和高位水池等用地
		U12	供电用地	变电站、配电所、高压塔基等用地,不包括各类发电设施用地
		U13	供燃气用地	分输站、门站、储气站、加气母站、液化石油气储配站、灌瓶站和地面输气管廊等用地
		U14	供热用地	集中供热锅炉房、热力站、换热站和地面输热管廊等用地
		U15	通信用地	邮政中心局、邮政支局、邮件处理中心等用地
		U16	广播电视用地	广播电视与通信系统的发射和接收设施等用地,包括发射塔、转播台、差转台、基站等用地

类别代码			类别名称	范围
大类	中类	小类		
U	U2		环境设施用地	雨水、污水、固体废物处理和环境保护设施及其附属设施用地
		U21	排水用地	雨水泵站、污水泵站、污水处理、污泥处理厂等设施及其附属的构筑物用地,不包括排水河渠用地
		U22	环卫用地	生活垃圾、医疗垃圾、危险废物处理(置),以及垃圾转运、公厕、车辆清洗、环卫车辆停放修理等设施用地
	U3		安全设施用地	消防、防洪等保卫城市安全的公用设施及其附属设施用地
		U31	消防用地	消防站、消防通信及指挥训练中心等设施用地
		U32	防洪用地	防洪堤、排涝泵站、防洪枢纽、排洪沟渠等防洪设施用地
	U9		其他公用设施用地	除以上之外的公用设施用地,包括施工、养护、维修设施等用地
G			绿地与广场用地	公园绿地、防护绿地、广场等公共开放空间用地
	G1		公园绿地	向公众开放,以游憩为主要功能,兼具生态、美化、防灾等作用的绿地
	G2		防护绿地	具有卫生、隔离和安全防护功能的绿地
	G3		广场用地	以游憩、纪念、集会和避险等功能为主的城市公共活动场地

5.2.2.3 规划建设用地的标准

国家对城市人均建设用地有总指标控制,《城市用地分类与规划建设用地标准》(GB 50137—2011)规定了不同级别的城市人均建设用地指标,表 5-3 是在城市规划建设当中"必须严格执行"的强制性条文。

表 5-3 规划人均城市建设用地面积指标　　　　　单位:m²/人

气候区	现状人均城市建设用地规模	规划人均城市建设用地规模取值区间	允许调整幅度		
			规划人口规模≤20.0万人	规划人口规模20.1万~50.0万人	规划人口规模>50.0万人
Ⅰ、Ⅱ、Ⅵ、Ⅶ	≤65.0	65.0~85.0	>0.0	>0.0	>0.0
	65.1~75.0	65.0~95.0	+0.1~+20.0	+0.1~+20.0	+0.1~+20.0
	75.1~85.0	75.0~105.0	+0.1~+20.0	+0.1~+20.0	+0.1~+15.0
	85.1~95.0	80.0~110.0	+0.1~+20.0	−5.0~+20.0	−5.0~+15.0
	95.1~105.0	90.0~110.0	−5.0~+15.0	−10.0~+15.0	−10.0~+10.0
	105.1~115.0	95.0~115.0	−10.0~−0.1	−15.0~−0.1	−20.0~−0.1
	>115.0	≤115.0	<0.0	<0.0	<0.0
Ⅲ、Ⅳ、Ⅴ	≤65.0	65.0~85.0	>0.0	>0.0	>0.0
	65.1~75.0	65.0~95.0	+0.1~+20.0	+0.1~20.0	+0.1~+20.0
	75.1~85.0	75.0~100.0	−5.0~+20.0	−5.0~+20.0	−5.0~+15.0
	85.1~95.0	80.0~105.0	−10.0~+15.0	−10.0~+15.0	−10.0~+10.0
	95.1~105.0	85.0~105.0	−15.0~+10.0	−15.0~+10.0	−15.0~+5.0
	105.1~115.0	90.0~110.0	−20.0~−0.1	−20.0~−0.1	−25.0~−5.0
	>115.0	≤110.0	<0.0	<0.0	<0.0

注:1. 气候区应符合《建筑气候区划标准》(GB 50178—1993)的规定。

2. 新建城市(镇)、首都的规划人均城市建设用地指标不适用于本表。

另外,新建城市的规划人均城市建设用地指标应在 85.1~105.0m²/人内确定;首都的规划人均城市建设用地指标应在 105.1~115.0m²/人内确定;边远地区、少数民族地区以及部分山地城市、人口较少的工矿业城市、风景旅游城市等具有特殊情况的城市,应专门论证确定规划人均城市建设用地指标,且上限不得大于 150.0m²/人。

编制和修订城市总体规划时,应严格控制人均城市建设总用地的定额指标,同时调整城市建设用地结构不尽合理的部分,规划人均居住用地面积指标应符合表 5-4 的规定。

表 5-4　人均居住用地面积指标　　　　　　　　　单位：m²/人

建筑气候区划	Ⅰ、Ⅱ、Ⅳ、Ⅶ气候区	Ⅲ、Ⅳ、Ⅴ气候区
人均居住用地面积	28.0～38.0	23.0～36.0

其他各项主要用地占城市建设用地比例符合下列规定：

规划人均公共管理与公共服务设施用地面积不应小于 5.5m²/人。

规划人均道路与交通设施用地面积不应小于 12.0m²/人。

规划人均绿地与广场用地面积不应小于 10.0m²/人，其中人均公园绿地面积不应小于 8.0m²/人。

城市单项建设用地中的居住用地、公共管理与公共服务设施用地、工业用地、道路与交通设施用地、绿地与广场用地等五大类用地占城市建设用地的比例结构应符合表 5-5 的要求。

表 5-5　规划城市建设用地结构

类别名称	占城市建设用地的比例/%
居住用地	25.0～40.0
公共管理与公共服务设施用地	5.0～8.0
工业用地	15.0～30.0
道路与交通设施用地	10.0～30.0
绿地与广场用地	10.0～15.0

5.2.3　城市（镇）总体规划

城市（镇）总体规划是从城市的各个方面去分析研究，制定具有战略性的、能指导和控制城市发展与建设的蓝图，使城市（镇）合理地、综合地协调发展。城市（镇）总体规划一经批准便具有法律性质，应该认真执行、严格遵守。

5.2.3.1　城市（镇）总体规划的主要内容

城市（镇）总体规划的主要内容如下：

① 对所辖行政区范围内的城镇体系、交通系统、基础设施、生态环境、风景旅游资源开发进行合理布局和综合安排。

② 确定规划期内城市（镇）人口及用地规模，划定城市（镇）规划区范围。

③ 确定用地布局结构和发展方向，并明确公共活动中心的位置。

④ 确定对外交通系统的结构和布局，编制交通运输和道路系统规划，确定道路等级、功能分工和干道系统、主要广场、停车场及主要交叉口形式。

⑤ 确定供水、排水、供电、通信、燃气、供热、消防、环保、环卫等设施的发展目标和总体布局，综合协调工程管线之间以及与其他各项工程之间的矛盾。

⑥ 确定河湖水系和绿化系统的治理、发展目标及其总体布局。

⑦ 根据防灾要求，制定防洪、防震、消防、人防规划。

⑧ 根据城市（镇）的特点，确定自然保护地带、风景名胜、文物古迹、传统街区，划定保护和控制范围，提出相应的保护措施，有的还需要编制专门的风貌规划。

⑨ 各级历史文化名城（镇）要编制专门的保护规划。

⑩ 确定旧城改造、用地置换的原则和方法，提出控制和疏导旧城人口密度的目标和措施。

⑪ 编制郊区规划，对规划区内农村居民点、乡镇企业等建设用地和城市蔬菜、粮食、副食品基地做出统筹安排，划定保留的耕田、绿化地带和隔离地带。

⑫ 综合论证城市（镇）发展的技术经济依据，提出规划的实施步骤和措施。

⑬ 编制近期建设规划，确定近期建设目标和主要建设项目以及实施部署。

5.2.3.2 城市（镇）总体规划的成果

城市（镇）总体规划成果由规划图纸和规划文本构成。规划文本是用法规条文对规划的各项目标和内容提出规定性要求的文件，是一种法律或行政文件。

建设部 2002 年公布了《城市规划强制性内容暂行规定》，作为"必须严格执行的法规文件"，是"对城市规划实施进行监督检查的依据"。《暂行规定》第六条明确城市总体规划的强制性内容应包括：

① 市域内必须控制开发的地域。包括：风景名胜区，湿地、水源保护区等生态敏感区，基本农田保护区，地下矿产资源分布地区。

② 城市建设用地。包括：规划期限内城市建设用地的发展规模、发展方向，根据建设用地评价确定的土地使用限制性规定；城市各类园林和绿地的具体布局。

③ 城市基础设施和公共服务设施。包括：城市主干道的走向、城市轨道交通的线路走向、大型停车场布局；城市取水口及其保护区范围、给水和排水主管网的布局；电厂位置大型变电站位置、燃气储气罐站位置；文化、教育、卫生、体育、垃圾和污水处理等公共服务设施的布局。

④ 历史文化名城保护。包括：历史文化名城保护规划确定的具体控制指标和规定；历史文化保护区、历史建筑群、重要地下文物埋藏区的具体位置和界线。

⑤ 城市防灾工程。包括：城市防洪标准、防洪堤走向；城市抗震与消防疏散通道；城市人防设施布局；地质灾害防护规定。

⑥ 近期建设规划。包括：城市近期建设重点和发展规模；近期建设用地的具体位置和范围；近期内保护历史文化遗产和风景资源的具体措施。

5.2.3.3 城市（镇）总体规划图纸

总体城市规划图纸要以清楚的图示方式表达上述强制性内容，反映总体规划应具有的规定性和指导性作用，经批准后成为实施管理的基本依据。总体规划图纸部分的内容一般有：

① 城市现状图　包括对土地使用、市政设施、环境污染等现状的分析。

② 城市用地综合评定图　根据城市发展的要求，对可能作为城市建设用地的土地自然条件和开发的区位条件所进行的工程评估及技术经济评价；一般分为三大类，即适宜修建的用地、必须采取工程措施加以改善后才能修建的用地、不宜修建的用地。

③ 市域城镇体系规划图　分析市域发展条件和制约因素，提出市域范围内城镇系列组合和职能分工以及区域性重大基础设施的布局。

④ 城市总体规划图　对城市各项用地全面综合安排，使城市各功能部分具有良好的空间组合关系，合理配置城市各项基础工程设施。

⑤ 城市各单项工程规划图　包括城市道路系统、给水排水系统、城市供电、电信、供暖、供煤气、城市绿化系统城市防灾等。

⑥ 城市近期建设规划图。

⑦ 城市郊区规划图。

总体规划的图纸比例：大中城市为 1：10000～1：25000，小城市为 1：5000～1：10000。

5.2.3.4 城市（镇）总体规划的文本

总体规划文本的格式是以简练、明确的条款格式，表示总体规划具有的规定性和指导性内容，经批准后成为实施管理的基本依据。总体规划文本部分的内容一般有：

① 总则　说明本次规划编制的依据、原则、规划年限、规划区范围和城市发展的基本目标。

② 城市性质　根据城市所处的地理位置、资源特点、经济社会发展的水平以及行政建

制等因素，确定城市的主要性质，规定城市的主要职能和发展方向。

③ 经济及社会发展目标　明确规划期内经济发展水平，国内生产总值目标，经济结构调整的任务，第一、二、三产业的发展要求和比例关系并按其调整目标。明确科技、教育、文化、体育、卫生和社会保障等方面的发展目标。

④ 城市规模　根据经济、社会发展要求和城市的资源条件，分析人口的自然增长和迁移增长的实际状况，流动人口和暂住人口的发展趋势，城市化的发展水平，预测规划期内的人口规模，提出对人口发展规模进行控制与引导的政策。根据城市人口规模，决定城市用地和建筑规模。

⑤ 市域城镇体系布局　阐明人口和产业布局调整和发展战略，城市与区域之间的关系。城镇体系分级、定位、定性、定规模，区域性交通设施、基础设施、环境保护以及风景旅游区的总体布局。

⑥ 市区（中心城区）功能布局的调整与发展　阐明布局调整与发展的总体战略，各类用地的布局调整与发展原则，分级、定位定性定规模，城乡协调发展的政策，规划范围内环境保护、绿化建设及交通、市政设施的布局。

⑦ 历史城市的保护与发展　提出对文物古迹、历史文化区、风景名胜区以及其周围环境的保护政策与具体规定，旧区改建的原则，协调保护与改造关系，提出在改建过程中对旧城宏观环境、城市格局实施整体保护的具体要求。

⑧ 居住社区建设　根据人口规模和居住水平提高的要求，确定住宅建设的标准规模、布局，旧区改造和新区建设的方针，居住社区组织的原则，配套建设的要求以及相关开发建设政策。

⑨ 城市基础设施建设　分别阐明城市内外交通、道路系统、能源、水源及给水排水通信与广播、环境和绿化防灾等专业的总体发展目标与策略、布局原则、建设标准等。

⑩ 用地平衡表和道路一览表。

⑪ 近期建设　5年内土地的投放数量与具体位置、基础设施建设规模、各项建筑建设的规模与布局、环境与绿化建设等的目标与重点。

⑫ 实施规划的措施主要反映城市立法、公众参与和房地产开发，城市基础设施产业化经营等的措施与体制改革的目标。

5.2.4　详细规划

城市详细规划的任务是以总体规划或分区规划为依据，对一定时期内城市局部地区的土地使用、空间环境和各项建设用地所作的具体安排。详细规划又分控制性详细规划和修建性详细规划两种。

5.2.4.1　控制性详细规划的主要内容

控制性详细规划应进一步深化总体规划或分区规划的规划意图，确定建设地区的土地使用性质和使用强度的控制指标、道路和工程管线控制位置以及空间环境的规划要求；为有效控制用地和实施规划管理而编制的详细规划。同时用以指导修建性详细规划和建筑设计的编制。其主要内容包括：

① 详细确定规划范围内各类用地的界线和适用范围，提出建设地块建筑高度、建筑密度、容积率等控制指标；规定地块交通出入口方位、建筑后退道路红线和建筑后退用地边界线距离等控制要求。

② 规定建设地块内适建、有条件可建和不允许建的建筑类型。

③ 确定各级支路的红线位置、断面控制点坐标和标高。

④ 根据规划控制的建筑或人口容量以及相应的标准，确定工程管线的走向、管径和工

程设施的建设标准和用地界线。

⑤ 制定相应的土地使用与建筑管理规定细则。

5.2.4.2 控制性详细规划的成果

控制性详细规划成果由规划图纸和规划文件两部分内容构成，编制原则应以用地的控制和管理为重点，以实施总体规划的意图为目标。作为城市建设管理的依据，其成果的重点在于规划控制指标的体现。

控制性详细规划图纸应包括下列六项内容：

① 区位图

② 现状图

③ 规划总平面图

④ 道路交通规划图

⑤ 工程管网规划图

⑥ 控制性规划图则（总图图则和分图图则）。

控制性详细规划的图纸比例为 1∶1000～1∶2000。

控制性详细规划文件包括文本和附件（规划说明书和基础资料汇总），其文件格式是以简练、明确的条款格式，表示地块划分和使用性质、开发强度、配套设施、有关技术规定等规定性和限制性、指导性及有条件规划许可等要求，经批准后成为土地使用和开发建设的法定依据。

控制性详细规划的文本包括下列四项内容：

① 总则。总则是制定规划的依据和原则，表明主管部门和管理权限。

② 土地使用和建筑规划管理通则。

③ 地块划分以及各地块的使用性质、规划控制原则、规划控制要点。

④ 各地块控制指标条款。

5.2.4.3 修建性详细规划的主要内容

修建性详细规划一般应在控制性详细规划确定的规划条件下编制。修建性详细规划直接对建设项目和周边环境进行具体的安排和设计，主要确定各类建筑、各项基础工程设施、公共服务设施的具体配置，并根据建筑和绿化的空间布局进行环境景观设计，为各项建筑工程的初步设计和施工图设计提供依据。

5.2.4.4 修建性详细规划的成果

修建性详细规划成果由规划图纸和规划文件两部分内容构成，其规划原则应以近期建设为重点，以实施总体规划的意图为目的，以综合规划设计城市空间为手段，其成果内容须满足进行建筑初步设计和施工图设计的要求。

修建性详细规划图纸应包括下列内容：

① 区位图

② 现状图

③ 总平面图，包括建筑（群）道路和绿地等的空间和景观规划设计布置

④ 道路系统规划设计图

⑤ 绿地系统规划设计图

⑥ 工程管线规划设计图

⑦ 竖向规划设计图

⑧ 鸟瞰示意图或规划模型示意。

修建性详细规划的图纸比例为 1∶500～1∶2000。

修建性详细规划的文本即规划说明书，其内容一般应包括：

① 建设条件分析和综合技术经济论证；

② 估算工程量、拆迁量和总造价，分析投资效益。

规划说明书的依据要清楚，论证要充分，责任要分清。对规划有重要影响的问题要有委托方提供的文字资料作为依据附在成果文件中（如已划拨的用地红线、防洪堤的位置、高压走廊的位置、学校的拆迁等），同时各阶段的会议纪要和形成的修改意见应以文字形式在成果文件中体现。

5.2.5 城乡规划的术语解释

5.2.5.1 用地界线

用地界线指某一建设项目的全部用地范围。当其用地一侧或几侧临城市道路时，其用地界线一般为道路红线；当其用地一侧或几侧为河流、高压走廊或各类隔离带时，其用地界线为规划河岸线或规划各类防护、隔离带的用地界线；而当其用地一侧或几侧为其他建设项目时，其用地界线为其与周围建设项目的分界线。用地界线的作用在于严格控制各建设项目的建设用地范围。用地界线范围内的用地也称"地块"。

5.2.5.2 适建范围

适建范围指地块建设项目所允许的功能。地块建设项目所允许的功能（即地块土地的使用性质）规定了该地块今后建筑物的使用功能和该地块土地的用途，它由《城市用地分类与规划建设用地标准》（GB 50137—2011）所规定的城市用地划分类型（一般按小类）进行规定。另外，为适应城市建设发展的多变性，一般均应制定相应的建设地块适建性规定。

5.2.5.3 建筑控制界线

建筑控制界线的划定是为了保证开发建设地块周围地块建设的环境和利益不受侵害，保证城市设施（道路、河道、工程管线、市政设施等）的建设和正常运行，同时也为满足城市空间景观规划的整体要求创造了条件。除园林绿地中的景观建筑外，地块中一般都需划定建筑控制线。

建筑控制界限的划定主要有建筑后退道路红线和建筑后退用地边界线两部分综合组成。

（1）建筑后退道路红线

对城市道路（含公路），包括道路交叉口，一般都有建筑后退道路红线的要求，一方面是由于道路拓宽、绿化带设置、交通设施设置、停车、行人交通和休息设施设置的要求（特别是交通性道路和主要的购物街），另一方面是由于城市设计对城市街道整体的空间景观要求。对一些人流集散量大和位于城市主要道路交叉口的建筑物更应有严格的建筑后退道路红线的规定。

（2）建筑后退地块边界线

对每一地块的建筑而言，其四周用地边界线的距离均应有所规定，当地块一侧（或几侧）的用地边界线为道路红线时，建筑后退距离按上述建筑后退道路红线规定的要求确定，而对相邻河道、高压走廊、铁路、地下管线及其他对该地块使用功能有影响和干扰的地块，如变电站、燃气站、煤气调压站、危险品仓库等，对其周边地块建筑的控制线应根据相应规定明确划定。

对居住用地或住宅用地内的居住建筑而言，其正面和背面距离用地界线一般以日照间距的 $1/2$ 进行控制，侧面按消防要求控制防火距离。多层住宅一般为 $5.0 \sim 8.0m$，高层住宅一般为 $13.0m$。即多层住宅面距离用地边界线 $2.5 \sim 4.0m$，高层住宅侧面距离用地边界线 $6.5m$。对公共建筑而言，建筑退让用地边界线距离的确定应考虑消防、疏散、联系通道、干扰等因素来综合确定，对有防震要求的地区还必须考虑防震的要求。另外，进行过城市设计的地块对街面、空地和主体建筑有整体的景观考虑，因此，会对上述因素确定的建筑控制线有所调整，甚至规定出主体建筑（往往是高层标志性建筑）的位置。

5.2.5.4 建筑间距

建筑间距指两幢建筑物外墙之间的水平距离，建筑间距控制的目的是为了满足消防、交通和防灾疏散、内外联系通道、日照通风、防止噪声和视线干扰等要求，具体要求应参考有关规定，可能的条件下通过总平面规划方案具体确定。

5.2.5.5 日照间距

日照间距指前后（正面方向）两列建筑之间为保证后排建筑物在规定的时日获得所需的日照量而必须保持的一定距离。日照量的标准包括日照时间和日照质量，一般要求在冬至日底层获得不低于两小时的满窗日照。

5.2.5.6 容积率

容积率是控制地块建设强度的重要指标，通过容积率的确定，能严格地控制地块的总建筑面积。确定地块的容积率应综合考虑地块的使用性质、建筑密度、建筑高度、建筑层数和开发效益（包括所处区位和现状条件）等方面的因素。容积率的计算公式为：

$$容积率＝地块总建筑面积/地块面积$$

5.2.5.7 建筑密度

建筑密度是控制地块空地（包括绿地、道路广场等）数量的重要指标，通过建筑密度指标的合理确定，能保证建设地块所必需的道路、停车场地和绿地的面积，保证地块建成后内部的环境质量及使用功能的正常运行。建筑密度的确定应考虑地块的使用性质、环境要求、建筑高度（建筑层数）和容积率等方面的因素。建筑密度的计算公式为：

$$建筑密度＝地块总建筑基底面积/地块面积×100\%$$

5.2.5.8 建筑高度（建筑限高）

对地块建筑高度的控制，与城市空间景观效果有直接的关系，同时也是影响地块容积率指标的重要因素。建筑高度应考虑地块的使用性质、开发效益和城市设计要求等综合确定。

地块的使用性质对容积率、建筑密度、建筑高度等三项控制指标的影响，主要反映在不同功能的建筑的使用特点对环境和各类设施的要求或环境对建筑本身的要求方面。上述三项控制指标均以最大值进行控制，以保证建成后地块内部及其周围的环境质量、地块本身及城市景观的整体性、地块本身使用的正常与合理及对城市各类基础设施的合理使用。

5.2.5.9 地块交通出入口方位

地块交通出入口方位控制的目的是为了保证城市道路交通设施功能的正常发挥和城市交通系统的正常运行、避免对道路通行（包括各类道路的人行和车行）和周围其他地块交通进出的干扰。地块交通出入口方位一般指机动车的出入口方位，对一些人流集散量大而集中的大型公共建筑，除规定机动车出入口方位外，也应对行人和非机动车出入口方位有所规定。

对位于道路交叉口的地块，除规定交通出入口方位外，一般还应规定交通出入口方位距道路交叉口距离。机动车出入口距城市主要道路交叉口红线的距离一般不宜小于50m，可能的条件下应控制在80m以上。

机动车出入口应尽量避免过多或过密地布置在城市的主要交通性道路上，对居住用地而言，机动车出入口间距在主要交通性道路上应在150m以上，同时进出量大的机动车出入口也应避免布置在主要的商业购物街上。

5.2.5.10 绿地率

各地块的绿地率控制指标，是指某地块内所有绿化用地面积占该地块总面积的比例。通过绿地率的控制可明确地块内进行绿化的土地面积，保证地块建成后的绿化环境质量。绿地率指标的确定与地块的使用性质、建设项目对绿化环境的要求及城市或地区对建设地块的要求等因素有关。绿地率指标以最小值进行控制。

5.2.5.11　地块适建性规定

在控制性详细规划中，一个地块往往规定一种使用功能（包括混合使用功能）。而由于城市建设的长期性和多变性，地块的具体使用性质往往会因为条件的变化而需要变更，地块适建性规定便是为了使控制性详细规划适应未来变化的需求而做出的相应规定，它使规划具有了一定的规定性和灵活性。地块适建性规定一般通过建地块适建性规定表来实现。对某一地块的建设项目根据规划确定的使用性质有允许建设项目、有条件可建设项目和不允许建设项目三种规定。允许建设项目指与规划地块使用功能不相冲突、相互间能够兼容的项目；有条件可建设项目指与规划地块使用功能有一定冲突、相互间基本能兼容或在某些条件下可兼容的项目，这类建设项目必须在满足规划另行规定的一些条件后方能进行建设；不允许建设项目指与规划地块使用功能有严重冲突、相互间无法兼容的建设项目，亦即规划地块不允许改变成此类使用性质的建设项目。具体内容可参阅《城市用地分类与规划建设用地标准》。

第6章 风景园林建筑设计的特点

对风景园林专业的学生而言，风景园林建筑设计作为专业课程之一其重要性是不言而喻的。要进行风景园林建筑设计，就必须了解风景园林建筑设计的特点，掌握风景园林建筑设计的内容和方法。如果没有掌握必要的设计方法，没有真正把握风景园林建筑设计的规律，是不能很好地进行风景园林建筑设计的。本章我们将着重介绍风景园林建筑设计的特点以及设计方法，使同学们能够对风景园林建筑设计及其设计方法和工作方法有一个深入透彻的了解与认识。

6.1 认识风景园林建筑设计

风景园林建筑作为建筑的类型之一，其设计方法在很大程度上具有相同的特点，所以对风景园林建筑的认识，要从认识建筑设计开始。

6.1.1 建筑设计的职责范围

一般所谓的建筑设计应包括方案设计、初步设计和施工图设计三大部分，即从业主或建设单位提出建筑设计任务书一直到交付建筑施工单位进行施工的全过程。这三部分在相互联系相互制约的基础上有着明确的职责划分，其中方案设计作为建筑设计的第一阶段，担负着确立建筑的设计思想、意图，并将其形象化的职责，它对整个建筑设计过程所起的作用是开创性和指导性的；初步设计与施工图设计则是在此基础上逐步落实其经济、技术、材料等物质需求，是将设计意图逐步转化成真实建筑的重要的阶段。由于方案设计突出的作用与学生在校的情况特点以及高等院校的优势特点，学生所进行的建筑设计的训练更多地集中于方案设计，其他部分的训练则主要通过以后的业务实践来完成。风景园林专业学生在风景园林建筑设计方面的学习也是如此。

6.1.2 建筑设计的特点与要求

建筑设计作为一个全新的学习内容完全不同于制图及表现技法训练，与形态构成训练甚至与园林设计比较也有本质的区别。方案设计的特点可以概括为五个方面，即创作性、综合性、双重性、过程性和社会性。

6.1.2.1 创作性

所谓创作是与制作相对照而言的。制作是指因循一定的操作技法，按部就班的造物活动。其特点是行为的可重复性和可模仿性，如建筑制图、工业产品制作等；而创作属于创新创造范畴，所依赖的是设计主体丰富的想象力和灵活开放的思维方式，其目的是以不断的创新来完善和发展其工作对象的内在功能或外在形式；这些是重复、模仿等制作行为所不能替代的。典型的创作行为如文学创作、美术创作等。

建筑设计的创作性是人（设计者与使用者）及建筑（设计对象）的特点属性所共同要求的。一方面，设计师面对的是多种多样的建筑功能和千差万别的地段环境，必须表现出充分的灵活开放性才能够解决具体的矛盾与问题；另一方面，人们对建筑形象和建筑环境有着高品质和多样性的要求。只有依赖设计师的创新意识和创造能力才能够把属于纯物质层次的材料设备转化成为具有一定象征意义和情趣格调的真正意义上的建筑。人们对于风景园林建筑在创造丰富的室内外空间环境上的要求，要比一般建筑高得多。这就要求建筑特别是风景园林建筑设计作为一种高尚的创作活动，其创作主体要具有丰富的想象力和较高的审美能力、灵活开放的思维方式以及勇于克服困难、挑战权威的决心与毅力。对初学者而言，创新意识与创作能力应该是其专业学习训练的目标。

6.1.2.2　综合性

建筑设计是一门综合性学科，除了建筑学外，它还涉及结构、材料、经济、社会、文化、环境、行为、心理等众多学科内容。风景园林建筑也是一样，而且对于环境及心理等学科内容的要求比其他类型的建筑更深入。所以，对于设计者来说，必须对相关学科有着相当的认识与把握，方能胜任这项工作，方能游刃有余地驰骋于建筑的创作之中。

另外，仅就风景园林建筑本身而言所具有的类型也是多种多样的：有居住、商业、办公、展览、纪念、交通建筑等。如此纷杂多样的功能需求（包括物质、精神两个方面）我们不可能通过有限的课程设计训练做到一一认识、理解并掌握。因此，一套行之有效的学习和工作方法尤其重要。

6.1.2.3　双重性

与其他学科相比较，思维方式的双重性是建筑设计思维活动的突出特点。建筑设计过程可以概括为分析研究——构思设计——分析选择——再构思设计……如此循环发展的过程，设计师在每一个"分析"阶段（包括前期的条件、环境、经济分析研究和各阶段的优化分析选择）所运用的主要是分析概括、总结归纳、决策选择等基本的逻辑思维的方式，以此确立设计与选择的基础依据；而在各"构思设计"阶段，设计师主要运用的则是形象思维即借助于个人丰富的想象力和创造力把逻辑分析的结果发挥表达成为具体的建筑语言——三维乃至四维空间形态。因此，建筑设计的学习训练必须兼顾逻辑思维和形象思维两个方面，不可偏废。在建筑创作中如果弱化逻辑思维，建筑将缺少存在的合理性与可行性，成为名副其实的空中楼阁；反之，如果忽视了形象思维，建筑设计则丧失了创作的灵魂，最终得到的只是一具空洞乏味的躯壳。

6.1.2.4　过程性

人们认识事物都需要一个由浅入深、循序渐进的过程。对于需要投入大量人力、物力、财力，关系到国计民生的建筑工程设计更不可能是一时一日之功就能够做到的，它需要一个相当的过程：需要科学、全面地分析调研，深入大胆地思考想象，需要不厌其烦地听取使用者的意见，需要在广泛论证的基础上优化选择方案，需要不断地推敲、修改、发展和完善。整个过程中的每一步都是互为因果、不可缺少的，只有如此，才能保障设计方案的科学性、合理性与可行性。虽然大部分风景园林建筑不像一些大型建筑那样，投入巨大，但在保证其功能与艺术性的同时，仍然要注意其科学性与合理性。

6.1.2.5　社会性

尽管不同设计师的作品有着不同的风格特点，从中反映出设计师个人的价值取向与审美爱好，并由此成为建筑个性的重要组成部分；尽管建筑业主往往是以经济效益为建设的重要乃至唯一目的。但是，建筑从来都不是私人的收藏品，因为不管是私人住宅还是公共建筑，从它破土动工之日起就已具有了广泛的社会性，它已成为自然环境和城市空间的一部分，人们无论喜欢与否都必须与之共处，它对人的影响（正反两个方面）是客观实在的和不可回避的。建筑的社会性，要求设计师的创作活动既不能像画家那样只满足于自我陶醉、随心所欲，也不能像某些开发商那样唯利是图、拜金主义。必须综合平衡建筑的社会效益、经济效益与个性特色三者的关系，努力寻找一个可行的结合点，只有这样，才能创作出尊重环境、关怀人性的优秀作品。而风景园林建筑的社会效益往往要强于其经济效益。因此，风景园林建筑设计要从以人为本和尊重环境出发，重视它的社会性，创造出适合人们需要（物质和精神）的风景园林建筑。

6.1.3　建筑设计的方法

在现实的建筑创作中，设计方法是多种多样的。针对不同的设计对象与建设环境，不同的设计师会采取完全不同的方法与对策，并带来不同的甚至是完全对立的设计结果。因此在确立我们自己的设计方法之前，有必要对现存的各种良莠不齐的设计方法及其建筑观念有一个比较理性的认识，以利于自己设计方法的探索并逐步确立。

在具体的设计方法上可以大致归纳为"先功能后形式"和"先形式后功能"两大类。

一般而言，建筑方案设计的过程大致可以划分为任务分析、方案构思和方案完善三个阶段，其顺序过程不是单向的、一次性的，需要多次循环往复才能完成。"先功能后形式"与"先形式后功能"两种设计方法都遵循这一过程，即经过前期任务分析阶段对设计对象的功能环境有了一个比较系统而深入的了解把握之后，方开始方案的构思，然后逐步完善，直到完成。两者的最大差别主要体现为方案构思的切入点与侧重点的不同。

"先功能"是以平面设计为起点，重点研究建筑的功能需求，当确立比较完善的平面关系之后再据此转化成空间形象。这样直接"生成"的建筑造型可能是不完美的，为了进一步完善需反过来对平面作相应的调整，直到满意为止。"先功能"的优势在于：其一，由于功能环境要求是具体而明确的，与造型设计相比，从功能平面入手更易于把握，易于操作，因此对初学者最为适合；其二，因为功能满足是方案成立的首要条件，从平面入手优先考虑功能势必有利于尽快确立方案，提高设计效能。"先功能"的不足之处在于，由于空间形象设计处于滞后被动位置，可能会在一定程度上制约对建筑形象的创造性发挥。

"先形式"则是从建筑的体型环境入手进行方案的设计构思，重点研究空间与造型，当确立比较满意的形体关系后，再反过来填充完善功能，并对体型进行相应的调整。如此循环往复，直到满意为止。"先形式"的优点在于，设计者可以与功能等限定条件保持一定的距离，更益于自由发挥个人丰富的想象力与创造力，从而不乏富有新意的空间形象的产生。其缺点是由于后期的"填充"、调整工作有相当的难度，对于功能复杂、规模较大的项目有可能会事倍功半，甚至无功而返。因此，该方法比较适合于功能简单、规模不大、造型要求高、设计者又比较熟悉的建筑类型。它要求设计者具有相当的设计功底和设计经验，初学者一般不宜采用。

需要指出的是，上述两种方法并非截然对立。对于那些具有丰富经验的设计师来说，二者甚至是难以区分的。当他先从形式切入时，他会时时注意以功能调节形式；而当首先着手于平面的功能研究时，则同时迅速地构思着可能的形式效果。最后，他可能是在两种方式的交替探索中找到一条完美的途径。

对于风景园林建筑来说，由于其功能往往并不复杂，所以，会经常采用"先形式"的设计方法。但需要指出的是，应用这种方法应该避免陷入形式主义的误区。

所谓形式主义是指，在建筑设计中，为了片面追求空间形象而不惜牺牲基本的功能环境需求，甚至完全无视功能环境的存在，把建筑创作与纯形态设计等同起来。它的危害是十分明显的，因为该方法在主观上完全否定了功能和环境的价值，背离了科学严肃的建筑观与设计观，把建筑设计引向玩世不恭、随心所欲和个人标榜。若此风盛行，对初学者的学习培养是极其有害的。因此，从风景园林建筑设计的入门阶段起，我们就应该抵制并坚决反对形式主义的设计方法与设计观念。

6.2　明确风景园林建筑设计的任务

明确设计任务是建筑方案设计的第一阶段工作，其目的就是通过对设计要求、地段环境、经济因素和相关规范资料等重要内容的系统、全面的分析研究，为方案设计确立科学的依据。在风景园林建筑的方案设计中，对周围环境（包括自然和人文环境）的分析研究显得尤为重要。

6.2.1 设计要求的分析

设计要求主要是以建筑设计任务书的形式出现的，它包括物质要求（功能空间要求）和精神要求（形式特点要求）两个方面。

6.2.1.1 功能空间的要求

（1）个体空间 一般而言，一个具体的建筑是由若干个功能空间组合而成的，各个功能空间都有自己明确的功能需求，为了准确了解把握对象的设计要求，我们应对各个主要空间进行必要的分析研究，具体内容包括：

① 体量大小 具体功能活动所要求的平面大小与空间高度（三维）；

② 基本设施要求 对应特有的功能活动内容确立家具、陈设等基本设施；

③ 位置关系 自身地位以及与其他功能空间的联系；

④ 环境景观要求 对声、光、热及景观朝向的要求；

⑤ 空间属性 明确其是私密空间还是公共空间、是封闭空间还是开放空间。

以住宅的起居室为例，它是会客、交往和娱乐等居家活动的主要场所，其体量不宜小于$3m \times 4m \times 2.7m$（即平面不小于$12m^2$，高度不小于$2.7m$），以满足诸如组合沙发、电视机、陈列柜等基本家具陈设的布置。它作为居住功能的主体内容，应处于住宅的核心位置，并与餐厅、厨房、门厅以及卫生间等功能空间有着密切的联系。它要求有较好的日照朝向和景观条件。相对住宅其他空间而言，客厅应属于公共空间，多为开放性空间处理。

（2）整体功能关系 各功能空间是相互依托密切关联的。它们依据特定的内在关系共同构成一个有机整体。我们常常用功能关系框图来形象地把握并描述这一关系，据此反映如下内容：

① 相互关系 是主次、并列、序列或混合关系。

对策方式：表现为树枝、串联、放射、环绕或混合等组织形式。

② 密切程度 是密切、一般、很少或没有。

对策方式：体现为距离上的远近以及直接、间接或隔断等关联形式。

6.2.1.2 形式特点要求

① 建筑类型特点 不同类型的建筑有着不同的性格特点。例如纪念性建筑给人的印象往往是庄重、肃穆和崇高的，因为只有如此才足以寄托人们对纪念对象的崇敬仰慕之情；而居住建筑体现的是亲切、活泼和宜人的性格特点，因为这是一个居住环境所应具备的基本品质。如果把两者颠倒过来，那肯定是常人所不能接受的。因此，我们必须准确地把握建筑的类型特点。大多数风景园林建筑由于其自身的特点是活泼的、亲切的、有时还是热闹的，所以，在进行设计时应充分运用各种建筑设计手段来体现风景园林建筑的性格特征。

② 使用者个性特点 除了对建筑的类型进行充分的分析研究以外，还应对使用者的职业、年龄以及兴趣爱好等个性特点进行必要的分析研究。例如，同样是别墅，艺术家的情趣要求可能与企业家有所不同；同样是活动中心，老年人活动中心与青少年活动中心在形式与内容上也会有很大的区别。又如，有人喜欢安静，有人偏爱热闹；有人喜欢简洁明快，有人偏爱曲径通幽；有人喜欢气派，有人偏爱平和等，不胜枚举。只有准确地把握使用者的个性特点，才能创作出为人们所接受并喜爱的建筑作品。

6.2.2 环境条件的调查分析

环境条件是建筑设计的客观依据（风景园林建筑尤其如此）。通过对环境条件的调查分析，可以很好地把握、认识地段环境的质量水平及其对建筑设计的制约影响，分清哪些条件因素是应充分利用的，哪些条件因素是可以通过改造而得以利用的，哪些因素又是必须进行回避的。具体的调查研究应包括地段环境、人文环境和城市规划设计条件三个方面。

6.2.2.1 地段环境

① 气候条件 温度、日照、干湿、降雨、降雪和风的情况；
② 地质条件 地质构造是否适合工程建设，有无抗震要求；
③ 地形地貌 是平地、丘陵、山林还是水畔，有无树木、山川湖泊等地貌特征；
④ 景观朝向 自然景观资源及地段日照朝向条件；
⑤ 周边建筑 地段内外相关建筑状况（包括现有及未来规划的）；
⑥ 道路交通 现有及未来规划道路及交通状况；
⑦ 城市区位 与城市的空间方位及联系方式；
⑧ 市政设施 水、暖、电、讯、气、污等管网的分布及供应情况；
⑨ 不利条件 相关的空气污染、噪声污染和不良景观的方位及状况。

据此，我们可以得出对该地段比较客观、全面的环境质量评价，以及在设计过程中可以利用和应该避免的环境要素，同时建立场所空间感。

6.2.2.2 人文环境

① 城市性质规模 是政治、文化、金融、商业、旅游、交通、工业城市还是科技城市；是特大、大型、中型还是小型城市；
② 地方风貌特色 文化风俗、历史名胜、地方建筑。

人文环境为创造富有个性特色的空间造型提供必要的启发与参考。风景园林建筑应特别要注重人文环境的发现和利用，使风景园林建筑能够具有人文艺术特色，突出风景园林建筑的特点。

6.2.2.3 城市规划设计条件

该条件是由城市管理职能部门依据法定的城市总体发展规划提出的，其目的是从城市宏观角度对具体的建筑项目提出若干控制性限定与要求，以确保城市整体环境的良性运行与发展。主要内容有：

① 后退红线限定 为了满足所临城市道路（或邻建筑）的交通、市政及日照景观要求，限定建筑物在临街（或邻建筑）方向后退用地红线的距离。它是该建筑的最小后退指标。
② 建筑高度限定 建筑有效层檐口高度，它是该建筑的最大高度。
③ 容积率限定 地面以上总建筑面积与总用地面积之比。它是该用地的最大建设密度。
④ 绿化率要求 用地内绿化面积与总用地面积之比。它是该用地的最小绿化指标。
⑤ 停车量要求 用地内停车位总量（包括地上、地下）。它是该项目的最小停车量指标。

城市规划设计条件是建筑设计所必须严格遵守的重要前提条件之一。

6.2.3 经济技术因素分析

经济技术因素是指建设者所能提供用于建设的实际经济条件与可行的技术水平。它是确立建筑的档次质量、结构形式、材料应用以及设备选择的决定性因素，是除功能、环境之外影响建筑设计的第三大因素。风景园林建筑所涉及的建筑规模一般较小，而且与自然环境的关系又极其密切。因此，在进行风景园林建筑设计的过程中，对于经济技术的分析要以对自然环境的尊重和保护为前提条件，坚决反对无视自然环境、只从经济技术角度出发的风景园林建筑设计。

6.2.4 相关资料的调研与搜集

学习并借鉴前人正反两个方面的实践经验，了解并掌握相关规范制度，既是避免走弯路、走回头路的有效方法，也是认识熟悉各类型建筑的最佳捷径。因此，为了学好建筑设计，必须学会收集并使用相关资料。结合设计对象的具体特点，资料的搜集调研可以在第一阶段一次性完成，也可以穿插于设计之中，有针对性地分阶段进行。

6.2.4.1　实例调研

调研实例的选择应本着性质相同、内容相近、规模相当、方便实施并体现多样性的原则，调研的内容包括一般技术性了解（对设计构思、总体布局、平面组织和空间造型的基本了解）和使用管理情况调查（对管理使用两方面的直接调查）两部分。最终调研的成果应以图、文形式尽可能详尽而准确地表达出来，形成一份永久性的参考资料。

6.2.4.2　资料搜集

相关资料的搜集包括规范性资料和优秀设计图文资料两个方面。

建筑设计规范是为了保障建筑物的质量水平而制定的，设计师在设计过程中必须严格遵守这一具有法律意义的强制性条文，在课程设计中同样应做到熟悉、掌握并严格遵守。影响最大的设计规范有日照规范、消防规范和交通规范。

优秀设计图、文资料的搜集与实例调研有一定的相似之处，只是前者是在技术性了解的基础上更侧重于实际运营情况的调查，后者仅限于对该建筑总体布局、平面组织、空间造型等技术性了解。但简单方便和资料丰富则是后者的最大优势。

以上所着手的任务分析可谓内容繁杂，头绪众多，工作起来也比较单调枯燥，并且随着设计的进展会发现，有很大一部分的工作成果并不能直接运用于具体的方案之中。我们之所以必须坚持认真细致一丝不苟地完成这项工作，是因为虽然在此阶段不清楚哪些内容有用（直接或间接）哪些无用，但是应该懂得只有对全部内容进行深入系统地调查、分析、整理，才可能获取所有的至关重要的信息资料。

6.3　风景园林建筑设计的构思阶段

完成第一阶段后我们对设计要求、环境条件及前人的实践已有了一个比较系统全面的了解与认识，并得出了一些原则性的结论，在此基础上可以开始方案的设计，这一阶段又可称为构思阶段。本阶段的具体工作包括设计立意、方案构思和多方案比较。

6.3.1　设计立意

如果把设计比喻为作文的话，那么设计立意就相当于文章的主题思想，它作为我们方案设计的行动原则和境界追求，其重要性不言而喻。

严格地讲，存在着基本和高级两个层次的设计立意。前者是以指导设计，满足最基本的建筑功能、环境条件为目的；后者则在此基础上通过对设计对象深层意义的理解与把握，谋求把设计推向一个更高的境界水平。对于初学者而言，设计立意不应强求定位于高级层次。

评判一个设计立意的好坏，不仅要看设计者认识把握问题的立足高度，还应该判别它的现实可行性。例如要创作一幅命名为"深山古刹"的画，我们至少有三种立意的选择：或表现山之"深"，或表现寺之"古"，或"深"与"古"同时表现。可以说这三种立意均把握住了该画的本质所在。但通过进一步的分析我们发现，三者中只有一种是能够实现的。苍山之"深"是可以通过山脉的层叠曲折得以表现的，而寺庙之"古"是难以用画笔来描绘的，自然第三种亦难实现了。在此，"深"字就是它的最佳立意（至于采取怎样的方式手段来体现其"深"，那则是"构思"阶段应解决的问题了）。

在确立立意的思想高度和现实可行性上，许多建筑名作的创作给了我们很好的启示。

例如流水别墅，它所立意追求的不是一般意义视觉上的美观或居住的舒适，而是要把建筑融入自然，回归自然，谋求与大自然进行全方位对话，作为别墅设计的最高境界追求。它的具体构思从位置选择、布局经营、空间处理到造型设计，无不是围绕着这一立意展开的（图 6-1）。

图 6-1　流水别墅

又如法国朗香教堂，它的立意定位在"神圣"与"神秘"的创造上，认为这是一个教堂所体现的最高品质。也正是先有了对教堂与"神圣"、"神秘"关系的深刻认识，才有了朗香教堂随意的平面，沉重而翻卷的深色屋檐、倾斜或弯曲的洁白墙面、耸起的形状、奇特的采光井以及大小不一、形状各异、深邃的洞窗……由此构成了这一充满神秘色彩和神圣光环的旷世杰作（图 6-2、图 6-3）。

图 6-2　朗香教堂外景

图 6-3　朗香教堂内景

再如中山市岐江公园设计，中山岐江公园的场地原是中山著名的粤中造船厂。特定历史背景下，几代人艰苦的创业历程在这里沉淀为真实而弥足珍贵的城市记忆。因此，其立意设计就是保留那些被岁月侵蚀得面目全非的旧厂房和机器设备，并且用新的设计手段将他们重新塑造，以便满足新的功能和审美需求（图 6-4、图 6-5）。

以上的三个实例，分别从环境角度、建筑的精神功能和对待历史文化遗产的角度来阐述如何进行设计立意，也是我们进行风景园林建筑设计的出发点和需要慎重对待的重要内容。

图 6-4　中山市岐江公园设计中保留的水塔

图 6-5　中山市岐江公园设计中保留的厂房和设备

6.3.2　风景园林建筑设计构思

风景园林建筑设计方案构思是设计过程中至关重要的一个环节。如果说，设计立意侧重于观念层次的理性思维，并呈现为抽象语言，那么，方案构思则是借助于形象思维的力量，在立意的理念思想指导下，把第一阶段分析研究的成果落实成为具体的建筑形态，由此完成了从物质需求到思想理念再到物质形象的质的转变。

以形象思维为其突出特征的方案构思依赖的是丰富多样的想象力与创造力，它所呈现的思维方式不是单一的、固定不变的，而是开放的、多样的和发散的，是不拘一格的，因而常常是出乎意料的。一个优秀建筑给人们带来的感染力乃至震撼力无不始于此。

想象力与创造力不是凭空而来的，除了平时的学习训练外，充分的启发与适度的形象"刺激"是必不可少的。比如，可以通过多看（资料）、多画（草图）、多做（草模）等方式来达到刺激思维、促进想象的目的。

形象思维的特点也决定了具体方案构思的切入点必然是多种多样的，可以从功能入手，从环境入手，也可以从结构及经济技术入手，由点及面，逐步发展，形成一个方案的雏形。

6.3.2.1　从环境特点入手进行方案构思

富有个性特点的环境因素如地形地貌、景观朝向以及道路交通等均可成为方案构思的启发点和切入点。风景园林建筑（无论是位于自然景区还是城市景观中）更多的适用于这种环境方案构思方法。

例如流水别墅，它在认识并利用环境方面堪称典范。该建筑选址于风景优美的熊跑溪边，四季溪水潺潺，树木浓密，两岸层层叠叠的巨大岩石构成其独特的地形、地貌特点。赖特在处理建筑与景观的关系上，不仅考虑到了对景观利用的一面——使建筑的主要朝向与景观方向相一致，成为一个理想的观景点，而且有着增色环境的更高追求——将建筑置于溪流瀑布之上，为熊跑溪平添了一道新的风景。他利用地形高差，把建筑主入口设于一二层之间的高度，这样不仅车辆可以直达，也缩短与室内上下层的联系。最为突出的是，流水别墅富有构成韵味（单元体的叠加）的独特造型与溪流两岸层叠有秩、棱角分明的岩石形象有着显而易见的因果联系，真正体现了有机建筑的思想精髓（图 6-6～图 6-8）。

图 6-6　流水别墅体现自然的细部设计　　　　　　图 6-7　流水别墅置于溪流瀑布之上

图 6-8　流水别墅入口空间

　　在华盛顿美术馆东馆的方案构思中，地段环境尤其是地段形状起到了举足轻重的作用。该用地呈楔形，位于城市中心广场东西轴北侧，其楔底面对新古典式的国家美术馆老馆（该建筑的东西向对称轴贯穿新馆用地）。在此，严谨对称的大环境与非规则的地段形状构成了尖锐的矛盾冲突。设计者紧紧把握住地段形状这一突出的特点，选择了两个三角形拼合的布局形式，使新建筑与周边环境关系处理得天衣无缝。分析如下：其一，建筑平面形状与用地轮廓呈平行对应关系，形成建筑与地段环境的最直接有力的呼应；其二，将等腰三角形（两个三角形中的主体）与老馆置于同一轴线之上，并在其间设一过渡性雕塑（圆形）广场，从而确立了新老建筑之间的真正对话。由此而产生的雕塑般有力的体块形象、简洁明快的虚实变化使该建筑富有独特的个性和浓郁的时代感（图6-9～图6-11）。

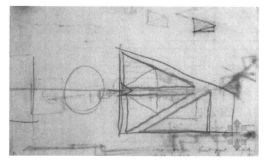
图6-9　贝聿铭的华盛顿美术
馆东馆方案构思草图（一）

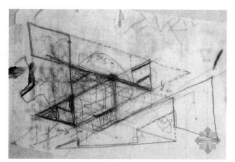
图6-10　贝聿铭的华盛顿美术
馆东馆方案构思草图（二）

图6-11　贝聿铭的华盛顿美术馆东馆方案模型

6.3.2.2　从具体功能特点入手进行方案构思

更圆满、更合理、更富有新意地满足功能需求一直是建筑师所梦寐以求的，具体设计实践中它往往是进行方案构思的主要突破口之一。

由密斯设计的巴塞罗那国际博览会德国馆，它之所以成为近现代建筑史上的一个杰作，功能上的突破与创新是其主要的原因之一。空间序列是展示性建筑的主要组织形式，即把各个展示空间按照一定的顺序依次排列起来，以确保观众流畅和连续地进行参观浏览。一般参观路线是固定的，也是唯一的。这在很大程度上制约了参观者自由选择浏览路线的可能。在德国馆的设计中，基于能让人们进行自由选择这一思想，创造出具有自由序列特点的"流动空间"，给人以耳目一新的感受（图6-12～图6-14）。

同样是展示建筑，出自赖特之手的纽约古根汉姆博物馆却有着完全不同的构思重点。由于用地紧张，该建筑只能建为多层，参观路线势必会因分层而打断。对此，设计者创造性地把展示空间设计为一个环绕圆形中庭缓慢旋转上升的连续空间，保证了参观路线的连续与流

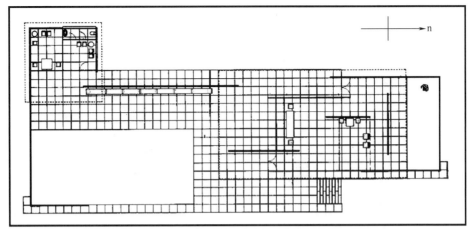

图 6-12　密斯设计的巴塞罗那国际博览会德国馆平面图

图 6-13　密斯设计的巴塞罗那国际博览会德国馆（一）

图 6-14　密斯设计的巴塞罗那国际博览会德国馆（二）

畅，并使其建筑造型别具一格（图6-15、图6-16）。

图 6-15　赖特设计的
纽约古根汉姆博物馆

图 6-16　赖特设计的纽约
古根汉姆博物馆中庭

　　除了从环境、功能入手进行构思外，依据具体的任务需求特点、结构形式、经济因素乃至地方特色均可以成为设计构思可行的切入点与突破口。另外需要特别强调的是，在具体的方案设计中，同时从多个方面进行构思，寻求突破（例如同时考虑功能、环境、经济、结构等多个方面），或者是在不同的设计构思阶段选择不同的侧重点（例如在总体布局时从环境入手，在平面设计时从功能入手等）都是最常用、最普遍的构思手段，这样既能保证构思的深入和独到，又可避免构思流于片面、走向极端。

6.3.3　风景园林建筑设计的多方案比较

6.3.3.1　多方案的必要性

　　多方案构思是建筑设计的本质反映。中学的教育内容与学习方式在一定程度上养成了我们认识事物解决问题的定式，即习惯于方法结果的唯一性与明确性。然而对于建筑设计而言，认识和解决问题的方式结果是多样的、相对的和不确定的。这是由于影响建筑设计的客观因素众多，在认识和对待这些因素时设计者任何细微的侧重就会导致不同的方案对策，只要设计者没有偏离正确的建筑观，所产生的任何不同方案就没有简单意义的对错之分，而只有优劣之别。

　　多方案构思也是建筑设计目的性所要求的。无论是对于设计者还是建设者，方案构思是一个过程而不是目的，其最终目的是取得一个尽善尽美的实施方案。然而，我们又怎样去获得这样一个理想而完美的实施方案呢？我们知道，要求一个"绝对意义"的最佳方案是不可能的。因为在现实的时间、经济以及技术条件下，我们不具备穷尽所有方案的可能性，我们所能够获得的只能是"相对意义"上的，即在可及的数量范围内的"最佳"方案。在此，唯有多方案构思是实现这一目标的可行方法。

　　另外，多方案构思是民主参与意识所要求的。让使用者和管理者真正参与到建筑设计中来，是建筑以人为本这一追求的具体体现，多方案构思所伴随而来的分析、比较、选择的过程使其真正成为可能。这种参与不仅表现为评价选择设计者提出的设计成果，而且应该落实到对设计的发展方向乃至具体的处理方式提出质疑，发表见解，使方案设计这一行为活动真正担负起其应有的社会责任。

6.3.3.2 多方案构思的原则

为了实现方案的优化选择,多方案构思应满足如下原则:

其一,应提出数量尽可能多、差别尽可能大的方案。如前所述,供选择方案的数量大小以及差异程度是决定方案优化水平的基本尺码:差异性保障了方案间的可比较性,而相当的数量则保障了科学选择所需要的足够空间范围。为了达到这一目的,我们必须学会从多角度、多方位来审视题目,把握环境,通过有意识有目的地变换侧重点来实现方案在整体布局、形式组织以及造型设计上的多样性与丰富性。

其二,任何方案的提出都必须是在满足功能与环境要求的基础之上的,否则,再多的方案也毫无意义。为此,我们在方案的尝试过程中就应进行必要的筛选,随时否定那些不现实、不可取的构思,以避免时间、精力的无谓浪费。

6.3.3.3 多方案的比较与优化选择

当完成多方案后,我们将展开对方案的分析比较,从中选择出理想的发展方案。

分析比较的重点应集中在三个方面:其一,比较设计要求的满足程度、是否满足基本的设计要求(包括功能、环境、结构等诸因素)是鉴别一个方案是否合格的起码标准,一个方案无论构思如何独到,如果不能满足基本的设计要求,也绝不可能成为一个好的设计;其二,比较个性特色是否突出,一个好的建筑(方案)应该是优美动人的,缺乏个性的建筑(方案)肯定是平淡乏味、难以打动人的,因此也是不可取的;其三,比较修改调整的可能性,虽然任何方案或多或少都会有一些缺点,但有的方案的缺陷尽管不是致命的,却是难以修改的,如果进行彻底的修改不是带来新的更大的问题,就是完全失去了原有方案的特色和优势,对此类方案应给予足够的重视,以防留下隐患。

6.4 风景园林建筑设计的完善阶段

通过多方案比较而确定的发展方案,虽然是选择出的最佳方案,但此时的设计还处在大想法、粗线条的层次上,某些方面还存在许多细节问题。为了达到方案设计的最终要求,还需要一个调整、深化,并最终完善的过程。

6.4.1 风景园林建筑设计方案的调整

方案调整阶段的主要任务是解决多方案分析、比较过程中所发现的矛盾与问题,并弥补设计缺陷。发展方案无论是在满足设计要求,还是在具备个性特色方面已经有相当的基础,对它的调整应控制在适度的范围内,只限于对个别问题进行局部的修改与补充,力求不影响或改变原有方案的整体布局和基本构思,并能进一步提升方案已有的优势水平。

6.4.2 风景园林建筑设计方案的深入

完成方案调整阶段后,方案的设计深度仅限于确立一个合理的总体布局、交通流线组织、功能空间组织以及与内外相协调统一的体量关系和虚实关系,要达到方案设计的最终要求,还需要一个从粗略到细致刻画、从模糊到明确落实、从概念到具体量化的进一步深化的过程。

深化过程主要通过放大图纸比例,由面及点,从大到小,分层次分步骤进行。风景园林建筑方案构思阶段的比例一般为1:200或1:300,到方案深化阶段其比例应放大到1:100甚至1:50。

在此比例上,首先应明确并量化其相关体系、构件的位置、形状、大小及其相互关系,包括结构形式、建筑轴线尺寸、建筑内外高度、墙及柱宽度、屋顶结构及构造形式、门窗位置及大小、室内外高差、家具的布置与尺寸、台阶踏步、道路宽度以及室外平台大小等具体内容，并将其准确无误地反映到平、立、剖及总图中来。该阶段的工作还应包括统计并核对方案设计的技术经济指标，如建筑面积、容积率、绿化率等，如果发现指标不符合规定要求须对方案进行相应调整。

其次应分别对平、立、剖及总图进行更为深入细致的推敲刻画。具体内容应包括总图设计中的室外铺地、绿化组织、室外小品与陈设，平面设计中的家具造型、室内陈设与室内铺地，立面图设计中的墙面、门窗的划分形式、材料质感及色彩光影等。

在方案的深入过程中，除了进行并完成以上的工作外，还应注意以下几点：

第一，各部分的设计尤其是立面设计，应严格遵循一般形式美的原则，注意对尺度、比例、均衡、韵律、协调、虚实、光影、质感以及色彩等原则规律的把握与运用，以确保取得一个理想的建筑空间形象。

第二，方案的深入过程必然伴随着一系列新的调整，除了各个部分自身需要适应调整外，各部分之间必然也会产生相互作用、相互影响，如平面的深入可能会影响到立面与剖面的设计，同样立面、剖面的深入也会涉及平面的处理，对此应有充分的认识。

第三，方案的深入过程不可能是一次性完成的，需经历深入——调整——再深入——再调整，多次循环过程，这其中所体现的工作强度与工作难度是可想而知的。因此，要想完成一个高水平的方案设计，除了要求具有较高的专业知识、较强的设计能力、正确的设计方法以及极大的专业兴趣外，细心、耐心和恒心是其必不可少的素质品德。

6.5　风景园林建筑方案设计的表达

方案的表现是建筑方案设计的一个重要环节，方案表现是否充分，是否美观得体，不仅关系到方案设计的形象效果，而且会影响到方案的社会认可。依据目的性的不同，方案表现可以划分为设计推敲性表现与展示性表现两种。

6.5.1　风景园林建筑设计推敲性表现

推敲性表现是设计师为自己所表现的，它是建筑师在各阶段构思过程中所进行的主要外在性工作，是建筑师形象思维活动的最直接、最真实的记录与展现。它的重要作用体现在两个方面：其一，在建筑师的构思过程中，推敲性表现可以以具体的空间形象刺激强化建筑师的形象思维活动，从而益于诱引更为丰富生动的构思的产生；其二，推敲性表现的具体成果为设计师分析、判断、抉择方案构思确立了具体对象与依据。推敲性表现在实际操作中有如下几种形式：

6.5.1.1　草图表现

草图表现是一种传统的但也是被实践证明行之有效的推敲表现方法。它的特点是操作迅速而简洁，并可以进行比较深入的细部刻画，尤其擅长于对局部空间造型的推敲处理。

草图表现的不足在于它对徒手表现技巧有较高的要求，从而决定了它有流于失真的可能，并且每次只能表现一个角度也在一定程度上制约了它的表现力（图6-17、图6-18）。

6.5.1.2　草模表现

与草图表现相比较，草模表现则显得更为真实、直观而具体，由于充分发挥三维空间可以全方位进行观察之优势，所以对空间造型的内部整体关系以及外部环境关系的表现能力尤为突出。

草模表现的缺点在于，由于模型大小的制约，观察角度以"空对地"为主，过分突出了第五立面的地位作用，而有误导之嫌。另外由于具体操作技术的限制，细部的表现有一定难度（图6-19）。

图 6-17　安藤忠雄的光的教堂草图（一）

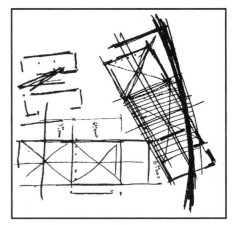

图 6-18　安藤忠雄的光的教堂草图（二）

图 6-19　建筑方案模型

6.5.1.3　计算机模型表现

计算机模型表现兼顾草图表现和草模表现两者的优点，在很大程度上弥补了它们的缺点。例如它既可以像草图表现那样进行深入的细部刻画，又能使其表现做到直观具体而不失真；它既可以全方位表现空间造型的整体关系与环境关系，又有效地杜绝了模型比例大小的制约等（图6-20）。

图 6-20　计算机模型表现

6.5.1.4 综合表现

所谓综合表现是指在设计构思过程中，依据不同阶段、不同对象的不同要求，灵活运用各种表现方式，以达到提高方案设计质量之目的。例如，在方案初始的研究布局阶段采用草模表现，以发挥其整体关系、环境关系表现的优势；而在方案深入阶段又采用草图表现，以发挥其深入刻画之特点等。

6.5.2 风景园林建筑设计展示性表现

风景园林建筑设计展示性表现是指设计师针对阶段性的讨论，尤其是最终成果汇报所进行的方案设计表现。它要求该表现应具有完整明确、美观得体的特点，以保证把方案所具有的立意构思空间形象以及气质特点充分展现出来，从而最大限度地赢得评判者的认可。因此，对于展示性表现尤其是最终成果表现除了在时间分配上应予以充分保证外，尚应注意以下几点：

6.5.2.1 绘制正式图前要有充分准备

绘制正式图前应完成全部的设计工作，并将各图形绘出正式底稿，包括所有注字、图标、图题以及人、车、树等衬景。在绘制正式图时不再改动，以保障将全部力量放在提高图纸的质量上。应避免在设计内容尚未完成时，即匆匆绘制正式图，那么乍看起来好像加快了进度，但在画正式图时图纸错误的纠正与改动，将远比草图中的效率更低，其结果会适得其反，既降低了速度，又影响了图纸的质量。

6.5.2.2 注意选择合适的表现方法

图纸的表现方法很多，如铅笔线、墨线、颜色线、水墨或水彩渲染以及粉彩等。选择哪种方法，应根据设计的内容及特点而定。比如绘制一幅高层住宅的透视图，则采用线条平涂颜色或采用粉彩将比采用水彩渲染要合适。最初设计时，由于表现能力的制约，应相对采用一些比较基本的或简单的画法，如用铅笔或钢笔线条，平涂底色，然后将平面中的墙身、立面中的阴影部分及剖面中的被剖切部分等局部加深即可，亦可将透视图单独用颜色表现。总之，表现方法的提高也应按循序渐进的原则，先掌握比较容易和基本的画法，以后再去掌握复杂的和难度大的画法。

6.5.2.3 注意图面构图

图面构图应以易于辨认和美观悦目为原则。如一般习惯的看图顺序是从图纸的右上角向左下角移动，所以在考虑图形部位安排时，就要注意这个因素。又如在图纸中，平面主要入口一般都朝下，而不是按"上北下南"来决定。其他加注字、说明等的书写亦均应做到清楚整齐，使人容易看懂。

图面构图还要讲求美观。影响图面美观的因素很多，大致可包括：图面的疏密安排，图纸中各图形的位置均衡，图面主色调的选择，树木、人物、车辆、云彩、水面等衬景的配置，以及标题、注字的位置和大小等。这些都应在事前有整体的考虑，或做出小的试样，进行比较。在考虑以上诸点时，要特别注意图面效果的统一问题，因为这恰恰是初学者容易忽视的，如衬景画得过碎过多，或颜色缺少呼应，以及标题字体的形式、大小不当等，这些都是破坏图面统一的原因。总之，图面构图的安排也是一种锻炼，这种构图的锻炼有助于建筑设计的学习。

6.5.3 风景园林建筑设计文字性表达

这里我们讲述的文字性表达是指一般方案设计的文字说明。文字说明是在方案设计的图面表达基础之上，将设计过程中的一些相关问题，特别是在图纸无法完整表达的情况下，通过语言文字的形式表达出来，以便能够更完整准确地表达设计者的设计意图。

文字表达包括如下几点。

① 设计依据　列举设计任务的相关规定、城市规划部门的相关规划、业主的设计任务要求、与设计相关的法律法规等。

② 项目背景（工程概况）　表达清楚项目名称、项目性质、项目所在地理位置、用地范围、自然条件、人文条件、设计定位、设计目标。

③ 设计指导思想　指导思想要有一定的高度，充分体现出设计的前瞻性和领先性，如"以人为本"为根本出发点、功能与形式的有机结合、科学性与艺术性的结合、时代感与历史文脉并重、整体的环境观。

④ 设计原则　应紧贴设计对象的实际情况，将设计的要求落实到实处，如满足建筑使用功能要求的原则、满足人的心理需求的原则、满足形式美的原则、尽量实现艺术美的原则、满足文化认同的原则、满足结构的合理性的原则、与环境有机结合的原则。

⑤ 构思分析　将构思过程中的闪光点表达出来，如设计方案的灵感来源、设计的构思经过、方案的演变过程等。

⑥ 具体设计内容　有条理地将总图设计、功能设计、空间设计、交通设计、造型设计、细部设计、技术设计等设计内容阐述出来。

⑦ 经济技术指标　应准确地将建筑面积、建筑用地面积、建筑占地面积、容积率、绿化率、建筑层数、建筑密度、停车位等经济技术指标体现在设计成果之中。

需要注意的是，在大多数方案设计最终表达的成果中，文字表达一般要与图纸表达结合在一起，才能具有更好更直观的效果。

另外，目前实际工作中，建筑设计成果的表达多以文本的方式出现。根据我国相关建筑法规和管理规定，达到一定规模或性质的重要建筑工程，设计方案必须采取招投标的方式来确定。近年来，中国的建筑业随着经济的飞速发展而规模空前，许多重要的工程和设计项目的方案确定是通过国际、国内公开招标的方式选择。在评标的过程中，设计方提供的建筑方案投标成果就成为一个重要的信息载体，对中标与否起着举足轻重的作用。随着各种表达手段的介入，建筑方案投标成果由原来简单的图纸扩展为文本、模型、多媒体演示等多种手段并用，其中建筑设计方案投标文本一直以来是方案投标成果的主体，是设计者阐述创作理念、传递方案基本信息的主要载体。由于业主对设计作品的要求不断提高和设计创意个性化的加强，都促使设计师对文本内容和形式不断创新。此外，设计领域中计算机技术的普遍应用和设计分工的日趋细化使投标文本的包装制作逐渐专业化，文本内容日渐丰富翔实，文本的形式愈加独特美观。这种情况下，很多工作由提供技术支持的专业公司来完成。建筑师的任务转变为全面控制文本的最终效果。这样一来，设计师一方面可以在方案设计上投入更大的精力，另一方面可以借助各种手段充分传达设计信息。

中篇　风景园林建筑设计

第7章　风景园林建筑设计初步

　　图纸是表达任何工程设计的必不可少的工具。风景园林建筑工程除正式施工图以外，在设计过程中，还经常需要绘制各种具有艺术表现力的图纸，以便更形象地说明设计内容。

　　风景园林建筑图纸的表现方法有很多，本书将主要介绍图纸表达的初步基础。

　　在学习图纸表达技法之前，我们先介绍一幢建筑在图面上的表示，即平、立、剖面的概念。一幢建筑是由长、宽、高三个方向构成的一个立体的实物，称为三度空间体系。要在图纸上全面地、完整地、准确地表示它，只画一个图样是不够的，往往要画好几个图样，互相对照来看。下面以图7-1所示的一幢小建筑为例来说明：

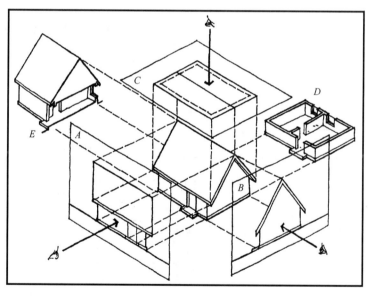

图 7-1　建筑的平面、立面、剖面

　　A 是从建筑正面看过去，画出来的图样称为正立面图；

　　B 是从建筑侧面看过去，画出来的图样称为侧立面图；

　　C 是从建筑顶上看下去，画出来的图样称为屋顶平面图；

　　D 要看到建筑里面的各个房间的形状大小相互关系，还需要假设将建筑物平行地面剖切一刀，取走上半部再朝下看，这样画出来的图样称为平面图；

　　E 垂直地面按建筑纵向剖切一刀，取走东半部分看过去，画出来的图样称为剖面图。复杂的、多层的建筑，往往要画出各个方向的立面、各层平面和若干个剖面。

7.1 风景园林建筑线条图表达

线条图要求所作的线条粗细均匀、光滑整洁、交接清楚，因为这类图纸是以明确的线条描绘建筑物形体的轮廓线来表达设计意图的，所以严格的线条绘制是它的主要特征。建筑平面图、立面图、剖面图、轴测图均是以线条图的形式表现出来，而实际上建筑的构成内容是有层次的，同样表达的中心和重要性也是有区别的，这就意味着单一的线条是无法完成建筑复杂内容的表达，因此需要运用不同宽度和不同类型的线条来对应不同内容的表达。线条的基本宽度 b，以及根据图样的复杂程度和比例大小选定不同的线宽组，见表7-1。

表 7-1　线宽组

线宽比	线宽组/mm					
b	2.0	1.4	1.0	0.7	0.5	0.35
$0.5b$	1.0	0.7	0.5	0.35	0.25	0.18
$0.25b$	0.5	0.35	0.25	0.18	—	—

图纸上不同粗细和不同类型的线条都代表一定的意义，见表7-2。

表 7-2　不同类型线条的含义

名称	线型	线宽	用　途
粗实线		b	1. 平、剖面图被剖切的主要建筑构造的轮廓线 2. 建筑立面图或室内立面图的外轮廓线 3. 建筑构造详图中被剖切的主要部分的轮廓线 4. 建筑构造详图中的外轮廓线 5. 平、立、剖面图的剖切符号
中实线		$0.5b$	1. 平、剖面图被剖切的次要建筑构造的轮廓线 2. 建筑平、立剖面图中的建筑构配件的轮廓线 3. 建筑构造详图及建筑配件详图中的一般轮廓线
细实线		$0.25b$	小于 $0.5b$ 的图形线、尺寸线、尺寸界线、图例线、索引符号、标高符号、详细材料做法引出线等
中虚线		$0.5b$	1. 建筑构造详图及建筑构配件详图中不可见的轮廓线 2. 拟扩建的建筑物轮廓线
细虚线		$0.25b$	小于 $0.5b$ 的不可见轮廓线
细单点划线		$0.25b$	中心线、对称线、定位轴线
折断线		$0.25b$	不需画全的断开界线
波浪线		$0.25b$	1. 不需画全的断开界线 2. 构造层次的断开界线

7.1.1　线条图的工具使用和作图要领

使用绘图工具（丁字尺、圆规、三角板等）工整地绘制出来的图样称为工具线条图，它又可以分为铅笔线条图和墨线线条图两种，主要是使用不同绘图工具区分。

7.1.1.1　常用绘图工具（图7-2）

是最常用的工具线条图绘图的工具，使用前必须擦干净，使用的要领是（图7-3、图7-4）：

① 丁字尺尺头要紧靠图板左侧，它不可以在图板的其他侧向使用；

② 三角板必须紧靠丁字尺尺边，角向应在画线的右侧；

③ 水平线要用丁字尺自上而下移动，笔道由左向右；

④ 垂直线要用三角板由左向右移动，笔道自下而上。

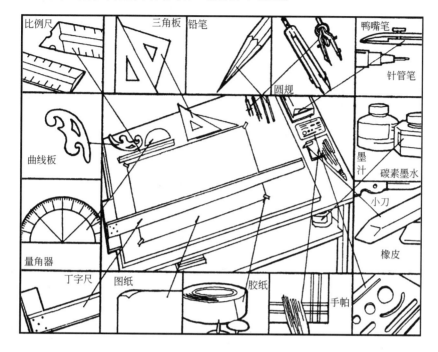

图 7-2　常用绘图工具

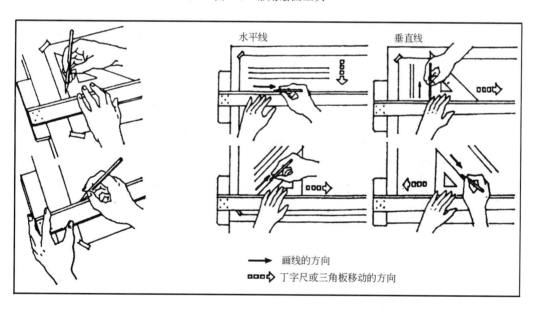

图 7-3　丁字尺和三角板的配和使用

7.1.1.2　丁字尺和三角板

7.1.1.3　圆规和分规（图7-5）

7.1.1.4　比例尺

三棱尺有六种比例刻度，片条尺有四种，它们还可以彼此换算。比例尺上刻度所注的长

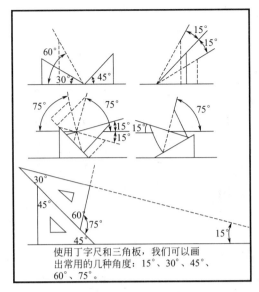

图 7-4　三角板的搭配使用

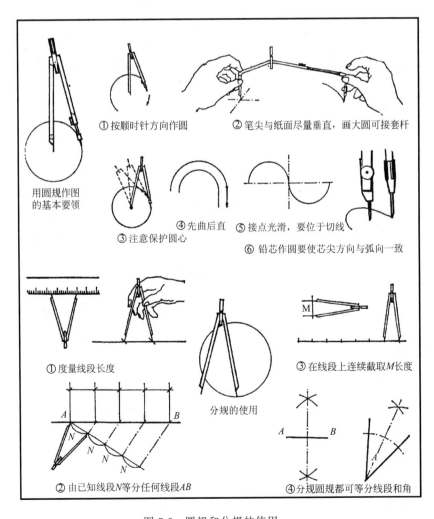

图 7-5　圆规和分规的使用

度，就代表了要度量的实物长度，如1∶100比例尺上1m的刻度，就代表了1m长的实物。因为实际尺上的长度只有10mm即1cm，所以用这种比例尺画出的图形上的尺寸是实物的1/100，它们之间的比例关系是1∶100（图7-6、图7-7，表7-3、表7-4）。

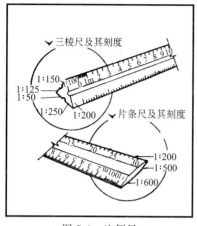

图7-6　比例尺

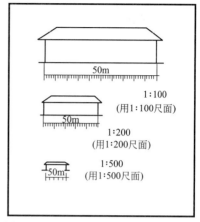

图7-7　用不同的比例尺画出同一建筑

表7-3　各类建筑图常用比例尺

图样名称	比例尺	代表实际长度/m	图上线段长度/mm
总平面图或地段图	1∶1000	100	100
	1∶2000	500	250
	1∶5000	2000	400
平面图、立面图和剖面图	1∶50	10	200
	1∶100	20	200
	1∶200	40	200
细部大样图	1∶20	2	100
	1∶10	3	300
	1∶5	1	200

表7-4　比例尺尺面换算

比例尺	比例尺上读数/m	比例尺上长度/mm	代表实际长度/m	换算比例尺	比例尺上读数/m	代表实物长度/m
1∶100	1	10	1	1∶1000	1	10
				1∶500	1	5
				1∶200	1	2
1∶500	10	20	10	1∶250	10	5
1∶1500	10	7.6	10	1∶3000	10	20

7.1.2　运笔和线条

7.1.2.1　铅笔、铅笔线

铅笔线条是一切建筑表现的基础，通常多用于起稿和方案草图。铅笔线条要求画面整洁、线条光滑、粗细均匀、交接清楚（图7-8）。

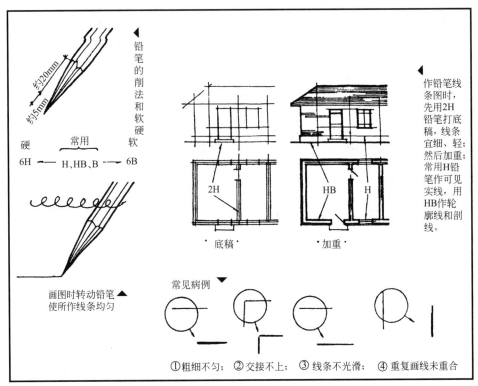

图 7-8　铅笔线条绘制方法

7.1.2.2　直线笔、针管笔和墨线线条

　　直线笔用墨汁或绘图墨水，色较浓，所绘制的线条亦较挺；针管笔用碳素墨水，使用较方便，线条色较淡。直线笔又名鸭嘴笔，使用时要保持笔尖内外侧无墨迹，以免洇开；上墨水量要适中，过多易滴墨，过少易使线条干湿不均匀（图 7-9）。

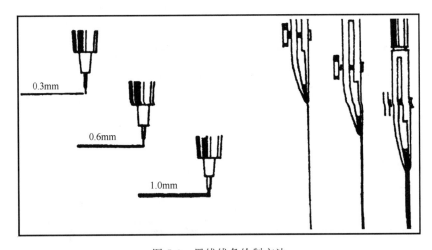

图 7-9　墨线线条绘制方法

　　用直线笔画线时，笔尖正中要对准所画线条，并与尺边保持一微小的距离；运笔时要注意笔杆的角度，不可使笔尖向外斜或向里斜；行进的速度要均匀；此外，还要注意笔尖上墨后要揩擦干净，上墨量要适当；线条交接处要准确、光滑。

为提高工具线条图（包括铅笔和墨线）制图效率，减少差错，可参考下列作图顺序：

① 先上后下、丁字尺一次平移而下；

② 先左后右、三角板一次平移而右；

③ 先曲后直、用直线容易准确地连接曲线；

④ 先细后粗、铅笔粗线易污图面，墨线粗线不容易干，先画细线不影响制图进度。

7.1.3 字体写法简介

文字和数字是图纸的重要组成部分，要求工整、美观、清晰、易辨认。

7.1.3.1 汉字——仿宋字和黑体字

仿宋字是由宋体字演变而来的长方形字体，它笔画匀称明快，书写又比较方便，因而是工程图纸的最常用字体。黑体字又称黑方头，为正方形粗体字，一般常用作标题和加重部分的字体（图7-10、图7-11）。

建筑工程制图仿宋字练习一二三四五六七
八九十甲乙丙丁戊己庚辛东西南北内外上
下正背平立剖面总图灰沙泥瓦石木混凝土
构造施工放样电力照明分配排水卫生供热
采暖通风消防声比例公尺分厘毫米直半径
材料表格单元管道断裂吊装标号强度孔洞
位置梁板柱框基础屋架坡度墙身抹灰修窗
油漆毡垫层护脊天沟雨落漏斗挑檐台阶栏
杆扶手踏楼梯玻璃厚刷压光色彩剔除凿处
理填挖支撑杆件体系炉鼓风气煤泵套筒冷
冻塔洗盆厂房生活区宿舍办公食堂影剧院

图7-10 仿宋字

① 字体格式 仿宋字一般高宽比为3：2；字间距约为字高的1/4，行距为字高的1/3。为使字体排列整齐，书写大小一致，事先应在图纸适当的位置上用铅笔淡淡地打好方格，按上述各项格式留好字体的数量和大小位置，再进行书写（图7-12）。

② 字体笔画 仿宋字的笔画要横平竖直，注意起落。常用笔画见图7-13。

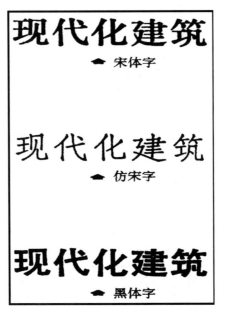

图 7-11　不同字体比较

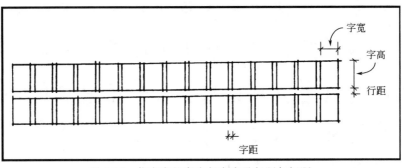

图 7-12　仿宋字的高度与宽度及行距与间距

横：	―	―	撇：	丿		钩：	亅	⌐
竖：	丨		捺：	乀		折：	⌐	
点：	丶	丷	挑：	乚	乚	丿	提：	乀	

图 7-13　仿宋字常用笔画

仿宋字主要运笔特征见图 7-14。

③ 字体结构　一个字体，特别是汉字，如同一个图案，各种笔画要正确布置，形成一个字的完美的结构，其关键是各个笔画的相互位置。必须做到：各部分大小长短间隔合乎比例；上下左右匀称；各部分的笔画疏密要合适（图 7-15）。

为了使字体排列整齐匀称，满型的字体如"图"、"醒"等须略小些，而笔画少的字体如"一"、"小"等需略为大些（图 7-16）。这样统观起来效果较好。

 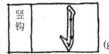 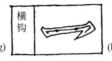 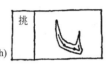

横 (a)	竖 (b)	撇 (c)	捺 (d)
横可略斜，运笔起落略顿，使尽端成三角形，但应一笔完成	竖要垂直，有时可向左略斜，运笔同横	撇的起笔同竖，但是随斜向逐渐变细，而运笔也由重到轻	捺与撇相反，起笔轻而落笔重，终端稍顿再向右尖挑

点 (e)	竖钩 (f)	横钩 (g)	挑 (h)
点笔起笔轻而落笔重，形成上尖下圆的光滑形象	竖钩的竖同竖笔，但要挺直，稍顿后向左上尖挑	横钩由两笔组成，横同横笔，末笔应起重落轻，钩尖如针	运笔由轻到重再轻，由直转弯，过渡要圆滑，转折有棱角

图 7-14　仿宋字主要运笔特征

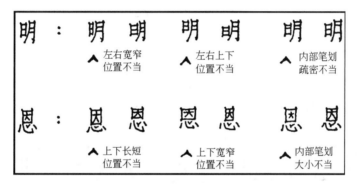

图 7-15　仿宋字结构

7.1.3.2　拉丁字母

拉丁字母的书写，同样要注意笔画的顺序和字体结构，只不过它们曲线较多，运笔要注意光滑圆润（图 7-17）。

7.1.3.3　数字字型

在图面上常采用阿拉伯字母，字体可直写，也可 75°斜写。数字 1 比其他 9 个数字的笔画少字型窄，它所占的字格宽度小于其他字型（图 7-18）。

在一幅图纸上，无论是书写汉字、数字或外文字母，其变化的类型不宜多。有的学生在图面上，甚至在一个说明和同一标题上，也变化字体，往往使图面零乱而不统一。至于自己"发明"的简化字和奇形怪状的字，都要予以禁止。

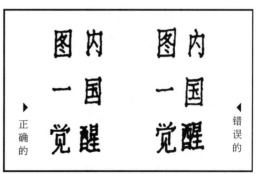

图 7-16　仿宋字结构

字体练习，要持之以恒。要领并不复杂，但要掌握它熟练它，却需要严格、认真、反复和刻苦，要善于利用一切机会来练习，做到熟能生巧。

图 7-17　常用字母写法

图 7-18　常用数字写法

7.2　风景园林建筑水墨图表达

水墨渲染是表现建筑形象的基本技法之一。它是用水来调和墨，在图纸上逐层染色，通过墨的浓、淡、深、浅来表现对象的形体、光影和质感。

7.2.1　工具和辅助工作

7.2.1.1　纸和裱纸

渲染图应采用质地较韧、纸面纹理较细而又有一定吸水能力的图纸。热压制成的光滑细面的纸张不易着色，又容易破损纸面，因而不宜用作渲染。由于渲染需要在纸面上大面积地涂水、纸张遇湿膨胀、纸面凹凸不平，所以渲染图纸必须裱糊在图板上方能绘制。

裱纸的方法和步骤如图 7-19 所示。

在图纸裱糊齐整后，还要用排笔继续轻抹折边内图面使其保持一定时间的润湿，并吸掉

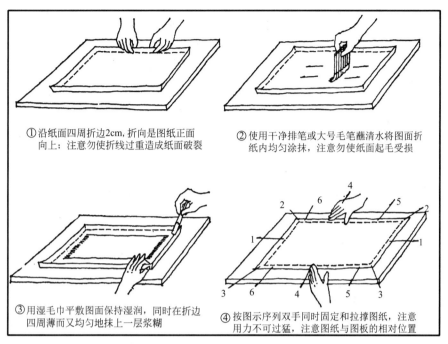

①沿纸面四周折边2cm，折向是图纸正面向上；注意勿使折线过重造成纸面破裂

②使用干净排笔或大号毛笔蘸清水将图面折纸内均匀涂抹，注意勿使纸面起毛受损

③用湿毛巾平敷图面保持湿润，同时在折边四周薄而又均匀地抹上一层浆糊

④按图示序列双手同时固定和拉撑图纸，注意用力不可过猛，注意图纸与图板的相对位置

图 7-19　裱纸的方法和步骤

可能产生的水洼中的存水，将图板平放阴干图纸。如果发生局部粘贴折边脱开，可用小刀蘸抹浆子伸入裂口，重新粘牢；同时可用钢笔管沿贴边四周滚压。假如脱边部分太大，则须揭下图纸，重新裱糊。

7.2.1.2　墨和滤墨

水墨渲染宜用国产墨锭，最好是徽墨，一般墨汁、墨膏因颗粒大或油分多均不适用。墨锭在砚内用净水磨浓，然后将砚垫高，用一段棉线或棉花条用净水浸湿，一端伸向砚内，一端悬于小碟上方，利用毛细作用使墨汁过滤后滴入碟内。过滤好的墨可储存入小瓶内备用，但须密闭置于阴凉处，而且存放时间不能过长，以免沉淀或干涸。

7.2.1.3　毛笔和海绵

渲染需备毛笔数支，使用前应将笔化开、洗净；使用时要注意放置，不要弄伤笔毛，用后要洗净余墨甩掉水分套入笔筒内保管。切勿用开水烫笔，以防笔毛散落脱胶。此外还要准备一块海绵，渲染时作必要的擦洗、修改之用。

7.2.1.4　图面保护和下板

渲染图往往不能一次连续完成。告一段落时，必须等图面晾干后用干净纸张蒙盖图面，避免沾落灰尘。

图面完成以后要等图纸完全干燥后才能下板，要用锋利的小刀沿着裱纸折纸以内的图边切割，为避免纸张骤然收缩扯坏图纸，应按切口顺序依次切割，最后取下图纸（图 7-20）。

7.2.2　运笔和渲染方法

7.2.2.1　运笔方法

渲染的运笔方法大体有三种：

① 水平运笔法　用大号笔作水平移动，适

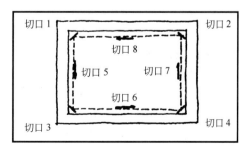

图 7-20　图纸下板的方法

宜作大片渲染，如天空、地面、大块墙面等。

　　② 垂直运笔法　宜作小面积渲染，特别是垂直长条；运笔一次的距离不能过长，以避免上墨不均匀，同一排中运笔的长短要大体相等，防止过长的笔道使墨水急骤下淌。

　　③ 环形运笔法　常用于退晕渲染，环形运笔时笔触能起搅拌作用，使后加的墨水与已涂上的墨水能不断地均匀地调和，从而使图面有柔和的渐变效果（图7-21）。

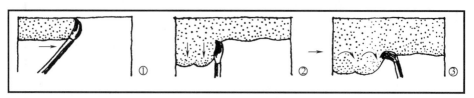

图 7-21　水墨表达时运笔的方法

7.2.2.2　注意事项（图7-22）

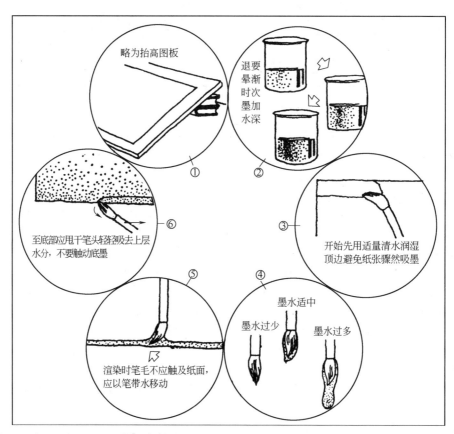

图 7-22　水墨表达时的注意事项

7.2.2.3　大面积渲染方法

　　① 平涂法　表现受光均匀的平面。

　　② 退晕法　表现受光强度不均匀的面或曲面，如天空、地面、水面的远近变化以及屋顶、墙面的光影变化；作法可由深到浅或由浅到深。

　　③ 叠加法　表现需细致、工整，刻画的曲面如圆柱；事先将画面按明暗光影分条，用同一浓淡的墨水平涂，分格逐层叠加（图7-23）。

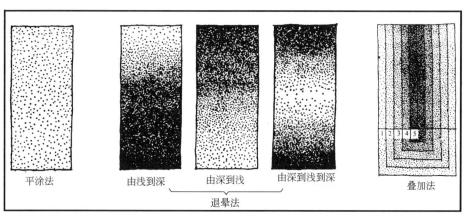

图 7-23　大面积渲染方法

7.2.3　光影分析和光影变化的渲染

7.2.3.1　光线的构成及其在画面上的表示

建筑画上的光线定为上斜向 45°，而反光为下斜向 45°。它们在画面上（即平、立面）的光向表示分别见图 7-24。

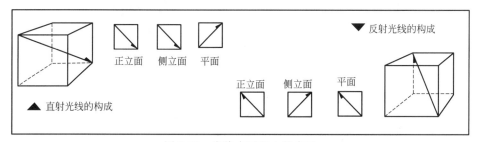

图 7-24　光线在画面上的表示

7.2.3.2　光影变化

物体受直射光线照射后分别产生受光面、阴面、高光、明暗交界线以及反光和反影（图 7-25）。

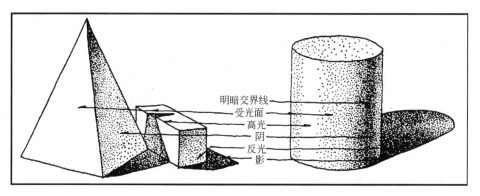

图 7-25　光影变化

7.2.3.3　光影分析及其渲染要领

① 面的相对明度　建筑物上各个方向的面，由于其承受左上方 45°。光线的方向不同而产生不同的明暗，它们之间的差别叫相对明度。深入渲染时，要把它们的差别做出来。

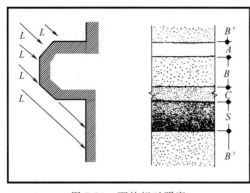

——面 A 受到最大的光线强度，它根据整个图面的要求或不渲染上色，或略施淡墨；

——面 B 和 B′是垂直墙面，它是次亮部分，渲染时应留下 A 面部分，作墙体本色的明度；因为 B′面位置略远于 B，所以在相对明度上还有些差别，它可以渲染得比 B 略深些；

——面 C 是没有受到光线，我们可以把它看成是阴面而加深；

——面 S 部分处在影内，是最暗的部分，渲染时应做得较深。因为反光的影响，S 面越往下越深，可用由浅到深退晕法渲染（图 7-26）。

图 7-26　面的相对明度

② 反光和反影　建筑物除承受日光等直射光线外，还承受这种光线经由地面或建筑邻近部位的反射光线。反光使得光影变化更为丰富，如立面中受光面 B，其下部反光较强，因而有由上到下的退晕；影面 S 上部受 L_2 的照射，也有由较深到深的退晕变化（图 7-27）。

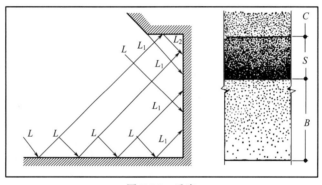

图 7-27　反光

反光产生反影。如影面 S 中凸出部分 P，它受遮挡不承受 L 光，但地面反射来的 L_1 光使它在 S 面的影内又增加了反影。反影的形成方向与影相反。它的渲染往往在最后阶段，以取得画面画龙点睛的效果（图 7-28）。

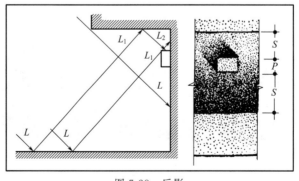

图 7-28　反影

③ 高光和反高光　高光是指建筑物上各几何形体承受光线最强的部位，它在球体中表现为一块小的曲面，在圆柱体中是一条窄条，在方体中是迎光的水平和垂直两个面的棱边（图 7-29）。

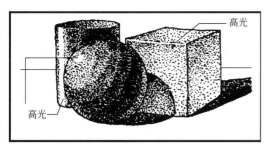

图 7-29　几何体上的高光

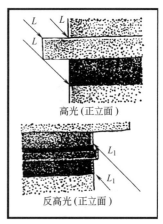

图 7-30　高光和反高光

　　正立面中的高光，表示在凸起部分的左棱和上棱边，但处于影内的棱边无高光。反高光则在右棱和下棱边，处于反影内也无反高光（图 7-30）。

　　高光和反高光，如同阴影一样，在绘制铅笔底稿时就要留出它的部位。渲染时，高光一般都不着色；反高光较高光要暗些，故在渲染阴影部分逐层进行一、两遍后，也要留出其部位再继续渲染。

　　④ 圆柱体的光影分析和渲染要领　在平面图上等分半圆，由 45°直射光线可以分析各小段的相对明度，它们是：

　　a. 高光部位，渲染时留空；

　　b. 最亮部位，渲染时着色一遍；

　　c. 次亮部位，渲染时着色二至三遍；

　　d. 中间色部位，渲染时着色四至五遍；

　　e. 明暗交界线部位，渲染时着色六遍；

　　f. 阴影和反光部位，阴影五遍反光一至三遍。

　　如果等分得越细，各部位的相对明度差别也就更加细微，柱子的光影转折也就更为柔和。采用叠加法，按图 7-31 标明的序列在柱立面上分格逐层渲染。分格渲染时，它的边缘可用干净毛笔醮清水清洗，使分格处有较为光滑的过渡。

　　⑤ 檐部半圆线脚的渲染　它相当于水平放置的 1/4 半圆柱体，可仿照圆柱体的光影分析和渲染方法进行。但应考虑到地面和其他线脚的反光，一般较圆柱体要稍微亮些（图 7-32）。

7.2.4　水墨渲染

　　在裱好的图纸上作完底稿后，先用清水将图面清洗一遍，干后即可着手渲染。一般可以有分大面、做形体、细刻画、求统一等几个步骤。

　　为了使渲染过程中能对整个画面素描关系心中有底，也可以事先作一张小样，它主要是总体

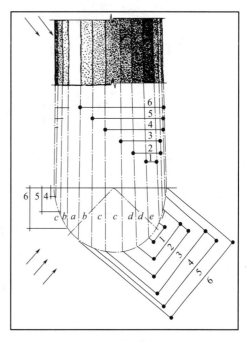

图 7-31　圆柱体的光影

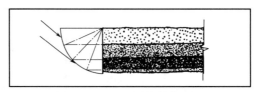

图 7-32   1/4   圆柱体的光影

效果——色调、背景、主体、阴影，几大部分的光影明暗关系，而细部推敲则可从略。小样的大小视正式图而定，可以做成水墨的，也可以用铅笔或碳笔做成渲染效果。

下面分别概述各渲染步骤的要求。

7.2.4.1   分大面

① 区分建筑实体和背景；

② 区分实体中前后距离较大的几个平面，注意留出高光；

③ 区分受光面和阴影面。

这一步骤主要是区分空间层次，重在整体关系。由于还有以下几个步骤，所以不宜做到足够的深度。例如背景，即使要作深的天空，至多也只能渲染到六七分程度，以待实体渲染得比较充分以后，再行加深。这是留有相互比较和调整的余地的做法（图 7-33）。

7.2.4.2   做形体

在建筑实体上作各主要部分的形体，它们的光影变化，受光面和阴影面的比较。无论是受光面还是阴影面，也不要做到足够深度，只求形体能粗略表现出来就可以了，特别是不能把亮面和次亮面做深（图 7-34）。

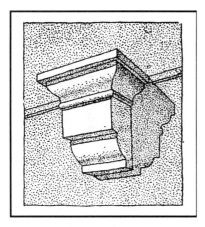

图 7-33   步骤一

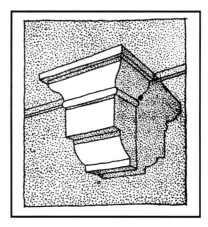

图 7-34   步骤二

7.2.4.3   细刻画（图7-35）

① 刻画受光面的亮面、次亮面和中间色调并要求做出材料的质感；

② 刻画像圆柱、檐下弧形线脚、柱础部分的圆盘等曲面体，注意做出高光、反光、明暗交界线；

③ 刻画阴影面，区分阴面和影，注意反光的影响，注意留出反高光。

7.2.4.4   求统一

由于各部分经过深入刻画，渲染的最后步骤要从画面整体上给明暗深浅以统一和协调。

① 统一建筑实体和背景，可能要加深背景（图 7-36）；

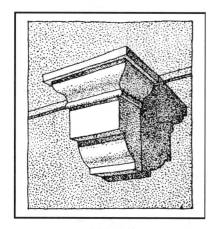

图 7-35　步骤三

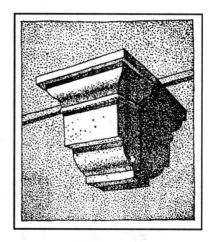

图 7-36　步骤四

② 统一各个阴影面，例如处于受光面强烈处而又位置靠前的明暗对比要加强，反之则要减弱；靠近地面的由于地面反光阴影要适当减弱，反之则要加强等；

③ 统一受光面，位于画面重点处要相对亮些，反之要暗一些；

④ 突出画面重点，用略为夸张的明暗对比、可能有的反影、模糊画面其他部分等方法来达到这一目的；它属于渲染的最后阶段，又称画龙点睛；

⑤ 如果有树木山石、邻近建筑等衬景，也宜在最后阶段完成，以衬托建筑主体。

7.2.5　水墨渲染常见病例

水墨渲染过程中常易出现一些缺陷，原因是：

① 辅助工作没有做好，如裱纸不平、滤墨不干净、墨有油渍等；

② 渲染过程中不细致或不得要领，如加墨不均匀、运笔不当、水分过多或过少等；

③ 其他偶然因素，如滴墨。

缺陷往往是难免的，但事先应尽量加以预防；一旦造成缺陷，思想情绪上不要失望和丧失信心，而应积极补救。一般补救的办法是等图面干了以后，用海绵作局部擦洗，再重新渲染。如有的缺陷（如干湿不匀、画出边框等）发生在刚开始渲染不久，整个画面色调较浅，亦可以暂时不去管它继续渲染，后加的较深层次往往可将缺陷覆盖。

7.3　风景园林建筑钢笔徒手画表达

徒手画是设计专业学生必须尽早掌握的表现技巧，其特点：

① 用途广泛　搜集资料、设计草图、记录参观等都离不开运用徒手画，它还可作初步设计的表现图。

② 工具简便　携带和使用方便的形形色色的笔，都可用来做徒手画。其中经过处理即笔尖弯过的钢笔，以及塑料自来水毛笔，还可以做出一定粗细变化的线条。

③ 便于保存　初学者经常练习徒手画，还十分有助于提高对建筑物及其周围环境的观察、分析和表达的能力。本节主要介绍钢笔徒手画的画法。

7.3.1　钢笔画的特点

钢笔画是用同一粗细（或略有粗细变化）、同样深浅的钢笔线条加以叠加组合，来表现建筑及其环境的形体轮廓、空间层次、光影变化和材料质感。要作好一幅钢笔画，必须：钢笔线条要美观、流畅；线条的组合要巧妙，要善于对景物深浅作取舍和概括。

7.3.1.1　钢笔线条的技法要领

学习钢笔画的第一步，要作大量各种线条的徒手练习，这样才能熟能生巧。一个设计专业的学生应该经常利用一些零碎时间来做线条练习，这也就是所谓练手。

7.3.1.2　钢笔线条的组合

各种线条的组合和排列产生不同的效果，其原因是线条方向造成的方向感和线条组合后残留的小块白色底面给人以丰富的视觉印象。因此，在钢笔画中可以选择它们表现建筑及其环境的明暗光影和材料质感（图7-37、图7-38）。

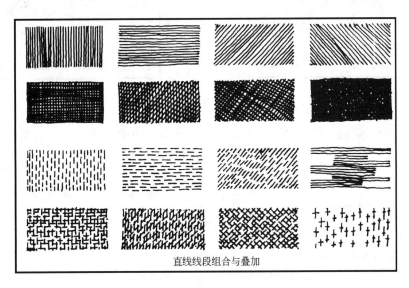

图 7-37　直线组合与叠加

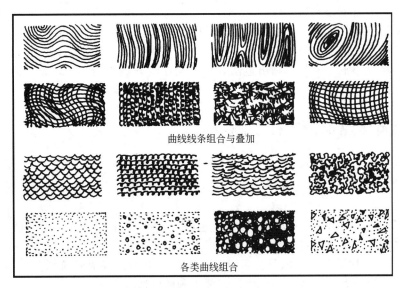

图 7-38　曲线组合与叠加

由于线条的曲直、长短、方向、组合的疏密、叠加的方式都各不相同，因而它们的排列组合有着千变万化的形式，说明了钢笔线条虽然只有一种粗细，一种深度，但却很有表现力。

7.3.2 钢笔线条的表现力

7.3.2.1 用钢笔线条组合表现光影变化——退晕

直线、曲线、点或小圈的组合或叠加，都可以表现光影效果（图7-39）。在选择它们时应注意：

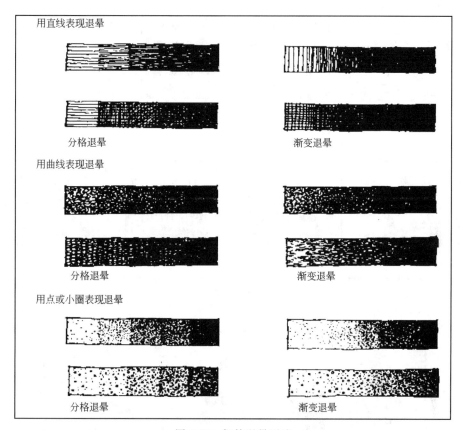

图 7-39 钢笔退晕画法

① 要根据光影变化来组织线条组合的疏密，造成由明到暗、由浅到深的效果；

② 要根据不同材料的表面特征和质地来选择恰当的线条组合，如草地宜取连续的细曲线，平坦的表面宜取直线，石块或抹灰墙面宜取直线或散点等，用光影变化来进一步丰富视觉印象；

③ 在同一画面中，同一类型的表面，其光影变化采取的线条组合方式，要尽量统一，否则会使画面不协调，并会失去光影效果。

7.3.2.2 用钢笔线条组合表现不同材料的质感（图7-40）

例如，用钢笔线条表现砖墙陶瓦。由于砖瓦都是横向层层叠加，所以线条在水平方向应予以加强；而线条的方向和砖瓦块的透视方向要取得一致，这样既能在整体上获得面的转折效果，又有助于表现砖瓦的材料特征（图7-41）。

7.3.2.3 用钢笔线条表现衬景

树木和山石树木是建筑画中重要的一项衬景（图7-42、图7-43）。用钢笔画树，除了必须准确地掌握树木的造型特点，还要使线条与树木的特征相协调。例如针叶树（松柏）可用线段排列表现树叶，而阔叶树则可用成片成块的面来表现树叶。需要注意的是，不论何种树

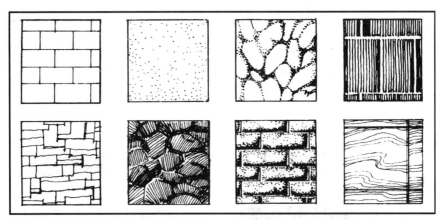

图 7-40　质感表现

图 7-41　屋面表现

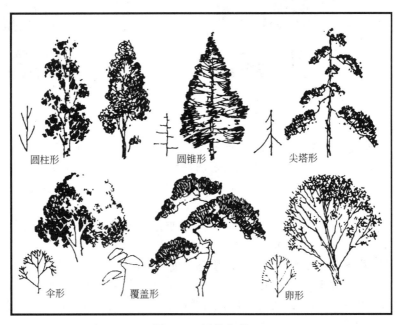

图 7-42　树的表现

木，其画法应该和建筑主体的画法相统一。

　　① 远景树　无须区分枝叶乃至树干，只需做出轮廓剪影；整个树丛可上深下浅、上实下虚，以表示大地的空气层所造成的深远感（图 7-44）。

图 7-43　石的表现

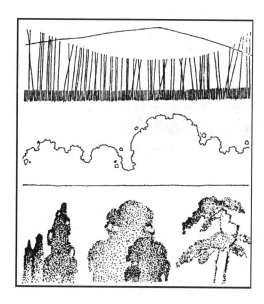

图 7-44　远景树的表现

图 7-45　近景树的表现

　　② 近景树　应比较细致地描绘树枝和树叶，特别是树叶的画法，各个树种有明显的不同（图 7-45）。

　　③ 树木的程式化　画法很多，在建筑画中用的也很广。由于它简练而又图案式的表现，更需要选择合适的线条及其组合，以表现夸张了的树木造型（图 7-46、图 7-47）。

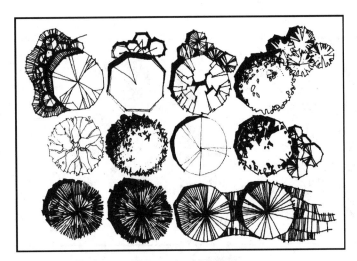

图 7-46　平面树的表现

图 7-47　立面树的表现

7.3.3　钢笔徒手画的几种不同表达

　　单线白描的表达常用于参观记录和搜集资料，尤其是建筑局部和一些在结构构造上值得细致表现的建筑，用这种画法比较合适。它要求轮廓清楚、线条流畅准确、形体交待明确。初学者应经常反复地练习，掌握这种画法。

　　比较写实的画法如图 7-48 所示的两栋住宅。它们的共同点是钢笔线条形成了黑、白、灰三大部分色调，其区别是：上图比较细致，黑、白、灰色调层次较多，如屋顶，几乎每一块屋顶面的明暗都不同；又如树叶、门窗洞，同是暗面部分，深浅也有差别。下图则比较简练，线条的组织更加概括一些，因而黑、白、灰的层次少些，除了门窗的黑色调，只有屋顶、阴影等很少一些灰色调。

　　钢笔画的画法很多，应根据一定的用途和描绘对象的特点加以选择。无论何种画法都要注意：

　　① 概括光影变化，减少明暗层次，特别是各种灰色调要善于取舍；

图 7-48　两栋住宅的钢笔线条表现

② 选择恰当的线条组合来表现黑、白、灰的层次。

7.4　风景园林建筑水彩渲染图表达

7.4.1　色彩的基本知识

所谓色彩，即指光刺激眼睛再传到大脑视觉中枢而产生的一种感觉。一般来说，大千世界中众多的色彩，归纳起来主要可以分为无彩色系统与有彩色系统两大系列。其中无彩色系列是指黑白灰色，其特征只有一个——明度。它可在黑白世界中组成高、中、低调，是素描造型的关键；而有彩色系列是指黑白灰以外的所有色彩，包括红、橙、黄、绿、青、蓝、紫等千万种颜色，其特征却有三个——即色相、明度与纯度，而这样三个特征在色彩学中又称之为色彩的三个基本属性，简称为色彩的三属性（图 7-49）。

① 色相　即指色彩的相貌，它是色彩最显著的重要特征。

② 明度　即指色彩的明暗程度。明度最高的是理想中的白色，明度最低的是理想中的黑色。黑白两色之间可按不同的灰度排列来显示色彩的差别，而有彩色的明度是以无彩色的明度为基础来识别的。

③ 纯度　即指色彩的纯净程度。它表示颜色中所含有色成分的比例，若比例越大，则色彩纯度越高；若比例愈小，则色彩纯度愈低；在实际应用中，它又被称之为彩度与饱和度等。

色彩的以上三个属性是识别色彩定性与定量的标准，也是识别成千上万种颜色的科学总结。在一切色彩现象中都含有这三个要素，它们不能单独孤立地存在，只要其中有一个要素发生变化，同时必然引起其他两个要素相应地发生变化。

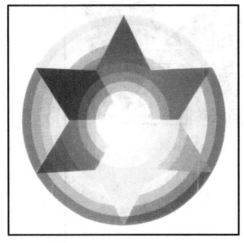

图 7-49　色彩的明度与纯度

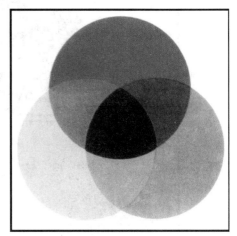

图 7-50　三原色

7.4.1.1　颜色的色相

色彩学上称间色与三原色之间的关系为互补关系。意思是指某一间色与另一原色之间互相补足三原色成分。例如，绿色是由黄加蓝而成，红色则是绿色的互补色，橙色是由红加黄而成，蓝色则补足了三原色；紫色是由红加蓝而成，黄色则是紫色的互补色。如果将互补色并列在一起，则互补的两种颜色对比最强烈、最醒目、最鲜明：红与绿、橙与蓝、黄与紫是三对最基本的互补色。在色轮中颜色相对应的颜色是互补色，它们之间的色彩对比最强烈。

绘画用的颜料有各种颜色的差别，称为色相。红、黄、蓝三种颜色可以互相调配，如红＋黄＝橙；黄＋蓝＝绿；蓝＋红＝紫。红、黄、蓝称为原色，橙、绿、紫称为间色。间色彼此调配，如橙＋绿＝黄灰、绿＋紫＝蓝灰、紫＋橙＝红灰。黄灰、蓝灰、红灰称为复色，也叫再间色（图7-50）。

图 7-51　剖开的色球体

组成间色的两种颜料比例可以不同，如红＋橙＝红橙，实际上相当于3/4的红颜料和1/4的黄颜料调配，所以红橙也叫间色。复色都含有不同比例的三种原色，如黄灰可以看成是1/2黄色、1/4蓝色和1/4红色的调配。因此，复色中所含原色成分更换不同的比例，可以得到很多种有细微差别的灰色（图7-51）。

按照光谱分析，黑色和白色本身不是色彩。白色是物质对光谱中色光的全部反射。黑色是全部吸收，所以黑、白又称极色。普通绘画颜料三原色混合起来，或者两种原色构成的间色与另一种原色混合起来，都可以调成黑色。但颜料调不出白色。这种在颜料中可以混合成黑色的某一间色和另一原色，就互称补色。例如红色与绿色就互为补色关系。补色又称对比色。而间色与混合成它自己的两种原色，因为在色谱上相邻近，它们之间就互称调和色。

7.4.1.2 色彩的感觉

即指色彩所带给人们的心理感受，其内容包括以下几个方面。

① 冷暖感 一般来说，红、橙、黄色常常使人联想到火焰的热度，因此有温暖的感觉；蓝、蓝绿、青色常常使人联想到冰雪，因此有寒冷的感觉。因此，凡是带红、橙、黄的色调都带暖感，凡是带蓝、蓝绿、青的色调都带冷感。另外，色彩的冷暖与明度、纯度也有关。高明度的色一般具有冷感，低明度的色彩一般具有暖感；高纯度的色具有暖感，低纯度的色具有冷感；无彩色的白色是冷色，黑是暖色，灰为中性。

② 轻重感 色彩的轻重感主要由明度决定，明度高的色彩感觉轻，明度低的色彩感觉重。白色最轻，黑色最重。低明度基调的配色具有重感，高明度基调的配色具有轻感。

③ 软硬感 色彩的软硬感与明度、纯度都有关。凡是明度较高的含灰色系具有软感，凡是明度较低的含灰色系具有硬感，纯度越高越具有硬感，纯度越低越具有软感。

④ 强弱感 色彩的强弱感与知觉度有关。高纯度色具有强感，低纯度色具有弱感。有彩色系比无彩色系强，而在有彩色系中又以红色为最强。

⑤ 体量感 从体量感的角度来看，色彩可以分为膨胀色与收缩色。同样面积的色彩，有的看起来大一些，有些则小些。明度和纯度高的色看起来面积膨胀，而明度和纯度低的色则看起来面积收缩。

⑥ 距离感 在相同距离观察色彩时，色彩又可分为前进色与后退色。而色相对色彩的进退、伸缩感影响最大，一般暖色具有前进感，冷色具有后退感；明亮色具有前进感，深暗色具有后退感；纯度高的为前进色，纯度低的为后退色。

7.4.1.3 色彩的变化

色彩的变化是指光源色、固有色和环境色。

① 光源色 即指光源本身的颜色，例如阳光是白色的，白炽灯是黄色的等。而没有光就没有色彩，光源色是构成物体色彩的决定因素，若其发生变化，物体的色彩也会相应地发生变化。在建筑画中，光源主要有两种，即阳光与灯光，如绘制建筑外观表现图则以阳光为光源色，绘制夜景与人工照明的室内环境表现图则以灯光为光源色。另外在一年之中还有季节的更替，全天之内也有朝暮之分，就是阳光的色彩也是会发生变化的。至于灯光的光源，其颜色更是五光十色。

② 固有色 即指物体本身的颜色，严格地说固有色是不存在的，这是由于物体的颜色是其吸收与反射色光的能力所呈现的：反射的红光多，物体就呈红色；反射的绿光多，则呈现绿色等。而即使在同一色光照射下，由于照度不同，物体的固有色也会发生变化。通常照度越强物体固有色越浅，反之物体固有色则越深。

③ 环境色 即指周围环境对物体固有色的影响，它又被称为条件色。当物体受光源照射时就会吸收一部分色光，反射另一部分色光，当反射的光投射到邻近物体上时，就会使其固有色发生变化，色彩也就会变得更为丰富。然而在建筑画中，环境色对建筑的影响远不如光源色与固有色那样明显，多数情况下都是处于从属地位。当然在特殊情况下也有例外，如镜面玻璃与抛光不锈钢等，其环境色的反映就非常明显。

通过对光源色、固有色与环境色的相互关系及物体的色彩变化规律的研究，从而为今后研究所有色彩关系打下坚实的基础。

7.4.2 水彩渲染的工具和材料

7.4.2.1 颜料

用于水彩渲染的颜料就是普通的水彩画颜料。若从水彩颜料的合成与形式看，水彩颜料分为有机物（含碳的植物性和动物性）与无机物（金属矿物质）两类，且以研磨成极细的粉状颜料加甘汕（缓蒸发）、树胶（黏着剂）、福尔马林（甲醛，防腐）结合而成。在形式上，有一般的干块状颜色，装在带调色格子的盒中，一种为画水彩画用的干块色，是用锡纸包好嵌放在铁质调色盒内，可以经久不变质。另一种为常见的锡管装水彩色，使用方便，易于调色。还有一种是供设计与制图用的透明水色，也称之为彩色墨水，它有本册装与瓶装两种，其色粒极细，纯度很高，且流动性强，适于作泼彩与渲染大幅作品。从水彩颜料的类别看，有 6 色、12 色、18 色及 24 色装的四种，对于水彩渲染图的绘制来说，有一盒 12 色或 18 色的水彩颜料基本上就可以了。

水彩颜料的透明度可从表 7-5、表 7-6 中区分出来。

表 7-5　冷色系水彩颜料透明度比较

透明	普蓝 钛青蓝 群青 青莲 淡绿 草绿 翠绿 深绿 橄榄绿 中绿 湖蓝 天蓝 钴蓝 黑 白	不透明

表 7-6　暖色系水彩颜料透明度比较

透明	柠檬黄　紫红　玫瑰红　深红 西洋红 大红 朱红 土红 橘红 中黄 赭石 熟褐 土黄	不透明

调配：颜料的不同调配方式可以达到不同的效果。如红、蓝二色先后叠加上色和二者混合后上色的效果就不同。一般说来，调和色叠加上色，色彩易鲜艳；对比色叠加上色，色彩易灰暗。

7.4.2.2　水彩画笔

水彩渲染的画笔主要选用水彩画笔，也可选用国画与书法的毛笔。一般要求画笔的含水量大且弹性好，故画国画的大白云笔就非常理想。作水彩渲染时需配备大、中、小三种型号的画笔，其中大白云或中白云应有两支，一支用于渲水、一支用于渲色。此外再准备一支狼毫小笔，如点梅、叶筋以便用来画细部，另还需一支底纹笔与一把板刷，以用于大面积的渲染，使渲染的时候能够更加方便。

7.4.2.3　水彩用纸

水彩渲染的用纸比较讲究，纸质的优劣直接关系到渲染时水与色的表现及其把握的难易程度，甚至关系到一幅渲染图整体的成败，所以作水彩渲染时对用纸的选择是十分慎重与严格的。其判断的标准首先用纸要白，因为水彩颜料是透明的，色彩渲染的效果依靠底色来衬托。所以用纸越白，越能衬托出色彩的本来面目。而画面中的亮部还有待留出的白纸来表示，这样用纸不白就会降低高光的度数，影响画面效果的展现。

其次水彩用纸表面要能够存水。这样就要求纸的表面有一定的纹路，既有一定的吸水性，又不过于渗水。另外还要求水彩用纸遇水后不能起翘，这样就要求纸稍厚一些。通常过于光滑的纸面吸水性差，不适于进行水彩渲染。

7.4.2.4　渲染用水

水彩渲染是通过水和颜料调和来进行建筑表现的一种技法语言，它靠水分的多少来控制画面。在进行渲染及表现色彩层次时，调配颜色用水溶解，水色渗化交融，从而使画面产生色彩淋漓、流畅湿润的艺术效果。所以，水也就成了水彩渲染的主要材料。另外还要用水来作清笔之用，在渲染过程中应及时更换清笔用水，以免因水分中混杂的成分而影响画面的表现效果。

7.4.2.5　调色盒

用于水彩渲染的调色盒与调色盘应越白越好，其性能以不受渗透性颜色污染为好。目前市场上出售的一种带有弹性的白色塑料调色盒，格子大且数量多，又不易让颜料相互渗透，是一种较好的调色盒。该调色盒内有一长格是专供放笔或揩布用的，为此布必须经常湿润，装好颜料以后，再覆盖一层薄泡沫，以便使颜料能够经常保持润湿，方便使用。此外还应注意，色彩盒在使用后，除盛放颜料的方格外，其他调色位置均需清洗干净并关紧盒盖，以免下次使用时新旧颜色混杂。

调色盒中颜料的排放最好按色轮的顺序排列，邻色之间不致互相污染。以下为调色盒中的颜色排列方法，是从明度与色相接近、减少污染的角度来排的，这对于初学者来讲是非常具有参考价值的。它们具体排列如下。

第一排格：普蓝──→翠绿──→淡绿──→湖蓝──→钴蓝──→青莲──→熟褐──→赭石或土红──→土黄──→淡黄──→白。

第二排格：黑──→深绿──→中绿──→草绿──→群青──→玫瑰红──→深红──→大红或朱红──→橘红或橘黄──→中黄──→柠檬黄。

水彩颜色盒中的颜料应保持干净，如果上面带有别的颜料，调色时色彩的纯度就会受到影响，所以养成良好的习惯非常重要。

7.4.2.6　其他工具的应用

水彩渲染图的绘制除了需用以上工具材料外，作画时还需将纸裱在画板上，因此画板也是进行水彩渲染的重要作画工具。另外还需一个储水瓶与洗笔罐，一块海绵，最好还有一个喷水壶，以用来喷洒水雾湿润渲染用纸。有条件的还可配备一个电吹风，用于第一遍渲染之后以及潮湿与低温天气时使用，从而能够加快画面的干燥速度。其他辅助材料还有勾画底稿的铅笔、刀片，裱纸用的糨糊及防止灰尘的白色盖板布等用具，它们都是水彩渲染图绘制中所必需的作图工具与材料。

7.4.3　水彩渲染的作画

7.4.3.1　辅助工作

在了解水彩渲染图作画要领之前，初学者必须首先对进行水彩渲染图的绘制所需做的辅助工作有一个基本认识，并能做好这些辅助工作。辅助工作主要包括以下内容。

（1）裱纸　裱纸的方法和步骤与水墨表现完全一致，可参照上一节相关内容。

（2）调色　通常用于水彩渲染的颜料透明度高，在渲染过程中一次调色要充足，不要在渲染过程中出现用色不够的情况。若出现这样的情况，前面已渲染而未完成的色块很可能报废，故此，初学者在作辅助工作时一定要了解这一点。另外在调配渲染用色时，一般用过且已干结的颜色因有颗粒而不能再用。

此外水彩颜料的下述特性也应引起初学者的注意：

① 沉淀，通常在水彩颜料中，赭石、群青、土红、土黄等在渲染中容易沉淀，故作大面积水彩渲染时要掌握好它们与水的比例，以及渲染的速度、运笔的轻重、颜色的均匀等，并不时轻轻搅动配好的颜色，以免造成着色后的沉淀不均匀与颗粒大小的不一致；

② 透明，一般在水彩颜料中，柠檬黄、普蓝、西洋红等颜料透明度高，而易沉淀的颜料透明度低，因此在逐层叠加渲染时，宜先着透明色，后着不透明色；先着无沉淀色，后着有沉淀色；先着浅色，后着深色；先着暖色，后着冷色，以避免画面晦暗呆滞，或后加的色彩冲掉原来的底色等现象的发生。

（3）调配　在水彩颜料的调配中，不同的颜料其调配的方式略有不同，最后达到的效果也各不相同。例如红、蓝两色先后叠加上色，与两者混合后上色的效果就完全不同。通常来说，调和色叠加上色，颜色效果比较鲜明；对比色叠加上色，颜色效果就显得灰暗。

（4）擦洗与修补　在绘制水彩渲染图的过程中经常会遇到渲染失误的现象发生，而由于水彩颜料具有能被清水擦洗的特性，因而有利于初学者在渲染失误出现后，能及时用清水对失误部分进行擦洗，且待干后重新进行渲染补救。此外还可利用擦洗达到特殊的水彩渲染效果，诸如可洗出云彩、倒影等，一般用毛笔蘸清水擦洗即可，但要避免擦伤纸面。

（5）图面维护与下板　在水彩渲染图的绘制过程中，渲染图往往不能一次完成。当渲染一遍以后，应在图面晾干以后用干净的纸张蒙盖图面，以避免有灰尘沾落在画面上。

作品渲染完成以后，要等图纸全部干透并作适当的整理与修饰后才能下板。在下板时要用锋利的裁纸刀沿着裱纸折纸以内的图边切割，为避免纸张骤然收缩扯坏图纸。

7.4.3.2　作画要领

在进行水彩渲染图的绘制过程中，下面几个作画要领初学者必须了解与把握。

（1）水的运用　水彩渲染的特性主要是依靠水的运用来进行画面表现。初学者用水时往往会出现两种现象：一种是不敢用水，作画时颜色中的水分极少，使画面干枯死板，从而失去水彩渲染中水色融合的感觉；另一种是用水过度，常常造成画面中水流满面、一片模糊与物象不清等状况，最后出现难于控制的局面。在了解水彩渲染的这种特性后，初学者应通过练习逐步地摸索出水色混合后在画面中产生的各种效果，要善于控制水量与干湿的时间，并逐步学会在不同的季节、气候、地理位置、空间环境等对水彩渲染产生影响的预防措施与补救办法。另外对画面中表现的对象，要具体分析哪些应用水多，哪些应用水少，从而掌握不同的表现手法予以处理与绘制。

（2）色的运用　在水彩渲染图的绘制中，颜色是画面的核心，它的艳丽与动人心魄的艺术感染力，全借助于水赋予它以生命与灵魂，从而产生丰富的层次、透明的韵味及诱人的色感来。然而对于初学者来说，怎样才能把色彩运用好呢？

其一，就是要运用相关的色彩基础理论，学会观察、分析、掌握色彩的变化规律；

其二，需要熟悉水彩颜料的特殊性质，逐步掌握并运用水彩颜料的优点；

其三，刚开始时不宜用色过多，先用少数几个色，待逐一熟知它们的色性与调配分量及变化规律后，再大胆地实践，直至掌握颜料与水分的调配比例后，即可步入运用自如的境界。

（3）纸的运用　在绘制水彩渲染图时，纸是颜料与水在画画上表演的"舞台"。

一张成功的水彩渲染图同样需要有优质的渲染用纸作为最基本的保障。而质地优良的渲染用纸，会使作画者下笔如有神助；反之，质地粗劣的渲染用纸就难免给作画者带来困扰或导致失败。可见对渲染用纸的选择与其性能的把握，即是进行水彩渲染的重要技术保障。

用于水彩渲染图的纸，是上过矾或在纸面涂有一层均匀的胶液，否则就会有渗透的现象；水彩纸还要有一定的厚度，这样遇水时才不会过分变形或起皱，通常选用 $100 \sim 300g$ 的纸为佳。另外，水彩纸还需有良好的韧性，否则是难于承受上色过程中反复的渲染。而正规的水彩用纸还有纸纹，如"云纹"与"布纹"等，渲染前可依据表现对象的特点来进行挑选。再就是水彩纸越白越好，因为水彩渲染的最高明度即是留白，纸白则反差强烈，色彩也更加鲜艳；若用有色纸渲染，可利用色纸作基调，亮部用白粉点出。

再有就是水彩纸切不可受潮发霉，也不可受日光照晒，否则纸面容易发黄，故要将纸封好，贮藏在避光且干燥的地方平放保存。对于初学者来说，不要一开始就用价格昂贵的正宗水彩纸，可以先选择一般性的绘图纸张作基础练习，待达到一定的熟练程度后，再用正宗的水彩纸进行绘图，就会如虎添翼了。

（4）时间控制　这里所说的时间控制，不是指作一幅水彩渲染图需要的时间长短的控制，而是指在作画过程中这一笔与那一笔之间相隔时间的长短。对于初学者要注意这样几点：①在绘制水彩渲染图时，两色衔接或两色重复渲染时，要掌握一个恰到好处的时间，即该暂停运笔的部位就要暂停运笔，该继续运笔的部位就要继续运笔；②在水彩渲染的过程中，为了追求表现某种特殊的画面效果，运笔该快则要快，该慢则要慢。尽量做到在抢时间时要果断、等时间时要耐心，这就是水彩渲染中时间控制的技巧，也是绘制水彩建筑渲染图的核心问题。

另外，画幅较小的水彩渲染图比画幅大的绘制在时间控制上要容易掌握得多，故初学者在学习水彩渲染图的绘制练习时，即可从画幅较小的水彩渲染图的练习入手，且逐步进行时间控制经验的积累。要变成熟练的表现技法，确实需要进行长期的练习，并在实践中不断积累与总结经验，最终才能步入自由表现的境地。

7.4.3.3 基本技法

学习与了解水彩渲染图绘制的基本技法，首先必须掌握水彩渲染的运笔方法及其一系列的基础练习与训练内容。通过一定时期的学习与训练后，方可使初学者逐渐了解水彩颜料的表现性能，掌握画面水分的运用与渲染运笔的基本技巧，从而为未来绘制建筑水彩渲染图打下良好基础。因此，对水彩渲染基本技法的把握，必须从以下几方面的学习与训练开始。

（1）运笔方法 对水彩渲染图运笔方法的学习，主要有以下三种方法。

① 水平运笔法 就是指用大号笔作水平移动，以适应大片渲染画面的绘制，诸如天空、地面与大块墙面等，就可采用这种运笔方法。

② 垂直运笔法 就是指用大号毛笔作上下移动，但运笔一次的距离不能过长，以避免上色不均匀。另外在同一排中运笔的长短要大体相等，要防止过长的笔道使水彩颜色急骤下淌。这种方法主要适宜在小面积渲染中应用，特别是渲染垂直长条形的物体。

③ 环形运笔法 就是指用大号毛笔作水平方向的环形搅动，常用于退晕渲染。一般在环形运笔中笔触应能起到搅拌作用，以使后加上去的颜色与已涂上的颜色能在运笔过程中不断得到均匀调和，从而使图面出现柔和的渐变效果。

（2）基础练习 水彩渲染的基础练习主要包括平涂、退晕、叠加等基本技法，分述如下：

① 水彩平涂渲染练习 它是水彩渲染中最基本的表现技法之一，即指整个渲染画面是没有色彩与深浅变化的平涂，而平涂的主要要求就是均匀。而在进行大面积的水彩平涂渲染练习时，需要初学者首先把颜料调好放在杯子里，待颜料在水中稍有沉淀后，即把上面一层已经没有多少渣滓的颜色溶液倒入另外一个杯子里即可开始使用。

在进行平涂渲染练习时，应把图板的一头略为抬高以保持一定的坡度，然后用较大的笔蘸满色水后，从图纸的上方开始进行渲染。在开始渲染时应用大号毛笔蘸上适量的清水润湿顶边，以避免纸张骤然见色而不均匀。其后再从左至右一道道向下方平涂，同时用另一支蘸好色水的大号毛笔赶水，但注意用笔要轻，移动的速度应保持均匀。

在渲染的过程中，其笔头应尽量与纸面接触，而且应该以笔带水来移动，且每次应向下移动约2cm宽，直至快到底时。最后再用甩干的笔头轻轻吸去上层的水分，直至将纸面上的水分全部吸去，需要注意，在吸水中毛笔不要触动底色。

在进行水彩渲染运笔时，用毛笔蘸色水既不要蘸得过少，也不要过多，而以适中为佳。另外较浓的颜色不容易渲染均匀，故在渲染过程中将较深的色调几遍来进行渲染，而每一遍的用色都应较淡与薄，经过若干次叠加后，即可使色调变深，而且画面又可达到非常平整与均匀的效果。

② 水彩退晕渲染练习 在进行水彩渲染练习之中，退晕渲染的技法也是应用最为普遍的一种基本表现方法。一般来讲，退晕渲染可以分为如下两种表现形式。

其一是单色退晕渲染练习。这种退晕渲染练习比较简单，其变化的方式主要有由浅到深、由深到浅及由深到浅再到深等。而由浅到深的退晕方法是先调好两杯同一种颜色的颜料，一杯是浅的，量稍多一些，另一杯是深的，量稍少一些，然后按照平涂的方法，用浅的一杯颜色从纸的顶部开始向下渲染，每画一道（宽为 2～3cm）后在浅色的杯子中加进一定数量（如一滴或两滴）深色，并且用笔搅均匀，这样做出的渲染就会有由浅到深的退晕效果；由深到浅的退晕方法基本上也是这样，只是开始的时候用深色，然后在深色中逐渐加进清水即可渲染出来；由深到浅再到深的退晕方法则是前两种退晕渲染方法的综合运用而已。

其二是复色退晕渲染练习。复色退晕主要是由一种色彩逐渐地变成另一种颜色，其基本方法与前者相同。一般在渲染前先将两种水彩颜色调好，假若是用红与蓝两种颜色进行退晕，要求从红到蓝进行退晕，就先用红色进行渲染，其后逐渐在红色中加进蓝色，就会使原来的红色逐渐变紫，最后再变成蓝色，即可得到从红到蓝的退晕渲染效果。

在复色退晕渲染练习中，需注意的问题是有些色彩相互退晕时，当色彩混合后，交接处会出现脏的现象，故此在渲染中要注意颜色的搭配，以避免这种现象的发生。

从水彩退晕渲染练习来看，它主要是用来表示受光程度不均的平面与曲线的光影变化关系，诸如天空、地面、水面及建筑的屋顶、墙面等。另外，用叠加的方法也可取得退晕的效果，由于这种方法比较机械，退晕变化也比较容易控制，所以在一些不便于退晕渲染的地方，用这种方法也可获得满意的效果。如一根细长的圆柱，若用普通退晕方法来画十分困难，但把它从竖向分成若干格，然后用叠加退晕的方法来画，就比较容易了。

③ 水彩叠加渲染练习　它是指沿着光影退晕的方向在纸上分成若干格（格子分得越小，退晕的变化越柔和），然后用较浅的颜色进行平涂，待干后留出一个格子，再把其余的部分罩一层颜色，待干后又多留出一个格子，把其余的部分再罩上一层颜色。这样依次类推，直到最后，那些罩色的层数愈来愈多的地方，其颜色也会越来越深，从而形成由浅至深的退晕效果。在叠加退晕渲染的过程中，因渲染对象格子划分的方法不同又可分为两种形式，即格子等分划分与按一定比例渐次收缩来划分，前者的叠加退晕变化往往比较均匀；后者的叠加退晕变化则常常给人以缓到急的印象。

用叠加法退晕可以保证退晕变化的均匀，因而可以用来与一般的复色退晕渲染作比较，以检验后者是否均匀。在作基础练习时，可以采用这种比较的方法，这样后者就可以参照前者的变化来调整画面的色调。通过上面的练习，初学者对水彩渲染的技法将会有一个基本的认识与了解。然而水彩渲染练习的难度较大，初学者在练习中需要进行反复尝试，以获取一定的感性认识与经验。

此外，以下几个方面的问题在水彩渲染图的绘制中也需要注意：a. 画板角度应与水分干湿的调整及天气有关，一般在晴朗干燥的天气里画板角度要尽量小些，阴雨潮湿的天气里画板角度要适当大些；b. 控制好色水等级与渲染次数的关系，避免出现退晕明度层次上的脱节现象；c. 控制好运笔速度，以及运笔的宽度与笔尖的含水量；d. 培养耐心细致的作风，避免在水彩渲染中出现急躁心情。

此外，在水彩渲染的基础练习中，退晕变化应均匀，避免色阶上的脱色现象出现，渲染中应无明显的笔触和水渍；深色部位要有透明感，要深沉而不污浊；另外需要分开渲染的色块应尽可能避免重叠而出现黑线；画面要有层次，有透明感与空气感等。当这个阶段的训练均能达到上述目标后，即可开始下一步的训练。

7.4.4　水彩渲染图的局部渲染

在水彩渲染图的绘制中，用水彩渲染进行画面中的局部表现，其内容主要包括细部材料质感的渲染与各种配景的渲染等，具体如下所述。

7.4.4.1　材料质感的渲染

用水彩渲染的方法来表现建筑和环境细部中的材料质感，无疑会比钢笔徒手画的表现效果更加逼真，更能体现物像的色彩关系。其具体的渲染画法主要有以下内容。

（1）墙面的画法　建筑墙画的材料质感表现主要可分为外墙与内墙两个方面。然而由于现代建筑材料的迅速发展，用于建筑墙面的材料种类越来越多，因而渲染的方法也就各不相同。在具体的渲染中，若是较光洁的、粉刷涂饰的墙面，一般就依据墙面所确定的固有色，用退晕手法与冷暖变化的规律加以处理即可完成。为使墙面表现生动，可根据具体环境的情况，略加光影进行刻画，如表示树枝叶的阴影、天空云彩的阴影等，均能收到良好的表现效果。

此外，建筑墙面还有清水砖、乱石块、大理石、花岗岩及斩假石等做法，它们的渲染画法如下。

① 清水砖墙的画法　通常表现尺度较大的清水砖墙，应先用铅笔画出横缝与竖缝，其后渲染底色，干后用深一些的颜色加重一部分砖块并留出高光，砖块的颜色在画面上略有变化，即可表现出砖墙的材料质感与效果。

② 乱石块墙的画法　由于乱石块墙面石块颜色不同，在渲染时可分三步进行，即先作统一的墙面色调退晕，方法是从暖到冷、从明到暗；其后再将每块石头描绘出来，并要留出高光与画出阴影；最后依据色彩变化规律，用铅笔或小毛笔将接缝处的细纹刻画出来，渲染即告完成。在渲染中需注意乱石块墙有平整石块、凹凸石块、虎皮石块、规整石块等不同石材砌筑而成，故要用不同的表现方法来进行刻画，以使相互间有所区别。

③ 贴面石材的画法　大理石与花岗岩等贴面材料，由于每块石料在色泽、花纹上有微弱的差别，加上天然石材纹路与色彩差异大，而人造石材的差异小，故在渲染时要先渲染底色，注意不要太均匀，明暗差异可拉大，然后再加以细致描绘。当渲染完后，再用线条将其贴饰拼缝画出，其效果更为逼真。

④ 斩假石墙的画法　这种墙面具有垂直的斧斩线条纹理，绘制方法是先铺底色，后用直线笔画垂直线与水平线线条，并在底色上先以一色或数色叠点加色，再以直线条画出平行线即成。

建筑的内墙墙面多用涂料刷饰，也有用贴面瓷砖、墙布与木板贴饰的。它们的渲染方法基本上与比较光洁的粉刷外墙面渲染方法相同，即用退晕的方法渲染出底色，然后再根据不同材料的纹理、花纹与质地进行刻画，并将拼缝准确画出，渲染出墙面材料的质感特征。

（2）屋顶的画法　现代建筑屋顶的材料与色彩可以说是五光十色、丰富多彩。归纳起来有陶瓦屋面、琉璃瓦屋面、平屋顶屋画、各种板瓦与塑料彩瓦屋面等，其渲染的画法也各自不同。

① 陶瓦屋面的画法　它是一种光洁度不高的陶质筒瓦，需画成半圆形且留下一条窄窄的高光。绘制时先渲染底色，再画出筒瓦的阴面与投射在板瓦上的阴影，并挑出几块瓦作重点的刻画。特别需要注意的是瓦头的高光与投射在屋面上的阴影应顺着筒瓦的凸起及凹下而变化。

② 琉璃瓦屋面的画法　它是一种光洁度极高的筒瓦与板瓦的组合，因而在绘制时必须留出极窄的高光，另外，板瓦与筒瓦的阴影有强烈的反光。由于琉璃瓦上釉后是挂在窑内烧结的，瓦面上一般都有釉彩下流的退晕效果，从而出现上浅下深的变化，这一点可以说是渲染琉璃瓦屋面的一大表现特征。

③ 平屋顶屋面的画法　根据屋面材料的色相作平涂与有深浅变化的退晕渲染即可表现出其质感。

④ 各种板瓦与塑料彩瓦屋面的画法　着重依据各种板瓦与塑料彩瓦材质的色彩、光泽、纹理与造型特点，先平涂上各种瓦材的颜色，其后依据以上特点进行细致的刻画，表现出各自的材质特点。

（3）玻璃的画法　现代建筑为了室内采光及造型上的需要，在墙面上设有许多玻璃门窗，有些更是以整面玻璃幕墙的形式出现，使整幢建筑就像一个巨大的玻璃盒子。因此在绘制建筑水彩渲染图时，玻璃的画法也就显得非常重要。

一般玻璃具有透明、反光与镜面三种形式，渲染时要研究它所处的环境与光线变化规律。特别是在晴朗的蓝天下，玻璃会有蓝色的倾向；而当建筑室内光线较亮时，又可透过玻璃见到室内的景象等，在绘制时则要根据画面的需要来进行不同的处理。不同玻璃的渲染方法如下所述。

① 透明玻璃的画法　这种玻璃的渲染，先要将建筑室内的景物绘制出来，然后按玻璃的色彩用平涂的方法渲上一层颜色。对一幢建筑物来说，在底层可用这样的方法，逐渐向上就要减弱刻画的程度，而加大玻璃的反光程度。另外绘制窗洞时，要有一条较深的阴影（夜晚没有），然后再用直线笔着色画出门框与窗框即可。

② 反光玻璃的画法　绘制时先铺底色（玻璃的固有色），由于门窗都有角度上的变化，故门窗的玻璃除用自身的颜色渲染出来外，还需将周围环境的色彩加以表现。若是面积较大的玻璃墙面也可采用部分透明、部分反光的渲染手法来表现。

③ 镜面玻璃的画法　渲染时可以当作一面镜子来画，即将对面的建筑与环境景观均有所反映，然后用玻璃自身的色彩由深到浅地渲染一遍，再用直线笔着色对玻璃进行划分。需要注意的是玻璃中绘制的景物不能太细，应进行概括处理。另外，如果是街道两侧的建筑物，玻璃上仅画出树干以上的景物即可，而街上车往人流的景象就没必要绘制，以免使整个画面显得过乱而破坏整体的画面效果。

（4）金属板材与门窗配件的画法　铝板材、不锈钢板材及各种金属、木制与塑料门窗，以及各种材质的五金配件用于现代建筑内外环境，在当今已成为非常普遍的现象。用水彩渲染表现金属板材时与玻璃的渲染处理一样，要表现材质的反光效果与镜面效果，其后再在板材之上渲染一层所表现材料的固有色即可。而渲染镜面圆柱又与渲染平整的镜面材料不同，因为圆柱镜面是曲面的，有一定的变形效果，所以在绘制中要注意反射影像的变化，高光处应留白色，且将柱子渲染后加入深色条纹，还需将明显的退晕效果表现出来。

渲染门窗配件的画法是在底色渲染出后，根据不同门窗配件材质的差异，刻画其表面的反光与纹理。一般金属门窗表面比较光滑，渲染时要将其光影退晕效果表现出来；如果是木门窗，就需要画出其木材的纹理。而不同木材其纹理各不相同，故初学者要了解一些常用木材的表面纹理，以用于具体的渲染表现中。门窗上的各种金属配件，同样要仔细观察，以区别各种金属质感的色彩特点。

7.4.4.2　建筑及环境配景的渲染

在水彩渲染图的绘制中，建筑配景主要包括有天空、地面、山石、水面、树木、人物与车辆等。在绘制中它们仅仅处于陪衬的地位，但画出来给人们的感觉必须是真实的。其具体的画法如下所述。

（1）天空的画法　在建筑表现画中，天空所占的面积比较大，对画面的基调有着重要的影响。而且天空也可以表现出画面的季节、气候、时间，还能与云彩结合起着均衡画面构图、体现意境的作用。通常运用水彩渲染的方法来绘制天空，最常用的就是上深下浅、均匀退晕的湿画法。具体的画法是先用笔蘸清水把纸浸湿，待半干时依据云的态势铺色，利用纸面干湿不均匀的特点，使颜色在纸上扩散开来，然后再因势利导，调整各个部分的深浅及形状，以表现出云天的效果。在这种画法的基础上，还可以用天蓝色点破一些地方来表示晴天的天空，并更好地衬托出云的轮廓来。还有一种方法就是先铺天空的底色，待未干前用笔在较深的天空中洗出白云，这种画法比较柔和，但处理不好颜色会显得单调。作为初学者在学习中应多作天空云彩的单独练习，可以临摹一些相关范画中的天空与云彩的渲染方法，以运用到具体的建筑表现画中去。

（2）地面的画法　地面的材料很多，城市道路主要有沥青、水泥地面两种，人行道则是混凝土板铺面；室内则有木地板、天然石板、水磨石地面等，其材质的反光均非常强烈。一般渲染地面的作用主要在于衬托建筑主体，具体的画法分述如下。

① 水泥与沥青地面的画法 这两种地面除雨天以外，基本上没有建筑物的倒影，只有建筑与树木及各种设施的阴影。一般在渲染时，远处的影子狭长而密集，近处的影子宽阔而疏散，这是透视产生出来的效果。在绘制时，可先从远至近、从暖与浅至冷与深，并做出退晕，其后再绘制出地面的光影；而人行道的混凝土预制板地面，除很近之处适当分出板块外，远处则不宜分得过细。较好的方法是用大块面渲染方法来绘制，颜色由冷与深至暖与浅为佳。对近处分出的块面则可作适当处理，如挑出几块加重颜色的深度与变化，即可获得良好的画面效果。

② 天然与人造石材地面的画法 主要包括石板、卵石、块石等铺地石料，其绘制的方法与石墙一样，远近变化较大，而且在色彩变化上也基本相同。路面上的阴影应随着石材表面的凹凸变化而不同，近处石材还应将其有变化的高光表现出来。绘制的程序为先作色彩退晕，一般远暖浅、近冷深，阴影为远而密、近而疏；其次描绘出近处的石块，远处可减略，高光也可略去；然后将地面的树影与光影绘出，最后重新加强各种铺地石材的石缝，适当绘出一些相间的青草，以使石材铺成的地面显得更为生动。

③ 草地与土地的画法 这两种地面均没有反光，渲染草地的绿色从远至近的变化应分别为浅黄——浅绿——深绿——墨绿；而花园中的草坪一般都经过修剪，常常呈现一派绿草如茵的景象；山野草地应是杂草丛生，并夹有各种灌木、石块等，故绘制时应采用不同的方法来处理。田间与山野土地的画法大体与草地相同，但地面由于起伏不同，加上土地中间偶有石块、草丛等，这样在渲染中就还要注意各种变化的关系，以将土地地面表现得更为深入。

④ 室内地面的画法 现代室内地面的铺装材料非常多，有木地板、石材、水磨石、陶砖等，与室外地面相比，其光泽要强烈得多，特别是一些抛光的大理石与花岗岩地面，其反光可达到镜面一样的光感效果，因此在水彩渲染表现时要将其材质特征表现出来。诸如木地板、大理石与花岗岩等地面，在将其材料的色泽、肌理、花纹等特点表现出来的同时，还需将地面产生的反光效果绘制出来，然后再将地面拼装的线条用直线笔等工具做出，即可表现得非常逼真。另外，有的室内地面铺装各种不同材质的地毯，也要依据不同的质地、图案，将其具体地刻画出来，同时还要注意其柔软程度与硬质材料的区别。

（3）山石的画法 用水彩渲染的方法表现建筑画中的山石，其内容主要包括远山、近山及近景中的假山与石块等。若绘制远山，色彩均显得冷与浅，不需分出体型与明暗块面。如遇云雾与细雨，则可用湿画法来绘制，以表现远山朦胧景色。若绘制近山，却可明显看到山石、树木、草丛与草坡等，其中一种以树丛草坡为主，一种以山石崖壁为主。可用湿画法，也可用干画法，色彩较远山来说则要暖与深得多。若绘制近景中的假山与石块，需要充分了解山石的结构与形态，以便能用准确的色彩关系表现出来。如海边石礁多呈深褐色，园林中的假山石则有灰白色与黄褐色等。通过仔细的观察，尽可能将山石的基本形态准确地渲染出来。

（4）水面的画法 用水彩渲染的方法来表现建筑画中的水面，因不同水面所处情况的差异，其水面产生的倒影也各不相同。一般静水的水面倒影轮廓清晰，适合用干画法来表现。其方法为先用蓝绿色铺底色，色彩要淡一些且要做出上浅下深的退晕效果，待其干后再把水上的物像投影于水下用稍淡于原物像的颜色叠加在水面的底色之上，以表现出静水水面的倒影关系。

若绘制微波荡漾的水面，则在前面渲染的基础上，用橡皮擦出一到两条光带，并用白色予以点缀，以表现水面粼粼的波光；若渲染水流平缓的水面，可先用蓝灰色或蓝绿灰色作从岸边到近处水面的退晕，然后再将岸上建筑物画成倒影。水波不大时，建筑及配景的倒影不必拉得过长，并要在倒影上再作一次退晕渲染，而水面的波纹应画得流畅又不琐碎为佳；若渲染波浪起伏的水面，则需要有相当的水彩渲染功底作基础，否则比较难于画好。具体绘制方法一般是先从远方岸边到近处水面作从浅到深的退晕，且在岸边留出狭窄的白色。其次岸上倒影不要画得太清楚，应将倒影画成随波起伏的一层层弧形的倒影，并需将倒影处理得与波浪协调一致。

（5）树木的画法　用水彩渲染的方法画树通常对处于建筑物前近景与中景的树不着重刻画出树叶，仅将树的枝干画出，为的是减少对建筑物的遮挡。为此多用扁平的排笔来画树干，而且力求使画出的树干有色彩的深浅变化，并能一次就将树干的立体感表现出来。然后再用较细又有弹性的狼毫笔将树枝画出，绘制时应沿着树枝的长势用笔，先重后轻、由粗到细地表现出树枝刚劲有力的气势。最后用较深的颜色表现出树枝在树干上的阴影及树木的质感再用毛笔画出树叶。只是无论是画树干、树枝还是树叶，用笔时都要做到心中有数，在一般情况下都要求能做到一次画成，不要作过多的修改，这样对作画者的要求就非常高。初学者在作正式渲染前，应作一些单项练习，达到熟悉程度后，再开始正式绘制，以免因画树失败而破坏整个建筑表现画的绘制效果。

用水彩渲染的方法画树，还可充分利用水彩渲染的特性，绘制一些图案化的树。这种画法不仅便于初学者掌握，而且作为配景烘托建筑物的效果更好。具体绘制时，首先确定好树的造型，再用含水饱满、富有弹性的狼毫笔蘸色填出树的轮廓，并作出退晕渲染。在完成了树的第一个层次后，再用较深的颜色画出背光与最暗的部分，使树木的体积感得到较好的塑造，最后勾画出树枝与树干，即完成了图案化树木的绘制表现。

（6）人物与车辆的画法　在水彩渲染图中，人物与车辆在建筑表现画中主要是起点缀作用，以使画面中的环境场景更加显得有生气与活力。关于人物与车辆的造型与动态的处理，在本章钢笔徒手画一节中已作了介绍，这里谈到的主要是人物与车辆的色彩渲染问题，它们具有很多共同的因素。

用水彩渲染的方法来绘制人物与车辆，若画面色调非常统一，那么在人物与车辆上就可多用一些鲜明的色彩；若画面色彩本身就非常丰富，就要注意人物与车辆的点缀色彩应尽可能地协调与统一。不管是哪种情况，人物与车辆的点缀色彩都应尽可能地纯净与鲜明。作画的程序是先铺大色调，后细刻画。一般绘制人物，可参考一些时装人物画的画法来绘制；绘制车辆可借用一些工业产品效果图的画法来绘制，以使画面能显得更为生动，更富有感染力。

综上所述，建筑水彩局部渲染的内容还有许多，尤其是一些新材料与新工艺的出现，使需要表现的内容已不仅仅停留在书本中所介绍的这几种绘制方法，这就要求初学者在学习这几种绘制方法的基础上，能够逐步掌握一些变通与创造的方法，这也是学习他人经验与方法的根本目的所在。

7.4.4.3　绘制步骤

初学者在掌握水彩局部渲染的绘制方法以后，即可开始进行水彩立面渲染图与透视渲染图的绘制练习，这种绘制练习的方法与步骤主要可以分为以下几方面。

（1）渲染前的准备工作　在进行表现图的水彩渲染之前，首先应将表现物体的轮廓线用软硬适中的 HB 铅笔在已裱好的水彩画纸上按比例绘制出来。最好的办法是在其他的纸张上先将轮廓线画好，然后再将轮廓线拷贝到水彩纸上，这样可避免在裱好的水彩画纸上修改轮廓线，造成水彩纸面的损伤，其拷贝的方法主要有两种。

一种方法是将已在其他纸张上画好的图稿的背面用 2B 的铅笔加以涂抹，然后将涂抹面向下，用胶带纸固定到所需进行水彩渲染的水彩画纸上，用 2H 或更硬一些的铅笔进行刻画，完成后取下底图，水彩画纸上就印上了准确而又清晰的轮廓线。如果发现有部分轮廓线不够清晰，可用铅笔重新补画与加深。水彩纸上的印痕待渲染后就会变平；另一种方法是用透明的硫酸纸将底图上的轮廓线描下来，然后将其用胶带纸固定在水彩画纸上，用圆珠笔的笔尖将硫酸纸上的轮廓线刻画在水彩画纸上，取掉硫酸纸后，再用铅笔或钢笔将轮廓线勾画出来进行水彩渲染。另外，利用大型复印机也可将轮廓线底图复印到水彩画纸上，裱好后即可进行水彩渲染的绘制工作。

对于初学者来说，在进行水彩渲染图的创作前，最好在作好轮廓线的基础上，对将要进行渲染的表现画作几幅水彩渲染色彩小样来做比较，以做到胸有成竹，不至于出现待渲染上颜色后，又认为色彩效果不好而废弃，使前面的劳动付诸东流。这一点对初学者来说非常重要，切忌等闲视之。就是一些非常有经验的设计师在绘制大幅水彩渲染效果图前也需先作出色彩小样，以避免在正式图纸渲染过程中的种种失误。在完成上述渲染前的准备工作以后，初学者即可开始进行正式的水彩渲染练习。

（2）定基调，铺底色　这一步骤的主要任务是把设计对象与背景分开，并确定出画面的总体色调与各个主要部分的底色来。一般来讲，设计对象在阳光的照耀下，多少都带有暖黄的色调，为此渲染的第一步就是要用较淡的土黄加柠檬黄把整个画面平涂一遍，以期使画面有一个统一的基调，并能在其后的色彩渲染中取得和谐的色彩效果；第二步就是把设计对象与背景（天空）分开，渲染的方式有两种：一种是采用深天空的画法，另一种是采用亮天空的画法。前者多用普蓝色画天空，应将图板倒转过来作由浅到深的退晕（留出建筑物）。通常这样的退晕要渲染数次才能达到理想的深度，若一次画得很深，常常不容易得到色彩均匀的画面效果；后者则仍用土黄加柠檬黄调配，将整个设计对象罩上（平涂）一遍，以使其能略深于前景，而天空则仅用较淡的蓝色渲染一遍就可以了。

（3）分层次，留高光　这一步骤的主要任务是分出设计对象的前后层次，分出材料的色彩，表现出它的光感，并留出高光。一般按照前亮后暗（个别情况也可能是前暗后亮）与前暖后冷的原则，其后再分块进行渲染。例如，做建筑渲染，具体要做的工作包括这样一些，即：首先画屋顶与檐口，从左至右作深（冷）到浅（暖）的退晕渲染，并在檐口留出高光，渲染过程中可考虑将檐口下的阴影同时做出；其后是墙面与门窗，在渲染墙面时应仔细分辨上面的附着物，并适当地留出高光。门窗玻璃多用蓝绿色作上深下浅的退晕渲染，若遇其他颜色的玻璃，就应依据色彩上的区别作相应的变化与处理，直至与整个画面色彩调子协调；完成墙面与门窗的渲染以后，即可开始渲染各种建筑配件，诸如栏杆、窗台与台基等，其方法多从左到右作深到浅的退晕渲染，并留出这些配件的各种高光来。除建筑作层次分面外，也可将建筑周围相关设施的色彩渲染出来，并同样留出各种设施的高光来。

（4）画光影，衬体积　这一步骤的主要任务是通过对光影的渲染，将设计对象的体积感衬托出来。画光影需要考虑到画面的整体感，不能一块一块零零碎碎地画，应该整片地去渲染。特别是建筑物檐部的影子，应当连贯起来一次性地画完。影子在不同色彩的物体上，可使原来的物体颜色变暗，但是还应该反映出该物体原来的色彩，水彩颜料的透明性正好能做到这一点。通常画影子用的是朱红加群青，用这种颜色罩在不同的地方（如墙面与窗子），一方面要使墙面与窗子原来的颜色变暗，同时又能反映出它们原来的颜色。采用这种画法通常可以使影子具有一定的透明感。

在绘制光影时还应注意到色彩冷暖的变化与退晕，特别是檐部的影子，不仅水平方向应有显著的退晕（左深右浅、左冷右暖），还应作下深（冷）上浅（暖）的退晕，如果没有退晕变化，便将失去光感而变得十分呆板。然后要同时向两个方向作退晕渲染，从技法上来讲比较复杂，初学者若没有把握，也可分两遍来画，一遍只作水平方向退晕，待干后再作上下的退晕渲染。通常第一遍颜色不要太浓，以免第二遍渲染时被洗掉。影子一般是画面中最深的地方，故应留在最后来绘制。这也就是说，在画完光影之后，最好就不要再作大面积的渲染了，以防止将其洗掉。在渲染过程中，通常大面积的影子应渲染得浅一点，小面积的影子应渲染得深一些；而檐口处的影子多属于前一种情况，应浅一些；窗台下的影子属于后一种情况，应深一些。并且若面积较大，还应在上下、左右方向都作退晕变化。

（5）做质感，细刻画　这一步骤的主要任务是在前面工作的基础上再对画面的空间层次、建筑体积、材料质感与光影变化作深入细致的描绘。例如屋面的陶瓦就可以用直线笔来刻画，并且屋面从左至右应有深浅、冷暖变化，以加强原来退晕渲染的效果；另外线条还应有一些断续，以显示陶瓦的斑驳。若建筑物的墙面为釉面砖，其贴墙的砖缝可用直线笔来画，但与前者相比，线条就要细腻得多。而且在渲染中还可利用原来的铅笔线作砖缝，然后适当地加深一些釉面砖块，即可取得生动的画面效果。在加深砖块时，应与底色的退晕关系相一致，即上深下浅，以加强其反光的效果。而所有这些深入的刻画，都要服从于建筑整体的空间层次。在小块色彩的选择和色度的掌握上，既要富有变化，又不宜做得过于零乱，以防止破坏画面的整体效果。

（6）画配景，托主题　这是水彩渲染最后一个步骤，其主要任务就是要刻画设计对象周围的配景与环境，从而达到烘托主体的目的，其内容有以下几点。

① 对表现画中的天空进行适当的处理，采用浅色天空的处理方案时，一般可用普蓝淡淡地作一点退晕，再根据画面的情况，适当地绘制一些云彩；

② 天空渲染出来后，就可用较淡的绿色将远处的树木渲染出来，并作适当的退晕变化处理；

③ 用较深的绿色画近处的树木，并作细致地刻画，如有必要，可对画面主体的边角部位作适当的遮盖；

④ 用鲜明的颜色来画人物与车辆，并可将其分为远与近两个层次来处理。前者可用平涂的方法画出人物的轮廓来，再用较深的颜色画阴影；后者则应依据光影关系来表现人物与车辆，并作较细致地刻画与表现。

以上介绍的水彩渲染图的绘制方法主要是以立面图为主的渲染图来分析的，从这里初学者可以清楚地了解到整个渲染的过程就是用颜色层层地叠加上去的过程。然而对于建筑及景观表现图的渲染来说，比立面图的渲染就要复杂许多，但其基本方法仍然是用叠加的方法来绘制，它的步骤也与立面图的渲染是一样的，只是在第三步与第四步有所不同。

在绘制透视图时，由于可以同时看到设计对象的多个面，需要用明暗来加以区别，这就在立面图水彩渲染的第三步多了一道程序，即在区分材料色彩的基础上再把较暗的面多渲几层颜色，以区分面与面之间的转折关系。而为了保持画面色彩的统一性，这遍颜色应当连同亮面上的阴影部分一起来画。此外在透视图的渲染中，不仅可以看到影子，同时也还可以看到暗面（在立面渲染中通常看不见），另外，在画光影时，即先用较暗的颜色把阴影从整体上渲染一遍，然后留出阴面将影子再渲染一遍，使影子略深于阴面。其他几个步骤的渲染过程与立面图的渲染基本相同。

相对来讲，透视图的轮廓线要比立面图难画得多，这就要求初学者在绘制底稿时要下功夫将建筑物的透视轮廓线尽可能地画准确，以免在水彩渲染过程中发现轮廓与透视关系方面出现问题，再来调整必然会困难得多。因此，画好建筑水彩渲染图的关键，即一定要先有一个准确的建筑轮廓线作为后面渲染的骨架线，这在水彩渲染过程中是极其重要的。从这一点来讲，初学者不可等闲视之。

7.4.5　水彩渲染中常见毛病

初学者在水彩渲染的过程中，常常会出现一些问题，归纳起来主要有如下几个方面的问题。

① 在水彩平涂与退晕渲染以后，水彩纸面出现水平与垂直的条条色斑。这主要是因为水彩画纸遇水后，纸张受潮膨胀产生的，往往造成鼓起之处缺少色水，下凹之处则积色水严重，从而形成深浅不等的条形斑纹。这种现象在水彩渲染面积越大时，问题也更加突出。产生这种毛病的原因是在裱水彩画纸时，纸面刷水少，纸面没有得到充分的伸张所造成的。因此，在裱水彩画纸时，纸张要涨透，纸边糊糊要比水彩画纸中部先干才行，这样图纸遇水后就不会再鼓胀得那样明显了。

对已出现这种色条斑纹的水彩纸面，可用排刷与海绵将纸面洗净并揭下重新裱贴，也可将洗净的纸面用吹风机吹干，做好准备工作，加大图板的倾斜度，并用较大的底纹笔着色水从上至下快速渲染完毕，放置于电风扇下尽快吹干。若颜色渲染表现得不够充分，待颜色干后重新再用前面的这种方法进行再次的渲染即可。

② 在进行水彩平涂渲染以后，渲染的画面本应出现非常均匀的渲染效果，然而却出现上部显得浅、下部显得深的毛病。这种情况多数都是因为在渲染开始着色时，笔上水分少、渲染时间短造成的。为此可以在后面的渲染中用毛笔将色水上扬，以使前面的色彩能够得到加深。画面下部颜色过深是由于色水渲染至底部时没有留边与吸水，色水在此停留过长所造成。针对这种情况，可以在渲染运笔快要接近底边时，不再加深色水，或加水使色水减淡，此时即使运笔时间拖长，也就不会显得过深了。

③ 在进行过水彩渲染的画面上，特别是在纸面的下部往往产生水渍。这主要是由于图板倾斜放置，在渲染后色水下流，而上部已干燥，下部的水分向已干的上部渗透而产生的水渍。遇到这种情况应尽快将水彩画纸下部的色水吸干，操作时可用两指捏扁笔尖，用笔尖将水彩画纸底部的浮水吸去，但不要触及纸面的颜色，这样即可解决纸面水渍的问题。

④ 在渲染大面积的天空，特别是用有沉淀的水彩色渲染时，常出现水平条纹的颜色沉积，其原因主要是渲染时运笔速度慢造成的。往往水彩画纸的上部积水少，沉积也少，而下部积水厚，又加之重新调配色水耽误时间造成了颜色的沉淀，并出现深浅不均的条纹。解决的办法是在第二遍渲染时与第一遍错位，以使第一遍色浅的地方在第二遍渲染过程中少积水，少积沉淀，从而让图面上的条纹有所减弱。另外在渲染运笔时，从左到右运笔完成后，再开始运第二笔，以能将前面一笔渲染的色水逐步向下引。如果在渲染中发现被引色水中有较多沉淀物，立即能用饱含色水之笔来回轻轻扫动，使沉淀物能重新浮起，最终获得均匀的渲染效果。

除前面谈到的这些渲染常见的问题以外，以下一些问题在渲染过程中也需加以注意。

第一是水彩画面渲染的色彩干涩无光，其原因主要在于渲染时纸面缺水所造成。因此在水彩渲染中一定要水分充足，尤其在大面积水彩渲染中，水分不饱满，画面效果一定不会好。

第二是水彩画面渲染的笔痕零乱，其原因主要是在渲染时东一笔、西一画而造成的，因此在进行水彩渲染的过程中，一定要按顺序进行渲染运笔，切忌一个地方没有画完又去画另一个地方。

第三是水彩画面上出现少量白点与黑斑。遇到这种问题，可用毛笔的笔尖蘸上少许相似而又略淡的色水，在画面的白点上以点或短线的形式填补；另外，也可将橡皮用小刀削尖或削扁，把沉淀的黑斑擦薄，从而达到减弱的目的。

第四是水彩纸若被橡皮过多擦拭后，在渲染过程中就会显露出来，待渲染完成就会留下许多深痕来。此外纸面有油污、渲染后的画面上又滴入水滴、间色与复色渲染时调色不均、颜料搅拌过多等都可造成花斑或发污。这些毛病与问题均是初学者在水彩渲染图绘制过程中容易出现与产生的，应提早进行预防。如何避免这些容易出现的毛病和问题，就要求初学者在练习的过程中能够严格按照指导教师的要求去做，预防上述问题的发生，并能逐步学会自己去解决问题，使自己的绘画水平不断呈现新的面貌。

7.5　彩色铅笔表现

7.5.1　彩色铅笔表现的特点

铅笔是作画最为基本的工具之一。由于它价格低廉、使用便利、携带方便，又易于表现出深与浅、粗与细等不同类型的线条，以及由这些线条所组成的面，因此它就成为速写与素描的重要工具。正因为铅笔作画的技法比较容易掌握，加上画起来方便快捷，而且还可以随意修改，所以设计人员多用它来作草图与推敲研究设计方案。用铅笔作正式的表现图，同样也可以取得良好且丰富的表现效果。只是仅仅使用一般的铅笔，只能表现出设计对象的素描关系，却不能将其色彩效果反映出来，这样运用彩色铅笔无疑就为设计表现提供了更为广阔的表现天地。

用彩色铅笔绘制表现图，从技法来讲它与绘制一般的铅笔表现图没有多少区别，只是彩色铅笔的表现特点主要表现在它能反映出表现图的基本色彩关系，同时彩色铅笔的颜色还具有透明性，也正是由于彩色铅笔的这种透明性质，使其在作画时能一个铅笔的色调覆盖在另一个铅笔的色调上面，从而产生出新的色调效果。而且彩色铅笔还具有附着力强、不易擦脏、经过处理以后便于保存等优势。

彩色铅笔的不足之处在于其颜色较淡，同水彩与水粉颜色相比，除有部分彩色铅笔的颜色能达到较高的纯度外，其他多数彩色铅笔的颜色涂在纸上的饱和度均不高。

另外色彩的变化也不如水彩与水粉颜色丰富，用线条涂成的色面往往显得比较粗糙。再就是用彩色铅笔所绘制的表现图，同样不适用于较大幅面，多数情况下都与其他表现技法混合使用。作为一种快速表现工具，往往能与透明水色、水彩、水粉及马克笔等工具及材料共同使用，并能为其增添更多的表现魅力。

7.5.2　彩色铅笔表现的工具与材料

彩色铅笔表现图绘制工具与材料主要包括各种彩色铅笔、绘图用纸及其他辅助工具材料等。

7.5.2.1　彩色铅笔

目前市场上出售的彩色铅笔主要有 12 色、18 色及 24 色装三种类型。在绘制过程中，可以利用彩色铅笔色彩的重叠，产生出更为丰富多彩的色彩效果来，此外，还有一种进口的水溶性彩色铅笔，其颜色的品种较多。这种彩色铅笔在作画时可利用其溶水的特点，用水涂色，从而在画面上取得浸润感，或用手纸及擦笔抹出柔和的色彩效果，而且可以快速地涂在纸上，并能轻易将其擦掉。

7.5.2.2　绘图用纸

彩色铅笔绘制表现图的用纸比较灵活，可以用绘图纸，也可用描图纸。若用不透明的绘图纸则需将底图的轮廓描上去再画，也可将画好的底图进行复印，然后在复印纸上着色绘制。此外还可以使用各种浅色调的色纸，并能在卡纸、白板纸与牛皮纸等纸张上作画，效果也很不错。

7.5.2.3　透明直尺

用彩色铅笔作表现图，除徒手绘制外，很多地方也需用直尺、丁字尺、三角板、曲线板等工具，可辅助画出各种不同的铅笔线条。其他的绘图辅助工具还包括裁纸刀、橡皮、擦笔纸与柔软的绸布，以及铅笔固定剂等用品。

7.5.3 彩色铅笔的作画
7.5.3.1 作画的要领

在用彩色铅笔绘制表现图的过程中，初学者学习使用彩色铅笔作画主要依靠掌握铅笔的压力与运用纸张的肌理来控制色彩。运用彩色铅笔的压力能够影响其色调在画面上的纯度，若轻压就会产生浅淡的颜色，重压就会加强色彩的浓度。而使用铅笔的压力与纸张表现的肌理密切相关，通常纸张是由互相交织的纤维构成的，当彩色铅笔轻轻划过纸面时，彩色铅笔的颜色仅附着在纸张表面，有肌理纸张的低谷处常常就没有附着上彩色铅笔的颜色，因此纸面的颜色就浅；若用力重压彩色铅笔作画，则可在有肌理的纸面与其低谷里均覆盖上颜色，所以颜色就深。

运用彩色铅笔进行色彩混合，可以改变其色彩明度、降低纯度或提高纯度，这几种方法主要有以下几个方面内容。

① 改变彩色铅笔明度的方法 首先是改变使用彩色铅笔时运笔的压力，在纸面的白色或多或少显示出来时，色彩的明度就显得亮一些或暗一些；其次用白色铅笔涂在已画好的颜色之上，可提高原有颜色的色彩明度；再者用黑色覆盖任何颜色，均会降低原有颜色的色彩明度；另外，使用一个比本色亮或暗的颜色来覆盖其他彩色铅笔的颜色，均会导致画面上色相与其明度的改变。

② 降低彩色铅笔纯度的方法 首先可用中性的灰色覆盖已涂在纸面上的颜色来降低其色彩的纯度；其次可用黑色铅笔来覆盖，也可达到相同的效果；再就是使用一个彩铅颜色的对比色进行覆盖，不管其所覆盖颜色是否是正对原有颜色的对比色还是邻近对比色，均可降低彩色铅笔的纯度。

③ 提高彩色铅笔的纯度的方法 首先在使用彩色铅笔绘图时，可加大使用彩色铅笔时的压力，这既能提高彩色铅笔在纸面上的纯度，又能降低其颜色的明度；其次在作画时先用白色铅笔涂上底色，然后再在其上涂上想要表现的颜色，就可提高彩色铅笔的纯度；再者就是使用溶剂混合彩色铅笔的颜色，也可提高其纯度。

除此之外，还可用彩色铅笔取得各种各样的画面调子，以使彩色铅笔能获得更有艺术魅力的表现效果。

7.5.3.2 绘制的步骤

用彩色铅笔绘制表现图的基本步骤如下。

① 通常用颜色较深的软铅笔或绘图钢笔画出设计对象的轮廓，也可以使用复印机将画好轮廓线条的底图复印出来，然后再用彩色铅笔在复印图上着色上彩。

② 着色时可先将天空的色彩画出，其运笔要放松，速度可稍快一些，颜色不要浸入设计对象的轮廓范围；其后开始涂画建筑物的玻璃，由玻璃可以看到室内的照明、家具、陈设等明亮的部分。涂画建筑物墙体的色彩时，要把建筑屋顶、入口、窗户及各种设施的阴影颜色都表现出来，再将建筑物所处地面的色彩画出，注意整个画面主体色彩的把握。

③ 用彩色铅笔对画面的局部进行深入地刻画，包括建筑主体表面各种材料的色彩与质感，以及周围的各种配景，诸如相邻的建筑、树丛、花草、山石等。然后再用交通工具、人物等进行点缀，并注意数量与构图上的均衡感。完成这些工作后，最后还应对整个画面的色彩进行调整，使其能统一在有一定倾向的色调之中。以上绘制工作完成后，彩色铅笔绘制建筑表现图的任务就基本完成了，然后可对作品进行装裱。

当然，在具体的绘制工作中，作画者可根据不同的表现对象及内容进行步骤上的调整。若初学者刚开始临摹彩色铅笔范画作品，与学习其他表现技法一样，应按照要求的步骤来画，待操作熟练后再开始进行变通，以形成自己的表现特色（图 7-52、图 7-53）。

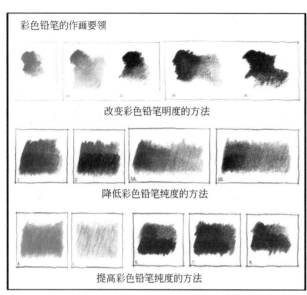

图 7-52　彩色铅笔的作图要领

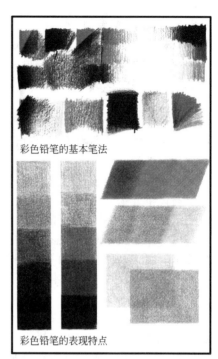

图 7-53　彩色铅笔的笔法和表现特点

7.6　马克笔表现

7.6.1　马克笔表现的特点

马克笔是从国外进口的一种绘图用笔，它类似于塑料彩笔，其笔头呈斜方形，可画粗细不同的线条，颜色从深到浅、从纯到灰有一百多种。由于马克笔具有色彩丰富、着色简便、风格豪放与成图迅速的特征，因此深受广大设计师的欢迎，尤其是用于快速表现图的绘制，更具有其他表现技法无可比拟的优势。马克笔有油性与水性之分，只是两种类型在颜色方面均透明度高，相互叠加后会产生许多令人想象不到的、丰富而微妙的色彩效果。

从马克笔颜色构成的成分看，它主要以甲苯与三甲苯所制成，其颜色挥发性很高。也正是由于马克笔颜色具有这样的特点，所以用马克笔绘制表现图特别方便。而且用马克笔作画，其颜色浓重、笔触明显、笔轨迹清晰，尤其是在不吸油的纸上作画，能更好地将马克笔作画的特点显示出来。在作画中，不同色彩的笔触可以相互重叠，有时还能盖住前面的颜色，也有时候能通过叠加产生另一种颜色来。若用淡色油性马克笔来做还可以"清洗"掉前几种色彩，并且在"重叠""遮盖""清洗"的同时，产生出色彩渐变的效果。

由于马克笔宽度上的限制及经济上的因素，通常用于马克笔的画幅都不宜过大，多以 2 号以下的图纸绘制，最大也不宜超过 1 号图纸的图幅大小。另外因为马克笔的颜色是一种易挥发的油性颜料，所以长时间作画过程中不要间隔停顿太久，应及时画完一种颜色后，立即将该笔的笔帽盖好，以免颜料挥发损失。

油性与水性马克笔的颜色均为透明色彩，所以在绘制时易于与其他绘图工具诸如彩色铅笔、铅笔、透明水色、水彩与水粉及各色塑料笔混合使用作画，从而产生许多令人耳目一新的表现效果。

7.6.2 马克笔的工具与材料

马克笔建筑表现图的工具材料主要包括各种马克笔、绘图用纸及其他辅助工具材料等。

7.6.2.1 马克笔

"马克（MARKER）"英语的原意为"记号、标记"，开始主要用于包装工人与伐木工画记号时使用，后来才发展成为今天这样的文具。目前市场上出售的多为日制、美制与德制的各类马克笔，如日制的 YOKEN 牌，一套五号，共有 116 种颜色；另外油性不溶性的马克笔也有诸多系列，且配有多种中间色，并从深到浅、从纯到灰，配色齐全。另外还有一种日制的 ZEBRA 牌双头马克笔，为 12 色装，色彩非常浓艳，可配合灰色系列色彩马克笔并用。此外还有金、银色及荧光色马克笔等。近年来国内一些厂家推出的木芯水彩笔，其颜色具有水溶性，均可与上述马克笔结合在一起使用，从而创造出丰富多彩的表现效果来。

7.6.2.2 绘图用纸

用油性马克笔作图最适宜的用纸为马克笔 PAD 纸，这种纸吸油性强，不会造成晕染，且纸质细密，特别适合马克笔重复涂绘的特性。另外这种绘图用纸略具透明性，用来描绘原稿非常方便。

此外，各种绘图用纸、水彩与水粉用纸、高级复印纸、双道林纸等均适合用来使用马克笔作画。而铜版纸、卡纸等纸面光滑的纸张，用马克笔作画则颜色容易出现晕染，一般不宜采用，但若想有意获得一些特殊的画面效果，尝试着使用一些特殊的绘图用纸也未尝不可。还可利用硫酸纸半透明的特点，用其正反两面着色也会取得意外的表现效果，所以也用得非常普遍。

7.6.2.3 透明直尺

用马克笔作画，当排一些过长的直线时，需借助各种绘图工具来辅助，这样才能画出许多徒手直线不易表现出来的画面效果。但若用这些工具辅助作画，就必须准备一块抹布，以便随时将透明直尺上画线时出现的颜色污迹擦去，以免继续作图时污染建筑表现图的画面。

此外，马克笔表现技法其他的辅助工具材料还有裁纸刀、胶带纸、拷贝纸、丁字尺、三角板、曲线板与圆规等，均可用于作画的实际需要。

7.6.3 马克笔的作画

7.6.3.1 作画的方法

用马克笔绘制表现图，一般先用铅笔将其轮廓线画好，再用马克笔从浅到深地着色。上色时应注意把色彩找准，尽量一次画完。马克笔绘制大面积时要一笔一笔地排线，且需尽量避免在各笔之间出现重叠，以防画出深色的线来。若在深色上画浅线，就要考虑到浅色马克笔有可能将底色洗去的可能，特别是在不吸水的纸上这种现象更容易出现。但在作画过程中如能很好地利用这种特性，则可产生许多特殊的韵味。另外由于马克笔的颜色具有透明的特点，通过色彩叠加可以取得更为丰富的表现效果（图7-54），而且马克笔还能与其他表现手法相配合，以达到扬长避短、相得益彰的效果。然而用马克笔作画有以下一些问题需要注意：①用色超过画面边框界限，给人形体表达不准确的印象；②不同颜色的马克笔反复涂刷，从而造成色彩的灰暗和混浊；③与铅笔混合使用时，铅笔线过浅，让人感觉图面没有明显的边框；④图面用色太多造成色调不统一，而显得有些杂乱无章；⑤用马克笔画过于细小的东西难于施展其表现的特点。

以上几点对于初学者非常重要，也是用马克笔作画过程中需要了解与注意的，以避免在作画学习进程中走一些弯路。

7.6.3.2 绘制的步骤

① 用针管笔画出轮廓，有条件的话可用复印机将其复印下来再画，这样就可防止线条跑墨而影响马克笔笔尖的色彩效果。同时利用复印机还可将要绘制的图形随意放大与缩小。

图 7-54　马克笔的基本画法

② 用淡紫灰色与淡黄灰色概括地画出建筑物的墙体，用淡蓝色画出玻璃的亮面，用湖蓝色、深蓝色画出玻璃幕墙的暗部及天空。

③ 用暗灰色画出地面，并用暗黄色画出地面的远近关系，以及远处的建筑。

④ 用深色或暗色加重建筑的暗部与阴影，但不要画得过深过死。

⑤ 最后画出图中的人物、车辆与树木，包括天空的云彩等，全图绘制完毕。

7.7　风景园林建筑模型制作

建筑模型能以三度空间的表现力表现一项设计，观赏者能从各个不同角度看到建筑物的体形、空间及其周围环境，因而它能在一定程度上弥补图纸的局限性。建筑复杂的功能要求，先进的科学技术与巧妙的艺术构思常常需要难以想象的形体和空间，仅仅用图纸是难以充分表达它们的。设计师常常在设计过程中就借助于模型来酝酿、推敲和完善自己的建筑设计创作。当然，作为一种表现技巧的模型，它也有自己的局限，它并不能完全取代设计图纸。

按照用途分类：一是展示用的，多在设计完成后制作（图 7-55）；一是设计用的，即为推敲方案在设计过程中制作和修改的（图 7-56）。前者制作多精细，后者比较粗糙。

按照材料分类：

① 油泥（橡皮泥）、石膏条块或泡沫塑料条块：多用于设计用模型，尤其在城镇规划和住宅街坊的模型制作中广泛采用（图 7-57）。

图 7-55　展示用模型

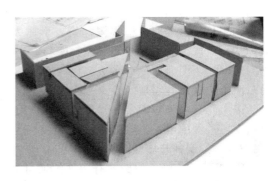

图 7-56　设计用模型

图 7-57　泡沫塑料可制作体量模型　　　　　图 7-58　木板制作的建筑模型
（照片中蓝色的是泡沫塑料制作的体量模型）

② 木板或三夹板、塑料板（图 7-58）。

③ 硬纸板或吹塑纸板，各种颜色的吹塑纸用于建筑模型的制作非常方便和适用。它和泡沫塑料块一样，切割和粘接都比较容易（图 7-59）。

图 7-59　硬纸板制作的模型

④ 有机玻璃、金属薄板等，多用于能看到室内布置或结构构造的高级展示用的建筑模型，加工制作复杂，价格昂贵（图 7-60）。

图 7-60　有机玻璃制作的模型

第8章　风景园林建筑设计主要程序

8.1　风景园林建筑设计内容和程序

一幢建筑物的建成，要经过许多环节（常称之为阶段），一般要经过以下各阶段：提出拟建项目建议书，编制可行性研究报告，进行项目评估，编制设计文件，施工前准备工作，组织施工，竣工验收，交付使用。其中编制设计文件是工程建设中不可缺少的重要一环。设计工作阶段包括建筑设计、结构设计和设备设计等几部分，各部分之间既有分工又密切配合。其中建筑设计是龙头，它必须综合分析总体规划、地段及环境、建筑功能、气候、材料、施工水平、建筑经济以及建筑艺术等多方面因素，与结构、设备等各工种协调配合，贯彻国家和地方的有关政策、法规，才能获得完善的设计方案。建筑设计不是依靠某些公式简单地套用、计算而来，它是一种创作活动。

建筑设计一般又分为初步设计和施工图设计两个阶段。对于较复杂的建筑，则需要在初步设计完成后进行扩大初步设计或技术设计，然后再进行施工图设计。

8.1.1　设计前的准备工作

8.1.1.1　熟悉设计任务书

设计任务书的内容主要有：①拟建项目的建造目的与建造要求、建筑面积、房间组成与面积分配；②建设基地范围、周围环境、道路、原有建筑、城市规划的要求和地形图；③供电、给排水、采暖和空调等设备方面的要求，水源、电源等工程管网的接用许可文件；④建设项目的总投资和单方造价；⑤设计期限和项目建设进程要求等。

8.1.1.2　收集设计基础资料

在建筑的设计之前，还需收集下列原始数据和设计资料：①气象资料，即所在地区的气温、日照、降雨量、积雪深度、风向、风速及土壤冻结深度等；②地形、地质、水文资料，即基地地形及标高、土壤种类及承载力、地下水位及地震烈度等；③设备管线资料，即基地地下的给水、排水、供热、煤气、电缆、通信等管线布置以及基地地上的架空供电线路等；④定额指标，即国家和所在地区有关本设计项目的定额指标。

8.1.1.3　设计前的调查研究

需调查研究的内容很多，大体可归纳为以下几个方面：①了解建设单位的使用要求；②建设地段的现场勘察，了解基地和周围环境的现状，如地形、方位、面积以及原有建筑、道路、绿化等；③了解当地建筑材料及构配件的供应情况和施工技术条件；④了解当地的生活习惯、民俗以及建筑风格。

8.1.2　初步设计阶段

初步设计阶段是建筑设计的第一阶段，主要任务是根据已有的资料、数据，综合分析功能、技术、经济、美观等多方面因素，提出最优设计方案。

初步设计内容及设计文件包括以下内容：

8.1.2.1　设计说明书

包括建筑设计的依据、规模、性质、设计指导思想和设计特点；有关国家与地方法规的执行说明；方案的整体构思及在平面、立面、剖面、构造及结构方案等方面的特点；建筑物的面积构成及主要技术经济指标等。

8.1.2.2　设计图纸

① 建筑总平面图　在城市建设部门所划定的建筑红线内布置建筑物、场地、道路、绿化及各种室外设施，并标明其位置与尺寸，以及周围建筑物、道路、绿化的位置和它们与拟建建筑物之间的尺寸等，标注指北针或风玫瑰图。总平面图常用比例为 1：500～1：2000。

② 各层平面图、主要方向立面图、主要部位的剖面图　这部分是初步设计的主要内容，它包括建筑物的平面和空间的组合方式、部分室内家具和设备的布置、结构方案与立面造型等。通常应标出建筑物各部分的主要尺寸、门窗位置、房间面积及名称等。常用比例为1：100～1：200。

③ 根据设计任务的需要，可能辅以建筑透视图或建筑模型。

8.1.2.3　工程概算书

用来进行技术经济分析、比较设计方案经济合理性，并可作为主要设备和材料的订货依据，为施工图设计和施工准备提供参考依据。

8.1.3　技术设计阶段

对于大型的较复杂的建筑，为了进一步确定房屋各专业之间的技术问题、解决各专业之间的矛盾、为施工图设计做准备，需要在初步设计的基础上进行技术设计或扩大初步设计。在这一阶段，各工种相互提供资料、要求，并共同研究和协调编制各专业的图纸和说明书，为进一步编制施工图打下基础。对技术设计的图纸和设计文件，要求建筑专业的图纸标明与其他技术专业有关的详细尺寸，并编制建筑部分的技术说明书，结构专业应有结构布置方案图，并附初步计算说明，设备专业也应提供相应的设备图纸及说明书。经有关部门批准的技术设计文件，是编制施工图、主要材料设备订货以及基建拨款的依据文件。

8.1.4　建筑施工图设计阶段

建筑施工图设计应根据已批准的初步设计或技术设计文件编制。它是在初步设计或技术设计的基础上，通过各专业的不断协调，进一步完善细部尺寸、标高、细部节点构造做法及所用材料，并配有详细的设计说明。此外在施工图阶段，结构、水、暖、电等专业均应完成相应的全部施工图纸和设计说明。建筑专业施工图设计内容与文件如下：

① 设计说明　设计说明包括建筑性质、设计依据、设计规模、建筑面积，建筑各部位、室内外装修等的材料、做法和说明，以及消防、结构、设备等必要的说明。

② 建筑总平面图　总平面图上应标明城市坐标网、场地坐标网、建筑红线内拟建建筑物、道路、场地、绿化、设施等的位置、尺寸和标高，拟建建筑物与周围其他建筑物、道路及设施之间的尺寸，并注明指北针或风玫瑰图等，常用比例为1：500～1：2000。

③ 各层平面图　在初步设计的基础上，应标明各部分的详细尺寸、定位轴线及编号、门窗编号、部分家具及设备布置、剖面图及节点详图的位置与索引编号，楼梯（台阶、踏步等）位置及上下行走方向、散水、坡道的位置及坡道坡度等，常用比例1：100～1：200。

④ 各个方向的立面图　在立面图上应标注详细尺寸与必要的标高，注明外装修材料、做法、尺寸及颜色，立面细部详图索引，必要的定位轴线，常用比例1：100～1：200。

⑤ 剖面图　剖面图应选择楼梯、门厅、层高及层数不同等内外空间变化复杂、最有代表性的位置绘制，并注明建筑各部分标高及必要的尺寸与定位轴线、节点详图索引等，常用比例1：100～1：200。

⑥ 构造节点详图　构造节点详图指的是在平面、立面、剖面中未能清楚表示出来而需要放大绘制的建筑细部详图，它要求注明做法、尺寸及材料。需画节点详图的部位主要为檐口、墙身、墙脚、楼梯、门窗、楼地层、屋面等构件的连接点以及室内外墙面、地面、顶棚的表面装修等。

⑦ 工程预算书　工程预算书是根据施工设计图纸、现行预算定额、费用定额以及地区设备、材料、人工、施工机械台班等价格编制和确定的建筑安装工程造价文件。

⑧ 计算书　建筑设计专业的计算书主要包括热工、采光、隔声与音质设计等建筑物理方面的内容。计算书作为技术文件归档，不外发。

上面讲述的设计内容和程序，是需要在具体设计过程中深入了解和掌握的，在此仅作为参考，目前只要求掌握其主要内容和基本程序。

8.2　建筑设计的依据

8.2.1　人体尺寸及其活动所需的空间尺度

人体所需空间包括人体自然所占空间、动作域空间和心理空间。建筑是为满足人们的使用要求而建造的，因此建筑物中的家具、设备、踏步、窗台、栏杆、门洞、楼梯等的细部尺寸都应以人体尺寸及人体活动所需要的空间为主要依据，各房间的尺度则应考虑人体的心理空间及精神上的需求（图8-1）。

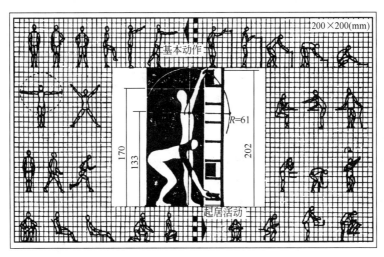

图 8-1　人体基本尺度（单位：cm）

8.2.2　家具、设备所需要的空间

人们在建筑物中的生活、学习和工作都伴有必要的家具和设备，因此家具和设备的尺寸，以及人们在使用家具和设备时的活动空间，是确定房间内部使用面积的重要依据（图8-2）。

8.2.3　自然与环境

建筑物的平面形状、体型，及墙体、门窗、屋顶、地面等围护结构都要受到自然条件包括温湿度、日照、雨雪、风速、风向等，及地形、地质条件和地震烈度等的限制和制约，同时建筑物的平面布置、体型、立面造型、场地布置等还要受到其周围建筑、道路、绿化等环境的限制，脱离自然与环境来做设计是难以想象的。由于我国幅员辽阔，各地区气候差别悬

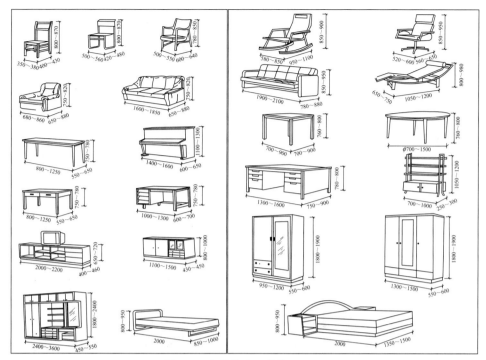

图 8-2　家具尺度（单位：mm）

殊，各地区的建筑设计应根据其气候特点来进行。图 8-3 是我国部分城市的风向频率玫瑰图。

8.2.4　材料与施工技术

设计师应根据当地的施工技术水平、建筑材料等来确定建筑方案，尽量做到因地制宜、就地取材，减少建造费用。除有特殊要求和特殊意义的建筑外，超越现有技术水平的设计方案再完美也是脱离实际的。

8.2.5　有关法规、标准

建筑类法规及规范是我国建筑界常用的标准文献。它是以建筑科学、技术和实践经验的综合成果为基础，经有关方面认定，由国务院有关部委批准、颁发，作为全国建筑界共同遵守的准则和依据。

8.2.5.1　建筑设计规范和标准。

建筑设计规范、标准种类很多，除《民用建筑设计通则》（GB 50352—2005）、《建筑设计防火规范》（GB 50016—2014）、《建筑模数协调标准》（GB/T 50002—2013）、《房屋建筑制图统一标准》（GB/T 50001—2010）、《建筑制图标准》（GB/T 50104—2010）等基本的标准和规范外，各类建筑如住宅、旅馆、商店等都有其相应的规范，设计人员必须遵守各种规范与标准来完成设计工作。

8.2.5.2　建筑模数

为了使建筑制品、建筑构配件和组合件实现工业化大规模生产，使不同材料、不同形式和不同制造方法的建筑构配件、组合件符合模数并具有较大的通用性和互换性，以加快设计速度，提高施工质量和效率，降低建筑造价，我国制定了《建筑模数协调标准》。

该标准规定基本模数的数值为 100mm，其符号为 M，即 1M＝100mm。整个建筑物和建筑物的一部分以及建筑组合件的模数化尺寸，应是基本模数的倍数。

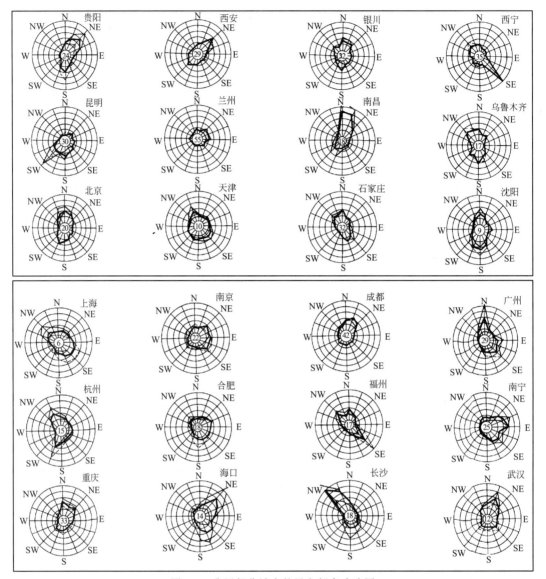

图 8-3　我国部分城市的风向频率玫瑰图

导出模数分为扩大模数和分模数，其基数应符合下列规定：

① 水平扩大模数基数为 3M、6M、12M、15M、30M、60M，其相应的尺寸分别为 300、600、1200、1500、3000、6000（mm）；竖向扩大模数的基数为 3M 与 6M，其相应的尺寸为 300mm 和 600mm。

② 分模数基数为 1/10M、1/5M、1/2M，其相应的尺寸为 10、20、50（mm）。水平基本模数 1～20M 的数列，主要用于门窗洞口和构配件截面等处。竖向基本模数 1～3 6M 的数列，主要用于建筑物的层高、门窗洞口和构配件截面等处。

水平扩大模数 3M、6M、12M、15M、30M、60M 的数列，主要用于建筑物的开间或柱距、进深或跨度、构配件尺寸和门窗洞口等处。

竖向扩大模数 3M 数列，主要用于建筑物的高度、层高和门窗洞口等处。

分模数 1/10M、1/5M、1M 的数列，主要用于缝隙、构造节点、构配件截面等处。

第9章　风景园林建筑空间设计

今天，风景园林已经超越了中西方传统园林的范围，并向风景景观、区域景观和城市景观等方向扩展，成为景观这一大概念。传统园林建筑必然被扩展为风景园林建筑，并涵盖了所有涉及景观概念之中的建筑形式。而由此引发的传统园林建筑的设计原则的扩充也是必然的。中国传统园林建筑的创造所遵循的基本原则是：本于自然、高于自然，力图把人工美与自然美相结合。而今天我们谈到的风景园林建筑的创造原则必将是以传统园林建筑的基本原则为基础，融入现代建筑空间和建筑环境理论，来创造属于我们这个时代的崭新的风景园林建筑。这是我们这代人所肩负的历史责任。

9.1　建筑空间

空间作为建筑的构成要素之一，是建筑创造中最核心的元素，是建筑创造的出发点和归结点。无论是风景园林建筑还是其他类型的建筑，都必须把空间创造作为创造建筑美的重要内容。

建筑是一种空间，但不是所有空间都是建筑。建筑空间是指为满足人们的各种具体的、特定的生活活动，而用人为手段所限定的空间。对空间的人为的主观加工是至关重要的。

人类最初建造建筑的目的是为了防御自然界的有害侵袭，获得相对较为安全的内部空间。由此也就产生了室内外的区别。建筑物的每一个体块，包括墙体、柱子、栏杆等，都会成为一种边界，构成空间延续中的一种间歇、一种限定，由此，每一建筑物都势必会成就两种类型的空间：内部空间和外部空间（图9-1、图9-2）。

图9-1　建筑室内空间

9.1.1　建筑的主角——空间

建筑中虚的部分——空间，一直是建筑的重点所在。建筑原本的、本质的意义和价值便

图 9-2　建筑室外空间

在于建筑的空间性。建筑是人类的生活活动环境，它的存在不外乎是为了满足人类的物质需求和精神需求，无论从哪方面看，空间都可以说是建筑的"主角"。

9.1.1.1　建筑空间的物质需求方面

建筑对人来说，真正具有价值的不是围成建筑本身的实体外壳，而是当中"无"的部分。所以"有"（包括门、窗、墙、屋顶等实体），是一种手段，真正是靠"虚"的部分起作用。单纯从外在形式来说，我们建造房屋时，不过是划分出大小不同的空间，并对其加以分隔和围护，一切建筑都是从这种需要而产生的。即使是纪念碑、实心塔等没有内部围合空间的建筑或构筑物，也同样设立了围绕在其周围的虚空间（图 9-3）。

图 9-3　建筑物的虚空间

获得建筑的使用功能是建筑的直接目的，根据"内容决定形式"的原理，在建筑中首先表现为要有与功能相适应的空间形式。如：一个居室，要有门窗，面积从几平方米到几十平方米就可解决问题；而一个大型聚会场所，首先就要有足够大的空间面积；如果是住宅，大致分起居室、卧室、厨房、卫生间等不同功能部分，这便使住宅成为几个大小不等的空间组合在一起的基本形式。学校、剧场，这些不同类型的建筑，不论采用何种材料、何种结构形式以及何种装饰手法，抑或这些因素都十分相似，但其空间特征都十分鲜明。

9.1.1.2　建筑空间的精神需求方面

从满足人类的审美需求角度考虑，空间也是尤为重要的。设计师用空间来造型，用建筑空间效果来使人产生某种感受。空间效果对人类的情绪产生的影响是十分强烈的。例如：一个狭长的空间具有很强的引导性，而低矮的空间给人以压抑感，高直的空间使人由衷产生一种崇高感。哥特式教堂内部窄而高的内部空间充分反映着宗教的神秘力量，以及对神权的无限向往和崇拜（图9-4）；故宫的中轴线表现出中国古代建筑群严格对称的空间布局，将"居中为尊"的这一思想表露无遗（图9-5），而中国传统园林建筑自由式的

图9-4　哥特式教堂内部空间

空间组织又充满了"柳暗花明又一村"的情趣（图9-6）。建筑空间效果在满足人类的精神需要方面起着极大的作用，是其他因素所不能比拟的。

图9-5　故宫轴线空间布局

图9-6　传统园林的多变空间

建筑是艺术，但又与其他的艺术形式不同——具有四维建筑空间。绘画尽管表现的可能是三维或四维的空间内容，但所使用的语言是二维的。在建筑中，人不可能是静止不动的，而是在运动中的，可以从连续的、各种不同视点来观察建筑，正是使用者本身赋予了建筑真实的空间——四维空间。

建筑形式是由空间、形体、轮廓、色彩、质感、装饰、虚实等多种要素复合而成的多义性概念。这些要素共同发挥作用而构成了建筑艺术的魅力。这里空间是最主要的，我们从建筑中获得美，很大一部分是从空间产生出来的。对其他建筑要素的评价也是看它是否强化、衬托或减弱、破坏了建筑的空间效果以及程度如何。如：哥特式教堂里的束柱、尖券、竖长窗，到处

图9-7 我国古典园林的漏窗

可见垂直的线条,使人感受到的是更强烈的、具有升腾感的、向上动势的内部空间,体现这对"天国"的向往;在中国古典园林中,墙面的漏窗,并不是简单地为了墙面的本身装饰,而是要产生似隔非隔的效果,以便增加景深和层次,创造更丰富的空间情趣(图9-7)。

9.1.2 建筑空间的构成

人类对客观事物的认知过程,包括感觉、知觉、记忆、表象、思维等心理活动,顺应这一认识过程,一般事物都由表面形态、内部结构和内在含义等构成。建筑空间也不例外,同样包括形态、结构和含义。

9.1.2.1 形态

建筑空间形态是指空间的外部形式和表面特征。建筑是属于视觉感受的艺术,建筑形象的美感是在视觉空间中展开的。达·芬奇说过:形象思维在建筑创造领域中具有重要作用。因为人对外界事物的认识往往是由感觉开始,感受事物的形式层面,进而才进入意象层面和意义层面的。空间形态是建筑空间环境的基础。它决定着空间的整体效果,对空间环境气氛的塑造起着关键性作用。因此,建筑空间形态构成一直是建筑创作的焦点。建筑具体的形态构成与时代、地域、民族、服务对象以及建筑师个人等方面的因素有关。空间的方位、大小、形状、虚实、凹凸、色彩、质感、肌理和组织关系等可感知的现象都属于建筑空间的形态。点、线、面和体是建筑空间造型的构成元素,建筑的整体造型就是这些元素在空间中的凝结与汇聚。

9.1.2.2 结构

建筑空间结构是指各功能系统间的一种组合关系,是隐含于空间形态中的组织网络,是支撑空间体系的几何构架。建筑空间的结构不是自然形成的,而是人为构成的。它是设计师根据空间的逻辑关系和功能的要求,结合社会、文化、艺术等相关因素而综合、提炼、抽象出来的空间框架,并借助这种框架来诱导人在空间中的行为秩序。

9.1.2.3 含义

建筑空间的涵义是指空间的内在意义层面,属文化范畴,主要反映建筑空间的精神向度,是建筑空间的社会属性。建筑不单纯以其实体的造型、建筑风格和细部装饰等向人们传达某种文化信息,建筑空间同样具有十分浓厚的文化内涵。

建筑作为其外轮廓实体和内涵空间的统一体,既有实用性,又是一个文化的载体。建筑作为一种文化,对人具有一定的精神力量,影响着人们的观念形态。建筑空间与其他艺术形式的不同之处在于,它主要是通过自身的存在价值和满足人的需求程度来传递情感,是借助于非语言形式来表达意义的。

建筑是时代的产物,是历史的见证。它强烈外化着人和社会的历史和现实。因此,建筑空间的涵义也是不断变化的。建筑空间的含义是一个动态的因素,它既取决于环境的创造者、建设者以及使用者所赋予建筑环境的意义的多少,又取决于在使用和体验中所发生的一系列行为。

建筑的空间是由上述的形态、结构、涵义所构成的。显现于外的为形，蕴涵于内的为意。建筑空间的形式与建筑空间的内涵，是辩证统一的关系。建筑本身的形式与内容就一直是一种对立统一的辩证关系。形是依附于建筑实体之上的，表达一定的内容、传递一定的涵义的情感符号。但任何形式都有相应的意义，绝对没有不含意义的空洞的形式，只是所表达的涵义有深有浅。例如，当代建筑流派纷呈，不管何种流派，理性或感性、粗野或文静、高技或古典，无不在追求一种能表达个性情感的建筑形式，都是在用形式语言说话。

形式与内容应该是相统一的。形式不能脱离内容而虚假表现，反之内容又必须依赖一定的形式而存在。在建筑创作中应当形神兼顾，不可偏重某一方。

9.1.3 建筑空间的分类

建筑空间是一个复合型、多义型的概念，很难用某种特定的参考系作为统一的分类标准。因此，按照不同的分类方式可以进行以下的划分：

9.1.3.1 按使用性质分

可分为公共空间、半公共空间、私密空间、专有空间。

① 公共空间　凡是可以由社会成员共同使用的空间。如展览馆、餐厅等。

② 半公共空间　指介于城市公共空间与私密或专有空间之间。如居住建筑的公共楼梯、走廊等。

③ 私密空间　由个人或家庭占有的空间。如住宅、宿舍等。

④ 专有空间　指供某一特定的行为或为某一特殊的集团服务的建筑空间。既不同于完全开放的公共空间，又不是私人使用的私密空间。如小区垃圾周转站、配电室等。

9.1.3.2 按边界形态分

空间的形态主要靠界面、边界形态确定空间形态。可分为封闭空间、开敞空间、中介空间。

① 封闭空间　这种空间的界面相对较为封闭，限定性强，空间流动性小。具有内向性、收敛性、向心性、领域感和安全感。如卧室、办公室等。

② 开敞空间　指界面非常开敞，对于空间的限定性非常弱的一类空间，具有通透性、流动性、发散性。相对封闭的空间显得大一些，驻留性不强，私密性不够。如风景区接待建筑的入口大厅、建筑共享交流空间等。

图 9-8　动态空间

图 9-9　静态空间

③ 中介空间　指介于封闭与开敞空间之间的过渡形态，具有界面限定性不强的特点。如建筑入口雨篷、外廊、连廊等。

9.1.3.3　按组合方式分

空间形态上，按不同空间组合形式的不同，可分为加法构成空间、减法构成空间。

① 加法构成空间　在原有空间上增加、附带另外的空间，并且不破坏原有空间的形态。

② 减法构成空间　在原有的空间基础上减掉部分空间。

9.1.3.4　按空间态势分

相对围合空间的实体来说，空间是一种虚的东西，通过人的主观感受和体验，产生某种态势，形成动与静的区别，还可具有流动性。可分为动态空间、静态空间、流动空间。

① 动态空间　指空间没有明确的中心，具有很强的流动性，产生强烈的动势（图9-8）。

② 静态空间　指空间相对较为稳定，有一定的控制中心，可产生较强的驻留感（图9-9）。

③ 流动空间　在垂直或水平方向上都采用象征性的分隔，保持最大限度的交融与连续，视线通透，交通无阻隔或极小阻隔，追求连续的运动的特征（图9-10）。

图9-10　流动空间

9.1.3.5　按结构特征分

建筑空间存在的形式各异，但其结构特征基本上分为两类：单一空间和复合空间。

① 单一空间　只有一个形象单元的空间，一般建筑、房间多为简单的抽象几何形体。

② 复合空间　按一定的组合方式结合在一起的，具有复杂形象的空间。大部分建筑都不只有一个房间，建筑空间多为复合空间，有主有次，以某种结构方式组合在一起。

9.1.3.6　按分隔手段分

有些空间是固定的，有些空间是活动的，围合空间出现的变化产生了固定空间和可变空间。

① 固定空间　是一种经过深思熟虑的使用不变、功能明确、位置固定的空间。

② 可变空间　为适应不同使用功能的需要，用灵活可变的分隔方式（如折叠门、帷幔、屏风等）来围隔的空间，具体可大可小，或开敞或封闭，形态可产生变化。

9.1.3.7　按空间的确定性分

空间的限定性并不总是很明确的，其确定性的程度不同，也会产生不同的空间类型，如肯定空间、模糊空间、虚拟空间。

① 肯定空间　界面清晰、范围明确，具有领域感。

② 模糊空间　其性状并不十分明确，常介于室内和室外、开敞和封闭等两种空间类型之间，其位置也常处于两部分空间之间，很难判断其归属，也称灰空间。

③ 虚拟空间　边界限定非常弱，要依靠联想和人的完形心理从视觉上完成其空间的形态限定。它处于原来的空间中，但又具有一定的独立性和领域感。

9.1.4　建筑空间的相关要素

建筑的发展过程一直表现为一种复杂的矛盾运动形式，贯穿于发展过程中的各种矛盾因素错综复杂地交织在一起，只有抓住其中的本质联系，才能揭示建筑发展的基本规律。建筑空间的相关因素主要包括空间与功能、空间与审美、空间与结构、空间与行为和心理。

9.1.4.1 空间与功能

建筑功能是人们建造建筑的目的和使用要求。功能与空间一直是紧密联系在一起的。建筑对人来说，真正具有使用价值的不是其实体本身，而是所围合的空间。马克思主义哲学中"内容与形式"的辩证统一关系能很好地说明功能与空间的关系：一方面功能决定空间形式；另一方面，空间形式对功能具有反作用。在建筑中，功能表现为内容，空间表现为形式。二者之间有着必然的联系。如居室、餐厅、阅览室等功能不同，构成空间形式不同；而办公、商店、体育馆、影剧院等建筑物也由不同的功能布局形成各自独特的空间形态和空间组织方式。

9.1.4.2 空间与审美

众所周知，只有人类才具有理性思维和精神活动的能力。这是其他生物所不能比拟的。人类有思维能力，就要产生精神上的需要。所以建筑这种人为的产物，它不仅要满足人类的使用要求，还要满足人类精神要求。建筑给人提供活动空间，这些活动包括物质活动和精神活动两方面。在建筑漫长的发展过程中，人类在满足自我精神需要的同时，养成了一定的审美习惯。用特有的审美观念来判断审美对象的美与不美，自觉地抱有某种审美倾向。因此，建筑空间可以看成是受功能要求制约的适用空间和受审美要求制约的视觉空间的综合体。虽然本身所有建筑空间都能达到艺术创造的高度，但至少是满足人的起码的精神感受。引起人的视觉感官上的愉悦，就要遵循形式美的规律，如主从、对比、韵律、比例、尺度、均衡等。

建筑是人类社会的特有产物，因此建筑的审美观念就不能孤立存在，必然受到文化、宗教、民族、地域等方面社会性要素的影响。如东西方建筑的差异、南北地区建筑的差异、不同宗教建筑的差异等。

人类的审美观念是对客观对象的一种主观反映形式，属于意识形态。它是由客观存在决定的。当客观现实改变以后，思想观念必然改变。因此，人类的审美习惯不是一成不变的，它将随着时代的发展而发展变化。如：被公认为美的古典建筑形式，在经历了几千年的历史考验后，却在社会大变革时期遭到否定。那么是古典建筑突然变得不美了吗？如果承认古典建筑是美的，那么现代建筑是否具有美的形式呢？是否有统一的审美标准和尺度？现代建筑对传统的否定是因为建立在古典建筑形式上的审美观念与已经发展变化了的功能、物质技术条件很不适应，应该以新的形式取而代之，并建立新的审美观念。但无论是古典建筑还是现代建筑，它们都遵循着形式美"多样统一"的原则。如巴黎圣母院和美国国家美术馆东馆，它们的比例都很合适，构图也很均衡，只是在具体处理中由于审美观念的差异而采用不同的标准和尺度。前者满身的装饰，后者却完全抛弃了装饰。

9.1.4.3 空间与结构

无论建筑空间是要满足物质使用功能要求，还是要满足精神审美要求，要实现这些要求，必须有必要的物质技术手段来保证，这个手段便是建筑空间的结构形式，建筑物要在自然界中得以"生存"，首先要依赖于结构。

建筑是技术与艺术的结合，技术是把建筑构思意念转变为现实的重要手段，建筑技术包括结构、材料、设备、施工技术等，其中结构与空间的关系最密切。中国哲学家老子有关于空间"故有之以为利，无之以为用"的论述，清楚地说明了实体结构和内部空间，即"有"与"无"是"利"与"用"的关系，也就是手段与目的的关系。

结构既是实现某种空间形式的手段，又往往对空间形式产生制约。如传统建筑结构形式穹顶最大可做到42m的跨度，直到19世纪末20世纪以来，新结构、新材料的产生，才有了更大的跨度。

我们把符合功能要求的空间称为适用空间，符合审美要求的空间称视觉空间，把符合力学规律和材料性能的空间称为结构空间。在建筑中，这三者是一体的，建筑（创造）的过程就是这三者的有机统一为一体的过程。首先，不同的功能要求都需要一定的结构形式来提供相应的空间形式；其次，结构形式的选择还要服从审美的要求，另外结构体系和形式反过来也会对空间的功能和美观产生促进作用。

9.1.4.4　空间与行为、心理

虽然建筑是一种为人服务的媒体和手段，可以诱发某种行为和充当某种功能的载体，但真正的行为主体是人，唯有人自己才是需要和活动行为的动因。倘若建筑空间中没有任何人的行为发生，则空间只是闲置在那里，没有任何价值；反之，人的行为没有建筑空间作为依托，许多人类社会行为也就不会发生。因此，空间与行为是相辅相成的一对元素，从环境意义上考虑空间的创造，才能形成真正的建筑空间。

而人类的行为是与人类的心理特征分不开的，人类有关建筑方面的心理需求包括基础性心理需求和高级心理需求。

① 基础心理需求　停留在感知和认知心理活动阶段的心理现象、需求都为基础心理需求。如建筑空间给人的开放感、封闭感、舒适感……

② 高级心理需求　包括以下几个方面：领域性与人际距离、安全感与依托感、私密性与尽端趋向、交往与联系的需求、求新与求异心理、从众与趋光心理、纪念性与陶冶心灵的需求等。

9.1.5　建筑空间的影响因素

影响建筑空间创造的因素主要分为自然因素和人文因素两大类。

9.1.5.1　自然因素

自然因素包括：人体尺度和行为模式，空间的设施情况和物理环境，建筑材料和技术以及气候和地形。

① 人体尺度和行为模式　建筑是为人服务的，建筑空间必须满足人的活动需求，因此进行建筑空间创作首先要了解人体尺度——人体工程学。人体尺度是人体在建筑空间内完成各种动作时的活动范围，它是决定空间尺度的最基本数据。

不同使用性质的建筑之间之所以具有不同的建筑空间形式，很大程度上因为在这些建筑中，人的行为模式不同，因而需要不同的形式来与之适应。也就是说，一个成功的建筑空间会对身处其间的人们的生活方式和行为模式起到一定的启发和引导作用。

② 空间的设施情况和物理环境　一般来说，除了交通性空间以外，大多数建筑空间只有空间的各个界面是不能完全满足其使用要求的，家具、灯具、洁具、绿化、设备等空间道具设施的设置十分必要，它们的尺寸、形式、布置方式及风格对建筑空间效果有很大的影响。

建筑是一种人为环境，它的一切都是为了人的需要，因此首先要保证采光、日照、温度、湿度、视线、音响效果等空间的物理环境最起码的人类生理需求。也就是说，空间物理环境是进行建筑空间设计时应该很好地解决的基本问题，在此基础上才能进一步满足审美需要，创造艺术美。

如视线要求：教室最后一排要能看清黑板上的字，教室就不能太长；剧院要能看清演员的表情；观众厅的长度就以体育馆观众席看比赛的距离安排，因为观众没必要看清运动员的面部表情，只需看清运动员的号码即可。

③ 建筑材料和技术　由一种构思变为现实必须有可提供的材料和操作的技术，没有这二者的保障，所有构想只能是一纸空文。因此在建筑创作的开始，就要将材料与技术条件充分考虑，这样才能确保方案的实施。

④ 气候和地形 气候条件对建筑空间的影响是很大的，气候条件不同，直接影响建筑空间的通透程度、组合方式等，通过建筑空间的设计可较好地适应气候条件，尽量减少能源消耗。如北方地区气候寒冷，因此建筑内部空间较为封闭，空间组合方式也以尽量减少外墙面积为原则等。

建筑基地的地形条件也是影响建筑空间形式的重要条件，因地制宜，与环境良好结合。此外对园林建筑来说还要与园林其他构成要素有机结合以及符合园林造景景观需求等，这样才是真正成功的建筑空间设计。

9.1.5.2　人文因素

人文因素包括人的心理需求、建筑的民族性和地域性、建筑的历史性和时代性，以及建筑的文化性和艺术性。

① 人的心理需求 建筑空间设计只满足人体静态尺度和活动空间范围是不够的，还要考虑人类心理需求的空间范围，如人际距离、领域空间、私密性要求，这些因素对建筑空间的形成都很有影响。

② 建筑的民族性和地域性 建筑具有强烈的社会性，即使是满足了各种自然因素和人类的共性需要，不同民族和地区的建筑空间仍然有很大不同，这说明建筑的民族性和地域性对建筑空间也具有一定的影响。

不同的民族，有着不同的宗教形态、伦理道德和思想观念。这些不同都会在建筑空间上有所反映。有些还会成为民族的象征。如古典柱式象征着欧洲文化，琉璃瓦大屋顶的建筑则象征着中华民族的文化传统。

即使在同一个民族中，不同地域的建筑也有不同的建筑空间形式。如中国汉族的民居（北京民居、安徽民居、江南民居、福建民居、四川民居等），这些各具特色的民居，一方面有气候、地貌、生态等自然因素，但更多的是人们的生活方式、风格习惯、社会经济水平等人文因素。

③ 建筑的历史性和时代性 建筑的存留期相对来说是很长的，少则十几年、几十年，多则上百年乃至上千年。如中外留存下来的古建筑，这些仍然存留的古代建筑物对今天依然很有意义，包括其物质用途和精神影响。即使有些不存在了（如中国现存的一些古代遗迹）也对后世施加着影响。这是因为建筑是人类社会的产物，每一历史阶段的建筑风格都不是凭空出现的，而是有着其历史渊源，体现着连续性的特征。因此，建筑空间创造会很自然地体现出历史的文脉。

建筑也是时代产物，时代变革引起整个社会从政治、经济形态到文化和观念形态的全面变革，建筑也不例外。当旧的建筑空间形式不能满足新功能、新观念的需要，必然要被新形式所取代。古代社会的变革速度是缓慢的，因而其时代特征不是非常明显。但工业革命后，尤其20世纪以来，建筑形式的发展可以说是日新月异。因此我们只有开动脑筋，发挥自己的创造力，不断地推陈出新，才能跟上时代的步伐。

④ 建筑的文化性和艺术性 建筑是文化，它强烈外化着人和社会的种种历史和现实，它是为人提供从事各项社会活动和居住场所的功能载体。一切文化现象都发生于其中，而且建筑既表达着自身的文化形态，又比较完全地反射出人类文化史。

建筑是艺术，通过其外部表现形式和内涵的意蕴来体现其艺术的魅力。建筑空间的艺术感染力是由建筑环境的总体构成来体现的，不能把建筑艺术只局限于立面处理，而忽略了空间与环境的整体艺术质量。

9.1.6　建筑空间创造的思想和原则

9.1.6.1　建筑空间创造的基本思想

建筑空间的创造要根据具体情况具体分析，但总的来说，包括以下几个方面的艺术思想：

①"以人为本"的根本出发点　建筑为人所造，供人所用，"以人为本"应该是建筑空间创造的根本出发点。建筑空间创造的目的就是要创造人们所需要的内外空间，设计中应始终把人对空间环境的需求，包括物质和精神两个方面，放在首要位置。

② 功能与形式的有机结合　建筑的内容表现为物质功能和精神功能内在要素的总和。建筑的形式则是指建筑内容的存在方式或结构方式，也就是某一类功能及结构、材料等所外化的共性特征。在进行建筑空间创造时，应充分注意功能与形式的协调。

③ 科学性与艺术性的结合　建筑艺术有别于其他艺术的极为重要的一点，就是科学技术对其的制约与促进。社会生活和科学技术进步，带来人的价值观和审美观的改变，必然促进建筑创造者积极运用新技术、新工艺、新材料来通过富有表现力和感染力的空间形象创造更具观赏美感和文化内涵的建筑的空间环境。

在具体的建筑空间设计中，会遇到不同类型和功能特点的建筑，可能要根据建筑的具体使用性质，对科学性和艺术性有所偏重，但两者并不是对立的。相反，两者应是有机结合在一起的。而且一个在艺术上优秀的建筑，它在技术上一定也是非常合理的。

④ 时代感与历史文脉并重　人类社会的发展，无论物质方面，还是精神方面，都具有历史延续性，建筑总是能从某个侧面反映时代的特征，具有鲜明的时代感。因此，在建筑空间创造中，既要主动考虑满足当代的社会生活活动和人的行为模式的需要，积极采用新的物质技术手段，体现具有时代精神的价值观和审美观，还要充分考虑历史文化的延续和发展，因地制宜地采用具有民族风格和地方特点的设计手法，做到时代感与历史文脉并重。

这里有一点是要加以说明的，那就是注重历史文脉的建筑空间创造并不是简单地从形式、符号上模仿传统建筑，而是要从广义上、实质上去认识传统建筑，领会其精髓，从平面布局、空间组织特征乃至创作中的哲学思想方面去追录历史文脉。

⑤ 整体的环境观　著名建筑师沙里宁说过："建筑是寓于空间中的空间艺术"。整个环境是个大空间，建筑空间是处于其间的小空间，二者之间有着极为密切的依存关系。当代建筑创造已从个体创造转向整体的环境创造，单纯追求建筑单体的完美是不够的，还要充分考虑建筑与环境的融合关系。风景园林建筑更是如此。

建筑环境包括有形环境和无形环境。有形又包括绿化、水体等自然环境和庭院、周围建筑等人工环境。无形环境主要指人文环境，包括历史和社会因素，如政治、文化、传统等，这些环境对建筑空间的影响非常大，是建筑空间创造中要着重考虑的因素。只有处理好建筑的内部空间、外部空间以及二者之间的关系，建立整体的环境观，才能真正实现环境空间的再创造。

9.1.6.2　建筑空间创造的基本原则

根据前面对建筑空间创造过程中的影响因素和基本思想的分析，我们可以得出以下建筑空间创造的基本原则：①满足建筑使用功能要求；②满足人的心理需求；③满足形式美的原则；④尽量实现艺术美；⑤满足文化认同；⑥满足结构的合理性；⑦与环境有机结合。

9.1.7　形式美的基本原则

从某种意义上说，建筑空间可以说是一种视觉空间，人们要在建筑空间中获得精神上的满足，首先它在视觉上应该是具有美感的，也就是所谓的形式美。那么，什么样的形式才是美的？美的形式是否有一定的原则和规律？根据辩证唯物主义的哲学观点，回答是肯定的。任何发展、变化着的事物都有其内在规律可循，形式美也有某些特点和原则。

建筑空间除了要具有实用属性以外，还以追求审美价值作为最高目标。形式美原则是创造建筑空间美感的基本原则，是美学原理在建筑空间设计上的直接运用。

传统建筑、现代建筑都遵循这样一个形式美的基本原则——多样统一，尽管它在表现形式上是如此的不同。这在我们前述中西方传统建筑和现代建筑的产生、发展中可以了解到。传统建筑依然是美的，它的艺术魅力影响至今，只是由于建立在古典建筑形式上的那套审美观念，和已经发展变化了的当代的功能要求、物质技术条件已很不适应。为了适应新情况，必须探索新的建筑形式，这就出现了强调"艺术与技术统一"的现代建筑。

多样统一也称有机统一，也就是在统一中求变化，在变化中求统一。欲达到多样统一以唤起人的美感，既不能没有变化，也不能没有秩序。既富有变化又富有秩序的形式能够引起人们的美感。多样统一的形式美基本原则具体体现在以下几个方面：

9.1.7.1 比例

比例是一个整体中部分与部分之间、部分与整体之间的关系，体现在建筑空间中，就是空间在长、宽、高三个方向之间的关系。

（1）比例在建筑空间的作用

① 运用比例原理，可以获得最佳的位置、造型或结构；

② 利用不同的比例能造成不同的空间效果；

③ 利用比例调整细部，以获得最佳的空间效果。

（2）具有美感的比例 具有美感的比例关系有很多，常用的有以下几种：

① 黄金比 古希腊的毕达哥拉斯学派认为：万物最基本的因素是数，数的原则统治着宇宙中的一切现象。"黄金比"就是由这个学派提出的，即 1：1.618。

黄金比被广泛地运用于建筑中，如平面的长宽、剖面的高矮、立面造型和开窗的比例等，都取得了良好的效果。

现代著名建筑师勒·柯布西耶曾把比例和人体尺度结合在一起，并提出一种独特的"模数"体系。他将人体的各部分尺寸进行比较，所用数据均接近黄金比（图9-11）。

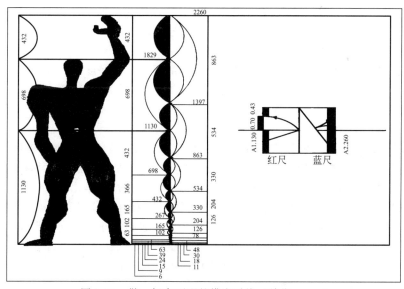

图9-11 勒·柯布西耶的模度系统（单位：mm）

② 简单几何形体 一些简单的几何形体，如圆、正方形、正三角形等，具有确定数量之间的制约关系，有时可以用来当作判别比例关系的标准和尺度。因为在建筑中，简单肯定的几何形状可以被我们清晰地辨识，从而引起人的美感。

③ 相似形 不一定要有固定比例的建筑空间才是美的，利用一些相似形来处理空间的比例关系，也可以产生和谐的效果。如，一系列相似矩形，组合在一起，往往可获得和谐的

感觉。

（3）比例美的相对性　某种具有美感的固定数值的比例关系也不是在所有情况下都是美的，任何绝对抽象的美的比例都是不存在的，都是有一定的相对性。这相对性体现在如下几个方面：

① 材料特性的影响　不同的建筑材料具有不同的力学特性，因而不同的建筑形象具有不同的比例关系，如中国传统木构架建筑——木柱细、开间宽；西方古典建筑——石柱粗、开间窄，二者都是建立在本身材料特性基础上的（石受弯不如木），具有理性特征的比例关系，所以易于为人们接受，并产生美感。现代建筑——钢筋混凝土、钢材，受弯性非常好，可形成比例关系，但它体现了事物内在的逻辑性，因此也是美的。

② 结构形式的影响　即使采用同种材料，如果采用不同的结构形式，也会产生不同的比例关系。如现代建筑采用各种大跨度结构所创造出来的空间具有不同于以往的比例关系。也就是说不同结构形式与其特有的比例关系是紧密联系在一起的，只要比例关系与采用的结构形式是对应的，也就是美的。

③ 使用功能的影响　建筑空间的使用功能对于比例关系的影响也是不可忽视的，要兼顾使用功能与美感，当然使用功能是基本的。

④ 历史传统的影响　不同的地区、不同民族由于自然条件、社会条件、文化传统、风俗习惯等的不同，会形成不同的审美观念，因此富有独特比例关系的建筑形象往往会赋予该建筑独特的风格。即使它们新采用的材料、结构和具有的使用功能都是基本相同的。如中国的拱券门洞和西方凯旋门上的券洞高宽比都不同。

9.1.7.2　尺度

尺度是建筑物的整体或局部给人感觉上的大小、印象和其真实大小之间的关系问题。尺度与比例不同，比例主要表现为各部分数量关系之比，是一种相对值，而尺度都要涉及真实大小和尺寸。但还要把尺度和真实尺寸大小区别来看，形式美原则中的尺度是一种尺度感，是对建筑产生的大小感觉。因此我们既要了解建筑尺度的特殊性，又要了解合宜的尺度感是如何获得的。

（1）建筑尺度的特殊性　人类对周围的物体，都存在一种尺度感。如劳动工具、生活用品、家具等。人们对这些物体的尺度感与真实尺寸是一致的。但对建筑，有时都可能尺度感失真，不是本身很大的建筑显得小，就是不大的建筑，都装扮成很大。这是因为建筑不同于其他物体，而具有其特殊性，即：

① 建筑的体量巨大　人的正常尺度感的获得经常是以自身的尺度为依据的，劳动工具、生活用品家具等都是根据人体的尺度而设计的，物质的尺度是否合适很容易得到检验。建筑则不然，建筑的体量一般都很大，人们很难以自身的大小去和它作比较。

② 建筑的复杂性　建筑具有丰富的内涵，在建筑中有许多要素都不是单纯根据功能这一方面因素来决定的，其他一些因素会与功能因素在一起制约建筑空间的形象，而且有时其他因素甚至超过功能的作用。这样就可能给辨认尺度带来困难，使某些建筑失去了应有的尺度感。如建筑的门，经常会出于其他方面的考虑而设计得很高。

（2）合宜尺度感的获得　欲获得合宜的尺度感有以下方法：

① 不变要素的运用　建筑中的要素如栏杆、扶手、踏步等，与人体尺度关系极为密切。一般来说，为适应其功能要求，这些要素基本都保持恒定不变的大小和高度。另外，某些定型的材料和构件，如砖、瓦、滴水等，其基本尺寸也是不变的。以这些不变的要素为参照物，将有助于获得正确的尺度感。

建筑内部空间中，由于家具、陈设等物体一般有功能需要，都具有相对确定的尺寸，以它们为参考，基本可以获得合宜的尺度感。

② 局部的衬托　建筑物的整体是由局部组成的，局部对于整体尺度的影响很大，通过局部与整体之间的对比作用，可以衬托出建筑物的真实尺度感。局部愈小愈反衬出整体的高大；反之，过大的局部，则会使整体显得矮小。

当然，我们也不排除某些特殊类型的建筑，为了获得某种审美效果，需要不真实的尺度感。如纪念性建筑，往往用夸张的尺度感，通过细部处理使建筑产生更高大的感觉；而风景园林建筑，则需要一种亲切的尺度感。

9.1.7.3　均衡

均衡是指在特定的空间范围内，诸形式要素之间视觉感的平衡关系。在自然界里，相对静止的物体都是遵循力学的原则的安定的状态存在着的。由于这个事实，使人们在审美上产生了视感平衡心理，于是人们在建造建筑时都力求符合均衡的原则，均衡大体可分为两类：静态均衡和动态均衡。

（1）静态均衡　静态均衡是指在相对静止条件下的平衡关系，是在造型活动中被长期和大量运用的普遍形式。静态均衡又可分为对称平衡和非对称平衡。

① 对称平衡　所谓对称平衡是指画面中心点两边或四周的形态具有相同的状态，从而形成静止的现象。对称的形式自然就是均衡的。其实对称本身就是一种形式美的原则，因为这种形式体现出一种严格的制约关系，因而比较容易获得完整统一性（如中国古代建筑经常用对称均衡）。

对称均衡还包括左右对称和辐射对称两种形式。前者是发展的、静态的，后者则是稳中蕴涵着动感。

② 非对称平衡　非对称平衡是指一个形式中相对应的部分不同，但其量感相似，从而形成一种平衡关系。与对称形式的均衡相比较，非对称形式的均衡所取得的视觉效果远为灵活而富于变化，但都不如对称形式庄重。

现代建筑中，功能、地形、建筑物的使用性质等多方面因素的限制，使许多建筑都不适于采用对称形式，于是就出现了非对称均衡。第一代建筑师格罗皮乌斯设计的包豪斯校舍就打破了古典建筑传统的束缚而采用了非对称的均衡方式，成为现代建筑史上一个重要里程碑。

（2）动态均衡　自然中还有很多现象是依靠运动来求得平衡的（如旋转的陀螺）。现代建筑理论还在处理建筑空间立体构图时考虑到人观察建筑过种中的时间因素，产生了"空间-时间"的构图理论。

说到均衡，就必然与稳定的概念联系在一起。如"▽"不稳定，"△"稳定，但是随着社会的进步，人们凭借先进的科学技术，建造出摩天大楼和许多底层通空、上大下小的新颖建筑形式，这也带给了人们审美观念的发展变化。

9.1.7.4　主从

在由若干要素组成的整体中，各组成部分必须有所区别，因为每一要素在整体中所占的比重和所处的地位，将会影响到整体的统一性。即各部分应该有主次之分，有重点与一般之分。在设计过程中，无论从平面组合还是立面处理，还是从内部空间到外部体形，以及从细部装饰到群体组合，都要处理好主从、重点和一般的关系，以取得完整统一的效果。区分主从关系的途径有：

① 从空间布局上区分　通过建筑空间布局上的处理，可以将主从部分和从属部分有效地区分开来。如对称——中国传统建筑惯用的方法；或将主体空间置于中间，从属空间围绕其环状布置——西方古典的集中式建筑；或一主一从——现代建筑。

② 采用重点强调的方法　重点强调是指有意加强整体中的某个部分，使其在整体中显得特别突出，其他部分则相应地变得次要，从而达到区分主次关系的目的。如加大、

增高、突出主体或在建筑中设置"趣味中心"。所谓"趣味中心"就是指整体环境中最引人入胜的部分，当然也是最重要的部分。许多现代建筑中的庭院空间，就是一个很好的趣味中心。

9.1.7.5　反复

反复是指以相同或相似的构成单元作规律性的逐次出现时所获得的效果。反复是一种历史悠久的古典构图形式，也是一项最基本的构图原理。它是获得秩序与均衡的必要基础，而且也是和谐与韵律的主要因素。

反复的具体形式又分为同一反复、相似反复和变化反复等。同一反复指某一要素的简单重复出现，它可产生统一感，但不免单调；相似反复指某些差异的要素的重复出现，它可形成统一中的变化；变化反复指形式要素的排列上，相异的单元交互出现，可导致变化中的统一。

9.1.7.6　渐变

渐变是指利用近似的形式进行连续的排列，这是一种通过类似要素的微差关系而取得统一的形式手段。在本质上，渐变原则必须以良好的比例作为基础。一般等差数列、等比数列等都可以构成渐变形式的基本比例。渐变能使视觉产生柔和含蓄的感觉，具有抒情的意味，而且其自身包含着强烈的韵律感。

在建筑中，由于有远近的透视作用，多数反复的形式都可能转变为渐变的效果。

9.1.7.7　对比

所谓对比是指强调各形式要素间彼此不同因素的对照，以表现差异性为目的。古代朴素唯物主义曾有这样的观点：自然趋向差异对立，协调是从差异对立而不是从类似的东西产生的。对比形式对人们的感官刺激有较高的强度，容易引起人的兴奋，进而使造型效果生动而富有活力。对比效果是形式美学中最为活跃的积极因素，但是在使用中一定要掌握好程度，对比太强也会产生不和谐的感觉。

对比的形式有很多，它们之间有一定的区别。有的是"量"方面的对比，有的是"质"方面的对比；且在时间上，对比又可分为同时对比和连续对比。

①"量"和"质"的对比　从视觉角度上说，大—小、多—少、高—低、粗—细、水平—垂直等这些属"量"的对比；软—硬、凹—凸、直—曲等属"质"的对比，但无论采用"量"或"质"的对比，一方面应"量"、"质"因素不宜过多悬殊，一方面亦可用重复或均衡原则给予调节，同时还可用某些过渡因素加以调解、缓和，以取得对比中的和谐效果。

②同时对比和连续对比　考虑时间因素，对比就又有同时对比和连续对比的区分，若对比着的元素在同一时间、同一场合出现，就能同时对比；若对比着的元素不在同一时间、场合出现，就属连续对比。

在建筑空间中，人们对建筑空间的认识不能在一时之间完成，而是要参考一个空间再来到另一个空间，在连续运动过程中获得全部体验。对建筑的外部空间的认识也是如此，人们一次最多只能看到建筑的三个面，而不是看见全部。因此在设计中要注意不同空间的相对元素的对比。

9.1.7.8　韵律

韵律是指形式在视觉上所引起的律动效果，如造型、色彩、材质、曲线等各种形式要素。在组织上合乎某种规律时所给予视觉和心理上的节奏感觉，就是韵律。韵律本身具有极强的条理性、重复性、连续性，因此在建筑空间中适当运用韵律原则，使静态空间产生微妙的律动效果，既可建立一定的秩序又可打破沉闷气氛而创造出生动、活泼的环境氛围。所以，在建筑领域中，从局部到整体、内部空间到外部形体、单体到群体以及古今中外建筑都在大量运用韵律美。

9.2 建筑空间的创造

建筑空间包括建筑内部空间和建筑外部空间，也就是说一个完整的建筑创造应包括建筑内部空间的创造和建筑外部空间的创造。

9.2.1 内部空间处理

人的一生大部分是在室内度过的，因此建筑内部空间处理非常重要，直接关系到人们的使用是否方便和精神感受是否愉快。内部空间又可分为单一空间和复合空间。

9.2.1.1 单一空间的处理手法

单一空间是构成建筑的基本单元，虽然大多数建筑都是多个空间构成的，但是只有在处理好每一个空间的基础上，才能进而解决整个建筑的空间问题。它包括：空间的形状与面积、比例与尺度以及空间的界面。

① 空间的形状与面积　空间的形状受功能与审美要求的双重制约。应该在满足功能的前提下，选择某种空间形状以使人产生某种感受。直线是人比较容易接受的，而且使用起来较为方便，家具等也易于布置，故矩形的空间在实际中得到广泛应用。但是过多的矩形空间也会产生单调感，因此一些建筑常采用其他几何形状的平面，从而带来一定变化，配以不同的屋顶形式，更能产生不同的空间感受。

空间的面积同样受到功能与审美两种因素的制约。一般建筑空间的面积，根据该空间的使用性质和人员规模，以人体的尺度、各种动作域的尺寸和空间范围以及交往时的人际距离等为依据，即可以大致确定其面积。如：在大量的调查、研究、经验基础上总结出的不同建筑空间的面积计算参数。

② 空间的比例与尺度　空间几何形状的比例对空间的使用和艺术效果都会产生一定影响。建筑空间的尺度感应该与房间的使用性质取得一致。如住宅中各个房间都采用矩形平面，客厅就不宜过窄长，厨房形状就可狭长些。客厅（居室）尺度宜亲切，过大时很难和谐形成居家气氛。教堂内部空间窄、高、长，形成神秘之感。公共建筑空间一般面积较大，高度较高，虽然功能不需要，但这样做是为了使用高度与面积比相协调，否则会有压抑感。所以说尺度感与建筑空间的精神功能关系密切。

③ 空间的界面的处理　空间是由不同界面围合而成的，界面的处理对空间效果具有很强的影响。这里说的界面包括顶界面、侧界面和地面。

顶界面对空间形态的影响非常大，如同样是矩形平面，平顶、拱顶的区别使得空间形态完全不同（如井字梁、网架等）。

空间的侧界面以垂直的方式对空间进行围合，处在人的正常视线范围内，因此对空间效果来说至关重要。侧界面的状态直接影响着空间的围、透关系，但在建筑中，围与透应该是相辅相成的，只围不透的空间自然会使人感到憋闷，但只透不围尽管开敞，内部空间的特征却不强了，也很难满足应有的使用功能。也就是建筑空间创造中要很好地把握围与透的度，根据具体使用性质来确定围与透。如宗教建筑——以圆为主，造成神秘、封闭、光线幽暗的气氛；风景园林建筑出于观景要求，四面临空是完全可以的。

空间侧界面上的门窗洞口的组织在建筑中也很重要。某个界面上实体面与门窗洞口的组织实际上就是处理好虚与实的关系，二者应有主有次，尽量避免两部分对等的现象出现，并且门窗洞口一般使用正常尺度，使空间尺度感正常。

地面处理对整体空间效果的影响程度虽不及天花与墙面，但对空间亦有一定影响。

9.2.1.2 复合空间的处理手法

建筑绝大多数都是由多个空间复合而成的。纯粹的单一空间建筑几乎是不存在的。因为即使只有一个房间的建筑，内部空间也会因不同的使用功能而有所划分。因此我们还要在处理好单一空间的基础上，解决多个空间组合在一起所涉及的问题，使人们在连续行进的过程中得到良好的空间体验。复合空间的处理主要体现在：空间的组合方式、空间的分隔与划分、空间的衔接与设计、空间的对比与变化、空间的重复与再现、空间的引导与暗示、空间的渗透与流通以及空间的秩序与序列。

① 空间的组合方式　任何建筑空间的组织都应该是一个完整的系统。各个空间的某种结构方式联系在一起，既要有相互独立又能相互联系的各种功能场所，还要有方便快捷、舒适通畅的流线，形成一种连续、有序的有机整体。空间组织方式有很多种，选择的依据一定要考虑建筑本身的设计要求（如功能分区、交通组织、专业通风及景观的需要等），还要考虑建筑基地的外部条件，周围环境情况会限制或增加组合的方式，或者会促使空间组合对场地特点的取舍。根据不同的空间组织特征，概括起来有：并列、集中、线形、辐射、组团、网格、轴线对位、庭院等。

② 空间的分隔与划分　建筑空间的组合从某种意义上说就是根据不同的使用目的，对空间进行水平或垂直方向上的分隔与划分，从而为人们提供良好的空间环境。空间的分隔与划分大致有三个层次：一是室内外空间的限定（如入口、天井、庭院等），体现内外空间关系；二是内部各个房间的限定（各内部空间之间分隔与划分手段）；三是同一房间里不同部分的限定（用更灵活的手段对空间进行再创造）。

空间的分隔包括水平和垂直两个方向的限定，主要包括以下几种手段：利用承重构件的分隔；利用非承重构件进行分隔；利用家具、装饰构架等进行分隔；利用水平高差进行分隔；利用色彩或材质进行分隔；利用水体、植物及其他进行分隔。

③ 空间的衔接与过渡　从心理学角度来考虑，总是不希望两个空间简单地直接相连，那样会使人感到突然或过于单薄，尤其是两个大空间，如果只以洞口直接连通，人们从前一个空间走到后一个空间，感觉会很平淡。因此，在建筑空间创造时要注意空间的衔接与过渡问题（如同音乐中的休止符、文章中的标点）。

空间的间接过渡方式就是在两个空间中插入第三个空间作为过渡——过渡空间。过渡空间的设置有的是使用的需要，有的是加强空间效果的需要。如住宅入口的玄关，安全性、私密性需要，同时兼更衣、临时贮藏；再如餐饮、宾馆、办公等入口处的接待空间，既是使用需要，也有礼节、创造气氛之目的；再如在两个空间中插入一个较小、较低或较长的空间，使得人们从一个大空间转到另一个大空间时必经由大到小，再由小到大，由高到低，再由低到高，由亮到暗，再由暗到亮这样一个过渡，从而在人们的记忆中留下深刻的印象。

过渡空间的设置具有一定规律性。它常常起到功能分区的作用。如动区与静区、净区与污区等中间经常有过渡地带来分隔；在空间的艺术形象处理上，过渡空间经常要与主体空间有一定的对比性。所谓欲扬先抑、欲高先低、欲明先暗、欲散先聚、欲阔先窄……

内、外空间之间也存在着一个衔接与过渡的处理问题。如门廊、悬挑的雨篷、一层架空等均是一种内外空间的过渡方法。

④ 空间的对比与变化　两个毗邻的空间，在某些形式方面有所不同，将使人从这一空间进入另一空间时产生情绪上的突变，从而获得兴奋的感觉。如果在建筑空间设计中能巧妙地利用功能的特点，在组织空间时有意识将形状、质量、方向或通透程度等方面差异显著的空间连续在一起，将会同时产生一定的空间效果。如体量对比、形状对比、通透程度对比、方向对比等。

利用空间的对比与变化能够创造良好的空间效果，给人一定的新鲜感。但在具体设计时切记掌握对比和变化的度，不能盲目求变，要变得有规律、有章法。

⑤ 空间的重复与再现　真正美的事物都是多样统一的有机整体。只有变化会显得杂乱

无章，而只有统一会流于单调。在建筑中，空间对比可打破单调求得变化。但空间的重复与再现，作为对比的对应面也可以借助协调求得统一，两者都是不可缺少的因素。在建筑空间中，一定要把对比与重复这两种手法结合在一起，相辅相成，才能获得相对成功的空间效果。

如我国传统建筑空间，其基本特征就是以有限的空间类型作为基本单元而一再重复地使用，从而获得在统一中求变化的效果。

即使在对称的布局形式中，也包含着对比和重复这两方面的因素。中西方传统建筑空间中经常采用的对称方式都具有这样的共同特点：沿中轴两侧横向排列的空间——重复，轴线纵向排列的空间——变换。

同一种形式的空间，连续多次或有规律地重复出现，就会富有一种韵律节奏，给人以愉快感觉（如罗马大角斗场外三道环廊上的拱）。以某一几何形状为母题进行空间组合的方式，实质上体现的就是空间的重复与再现。

⑥ 空间的引导与暗示　建筑由多个空间组合在一起，人们总是先来到某个空间，继而再来到另一空间，而不能同时窥见整个建筑全貌。这就需要同时根据功能、地形等条件在建筑空间创造中采取某些具有引导或暗示性质的措施来对人流加以引导。有时在建筑空间创造中避免开门见山或一览无余而通过某种引导、暗示，进入趣味中心，即"柳暗花明又一村"的意境。

空间的引导和暗示不同于路标。路标往往给人们明确的方向指示和目的指引。空间的引导和暗示处理得要含蓄、自然、巧妙，能够使人在不经意之中沿着一定的方向或路线从一个空间依次地走向另一个空间。

在空间界面的点、线、面等构图元素中，线具有很强的导向性作用，通过天花、样面或地面处理，会形成一种具有强烈方向性或连续性的图案，有意识地利用这种处理手法，将有助于把人流引导至某个确定的目标。如天花板上的带状灯具、地面上铺砌的纵向图案、墙面上的水平线条等。

⑦ 空间的渗透与流通　一些私密性要求较高或人们长期驻留的空间往往采用较封闭的形式。但对许多公共空间，多采用通透开敞的效果。空间具有流动感，彼此之间相互渗透增加空间的层次感。空间的渗透与流通包括内部空间之间和内外空间之间的渗透与流通两部分。

中国传统建筑中尤其是传统园林建筑中常用空间的渗透与流通来创造空间效果。如"借景"的处理手法，就是一种典型的空间渗透形式。"借"就是把别处的景物引到此处来。这实质上无非是使人的视线能够通过分隔空间的屏障，观赏到层次丰富的景观。

西方古典建筑，虽为石砌结构体系，一般比较封闭，但也有许多利用拱券结构分隔的空间，取消了墙体而加强了空间流通。柱廊式建筑，其柱廊在室内外空间的渗透上取得了很好的效果。

近现代建筑，随着科学技术与材料的发展，为自由灵活地分隔空间创造了极为有利的条件。各种空间互相连通、穿插、渗透，呈现出丰富的层次变化。"流动空间"就是这种空间的形象概括。

不仅水平面上的空间需渗透与流通，垂直方向上也需要，以丰富室内景观。如夹层、回廊、中庭，都会创造出不同影响的空间效果。

⑧ 空间的秩序与序列　人的每项活动都有其一定的规律性或行为模式。建筑空间的组织也相应地具有某种秩序。多个空间组合在一起形成一个空间的序列。如某专题展览：信息——买票——展前准备——看展览——（中间休息）——（继续看展览）——离开，建筑空间即根据此行为创造。

这里空间序列的安排虽应以人的活动为依据，但如果仅仅满足人的行为活动的物质功能需要，是远远不够的，这充其量只是一种"行为工艺过程"的体现。还要把各空间彼此作为整体来考虑，并以此作为一种艺术手段，以更深刻、更全面、更充分地发挥建筑空间艺术对人心理上、精神上的影响。

空间系列组织，首先要在主要人流路线上展开系列空间，使之既连续顺畅，又具有鲜明的节奏感。其次，兼顾其他人流路线空间系列安排，从属地位烘托主要空间序列，二者相得益彰。

9.2.2 外部空间处理

9.2.2.1 外部空间的概念

建筑的外部空间是针对建筑而定的，但不是建筑以外的所有自然环境都是建筑外部空间。外部空间是从自然界中划定出来的一部分空间，是"由人创造的有目的的外部环境，是比自然更有意义的空间"。如果把整个用地当作一个整体来考虑，有屋顶的部分属于内部空间，没有屋顶的部分作为外部空间。外部空间与建筑物本身密切相关，二者之间的关系就好像砂模与铸件的关系：一方表现为实，另一方表现为虚，二者互为镶嵌，呈现出一种互补或互逆的关系。

外部空间具有两种典型的形式：一是以空间包围建筑物——开放式外部空间；一是以建筑实体围合而形成的空间，这种空间具有较明确的形状和范围——封闭式外部空间。

9.2.2.2 外部空间的构成要素

① 界面　外部空间是没有顶界面的，那么它的限定就由侧界面和底界面来完成，有时它们也能独自起到限定的作用。如庭院由建筑物的外墙与围墙、栏杆等限定，街道基本由两旁建筑物相对完成，广场是周边的建筑物围成。

② 设施　只有空间界面，形成的空间是单调的，还要加上设施空间才能丰富多彩，这些设施包括室外家具、小品、水体、植物、照明等。

③ 尺度　尺度虽不是建筑外部空间的实际构成要素，但对人们的空间感受具有很强的作用。人们是基于视觉感知来评价空间环境的。如人眼的视野有一定的范围和距离：水平60°范围内视野最佳；垂直 $18°\sim45°$ 能看清建筑全貌；最佳水平视角是 54°；最佳垂直视角是 27°。

利用这个视觉规律可以帮助我们推敲外部空间的尺度，选择建筑的高度、广场大小和主要视点的位置等。

9.2.2.3 外部空间的创造

外部空间的创造包括空间布局、围合和序列的组织。

(1) 空间的布局　空间的布局是外部空间创造的重点，主要考虑以下几个方面：

① 确定空间大小　根据该空间的功能和目的确定。如住宅的庭院，过大就并不一定见得好，毫无意义的大只会使住宅变得冷漠而缺乏亲切感；广场，边长二十几米的空间可以保证人们能互相看清，有舒适亲密感，边长几十米至上百米的广场则具有广阔感、威严感；街道，一般愉快的步行距离为 300m，景观路、商业步行街应以此为限，最好不超过 500m，再长就要分阶段设置，以免产生疲劳感。

② 确定不同领域　大多数外部空间都不是单一功能的，而是多功能综合使用的。进行外部空间设计就是要把这些不同用途的部分进行区分，从而确定其相应的领域。

③ 加强空间的目标性　建筑理论家诺柏格·舒尔兹认为，建筑空间具有中心和场所、方向和路线以及领域等要素。中国古典园林中的"对景""曲径通幽"等即是如此。

(2) 空间的围合　空间的围合主要靠侧界面的形式来确定。

① 隔断的方式　如景墙、柱列、行道树、绿篱、水面等。

② 隔断的高度　高度对空间的封闭程度有决定性作用：封闭感实质上是人的一种视觉感受。

③ 隔断的宽度　宽度取决于所采取的隔断方式，少则几厘米（如景墙），多则数米（如行道树、水面等）。

（3）空间的序列组织

① 空间的顺序

室内——半室内——半室外——室外

封闭性——半封闭性——半开放性——开放性

私密性——半私密性——半公共性——公共性

安静性——较安静性——较嘈杂——嘈杂

静态——较静态——较动态——动态

② 空间的层次　用隔断、绿化、高差，形成近、中、远的景致变化，增加空间层次。

9.2.2.4　外部空间的创造手段与技巧

① 高差的运用　高差可区分不同的领域，如城市下沉式广场。

② 质感的运用　利用界面不同的质感变化打破空间的单调感，也可产生区域划分的功能。

③ 水、植物等运用　人工的建筑与植物复杂的优美形态，建筑空间中的直、硬与植物的曲柔产生强烈对比，极好地柔化了空间。

④ 照明运用　如树木景观照明、园路功能照明、雕塑小品景观照明、水景景观照明等。

⑤ 色彩运用

a. 暖色：明度高、纯度高，具有前进性，当空间过于空旷时使用，获得紧凑、亲切感。

b. 冷色：明度低、纯度低，具有后退性，空间较窄拥挤时使用，获得开阔、宽敞感。

同时不同性质的建筑空间采用不同色调。

9.3　风景园林建筑空间的创造

9.3.1　风景园林建筑空间的创造原则

由于风景园林建筑的特殊性，在创作中除应遵循建筑空间创造的一般原则外，还应遵循以下原则：

9.3.1.1　受造景制约，从景观效果出发

无论空间的形态、布局、组合方式等各方面，都要受到造景的制约，在某些情况下，要以景观效果为出发点，服从景观创造的需要。

9.3.1.2　景观与功能结合

在满足景观需要的前提下实现各自的功能。虽然景观效果是首要的，但使用功能是基本的，创作过程就是如何将二者紧密结合，同时满足各种要求。这一点在城市风景园林建筑创作中尤其重要。

9.3.1.3　立意在先

立意为先，根据功能需求、艺术要求、环境条件等因素，勾勒出总的设计意图。

9.3.1.4　观景

某些观景建筑空间的位置、朝向、封闭或开敞要取决于得景的好坏，即是否能使观赏者

在视野范围内取得最佳的风景画面。

9.3.2　风景园林建筑空间的创造技巧

中国风景园林建筑空间的创造经验很多，主要手法有：空间的对比、空间的"围"与"透"以及空间的序列。

9.3.2.1　空间的对比

风景园林建筑空间布局为了取得多样统一和生动协调的艺术效果，常采用对比的手法。如在不同景区之间，两个相邻而内容不尽相同的空间之间，一个建筑组群中的主、次空间之间主要包括：空间大小的对比、空间虚实的对比、次要空间与主要空间的对比、幽深空间与开阔空间的对比、空间形体上的对比、建筑空间与自然空间的对比。

如空间大小对比：以小衬大是风景园林空间处理中为突出主要空间而经常运用的一种手法。这种小空间可以是低矮的游廊，小的亭、榭、小院，一个以树木、山石、墙垣所环绕的小空间。其设置一般处于大空间的边界地带，以敞开对着大空间，取得空间的连通和较大的进深。而且人们处于任何一种空间环境中，都习惯于寻找一个适合自己的恰当的"位置"。人们愿意从一个小空间去看大空间，愿意从一个安全的、受到庇护的环境中去观赏大空间中动态的、变化着的景物。如颐和园的前山前湖景区，以昆明湖大空间为中心的四周，布置了许多小园林空间，如乐寿堂、知春亭等。这些风景点、小园林与大的湖面自然空间相互渗透。当人们置身于小空间内时，既能获得亲切的尺度感，又能使视线延伸到大空间中去，开阔舒展。各小园林空间的具体处理方法各不相同，统一中有变化，空间丰富景趣多样。

建筑空间虚实的对比：也是风景园林惯用的手法。如，把建筑物内部的空间当作"实"，则建筑、山石、树木所围合的空间可作为"虚"，那么亭、空廊、敞轩等建筑就成了半虚半实的空间了。

空间对比的最好的例子是苏州留园的入口。留园入口以虚实变幻、收放自如、明暗交替的手法，形成曲折巧妙的空间序列，引人步步深入，具有欲扬先抑的作用。先是幽闭的曲廊，进入"古木交柯"渐觉明朗，并与"华步小筑"空间相互渗透。北面透过六个图案各异的漏窗，使曲廊与园中山池隔而不断，园内景色可窥一斑。绕出"绿荫"则豁然开朗，山池亭榭尽现眼前，通过对比达到最佳境界（图9-12、图9-13）。

风景园林建筑空间在大小、开合、虚实、形体上的对比手法经常互相结合，交叉运用，

图 9-12　留园入口曲廊

图 9-13　留园入口的"古木交柯"

使空间有变化、有层次、有深度，使建筑空间与自然空间有很好的结合与过渡，以符合实用功能与造景两方面的需要。

9.3.2.2 空间的"围"与"透"

风景园林建筑空间的存在来自一定实体的围合或区分。没有"围"，空间就没有明确的界限，就不能形成有一定形状的建筑空间。但只"围"不"透"，建筑空间就会变成一个个独立的个体，形成不了统一而完整的景观空间。就人在景观中的行为来说，也要使空间有"围"有"透"、有分合。由于风景园林建筑主要是为了满足游赏性的需要，因此，风景园林建筑的空间处理，也应以"透"为主、以"流通"为主、以"公共性"为主。

图9-14 建筑空间的围与透

风景园林建筑空间的"围"与"透"包括：建筑内部空间的"围"与"透"处理；建筑内部空间与外部空间之间的"围"与"透"处理；及建筑物外部空间的"围"与"透"处理。而墙、门、窗、洞口、廊则是"围"与"透"的媒介（图9-14）。

9.3.2.3 空间的序列

风景园林景观基本是为人们游览、观赏的精神生活服务的，因此风景园林景观应利用其游览路线对游人加以引导。这就需要在游览路线上很好地组织空间序列，做到"步移景异"，使游人一直保持着良好的兴致。如中国传统园林建筑空间序列，是一连串室内空间与室外空间的交错，包含着整座园林的范围，层次多、序列长，曲折变化、幽深丰实。经常表现为：一种是对称、规整的形式；一种是不对称、不规则形式。

对称、规整式以一根主要轴线贯穿着，层层院落依次相套地向纵深发展，高潮出现在轴线的后部，或位于一系列空间的结束处，或高潮后还有一些次要空间延续，最后结尾。如颐和园万寿山前山中轴部分排云殿——佛香阁一组建筑群：从临湖"云楼玉宇"，排云门、二宫门、排云殿、德辉殿至佛香阁，穿过层层院落，成为序列高潮，也成为全园前湖景区的构图中心，其后部的"众青界"智慧海是高潮后的必要延续（图9-15）。

不对称、不规则式以布局上的曲折、迂回见长。其轴线的构成具有周而复始、循回不断的特点。如苏州留园入口部分的空间序列，其轴线曲折、围透交织、空间开合、明暗变化、运用巧妙。它从园门入口到园内的主要空间之间，由于相邻建筑基地只有一条狭长的引道，建筑空间处理手法恰当、高明，化不利为有利因素。把一条50m长的有高墙夹峙的空间，通过门厅、甬道分段组成的大小、曲直、虚实、明暗等不同空间，使人通过"放——收——放"，"明——暗——明""正——折——变"的空间体验，到达"绿荫"敞轩后的开敞、明朗的山池立体空间（图9-16）。

9.3.3 风景园林建筑空间的组织形式

9.3.3.1 独立建筑形成开放空间

独立的建筑物和环境结合，形成开放空间，分为具有点景作用的亭、榭或单体式平面布局的建筑物。这种空间组织的特点是以自然景物来衬托建筑物，建筑物是空间的主体，因此对建筑本身的造型要求较高（图9-17）。

图 9-15　颐和园的中轴空间序列

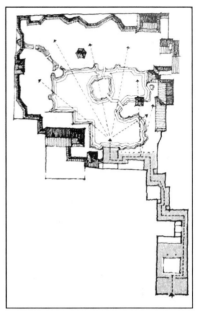

图 9-16　留园的空间变化

图 9-17　独立建筑形成开放空间

图 9-18　建筑群形成开放空间

空间经常采用这种手法以房屋为主体，用树、花、水、雕塑、广场、道路来陪衬烘托。

9.3.3.2　建筑群形成开放空间

由建筑组群的自由组合而形成开放性空间，建筑组群与周围的园林空间之间可形成多种分隔、穿插，多用于较大规模的风景景观中，如北海、五龙亭（图9-18）、杭州西湖的平湖秋月。

这种开放空间多利用分散式布局，并利用桥廊、路、铺地等手段为建筑之间联系的媒介，但不围成封闭性的院落，建筑之间有一定的轴线关系，可就地形高低随势转折。

9.3.3.3 建筑物围合成庭院空间

由建筑物围合而成的庭院空间是我国古典园林中普遍采用的一种空间组合形式。庭的深度一般与建筑的高度相当或稍大一些。几个不同大小庭院互相衬托、穿插、渗透。围合庭院的建筑数量、面积、层数可变。视觉效果具有内聚倾向，不突出某个建筑，而是借助建筑物和山水植物的配合来渲染庭院空间的艺术情境（图9-19）。

图 9-19　建筑物围合成庭院空间

9.3.3.4 天井式的空间组合

天井也是一种庭院空间，但它体量较小，只宜采取小品性的绿化，在建筑整体空间布局中可用以改善局部环境作为点缀或装饰使用，视觉效果内聚性强。利用明亮的小天井与周围相对明暗的空间形成对比（图9-20）。

图 9-20　留园中的天井

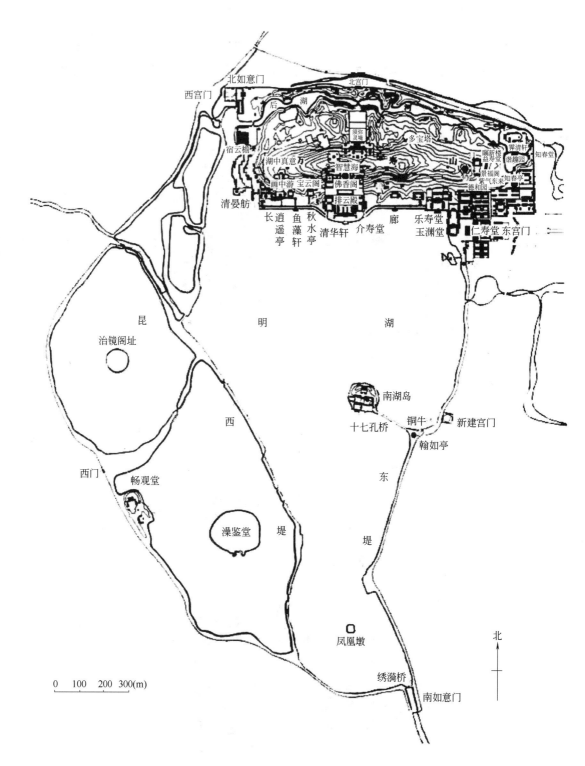

北如意门
西宫门
北宫门
后　湖
宿云檐
须弥灵境
多宝塔
霁清轩
知春堂
湖中真意
智慧海
颐新楼
益寿堂
谐趣园
画中游　宝云阁
佛香阁
景福阁
知春亭
山
清晏舫
排云殿
紫气东来
长逍遥亭　鱼藻轩　秋水亭　清华轩　介寿堂　廊
德和园
乐寿堂
玉澜堂
仁寿堂　东宫门

昆
治镜阁址
明　湖
南湖岛
十七孔桥　铜牛　新建宫门
翰如亭
西
堤
东
堤
西门
畅观堂
澡鉴堂

凤凰墩

绣漪桥
南如意门

0　100　200　300(m)

北

图 9-21　颐和园平面

9.3.3.5 分区式

在一些较大型的风景园林中，根据功能、地形条件，把统一的空间划分成若干各具特色的景区或景点来处理，在统一的总体布局基础上使它们互相因借、巧妙联系，有主从和重点，有节奏和规律，以取得和谐统一。如圆明园、避暑山庄、颐和园（图9-21）等。

中国古典园林中井、庭、院、园的概念：

井——深度比建筑的高度小；

庭——深度与建筑物高度相当或稍大些；

院——比庭大些，以廊、墙、轩等建筑环绕，平面布局灵活多样；

园——院的进一步，私家园林或大园林中的园中园。

第10章 风景园林建筑造型设计

建筑物既是技术产品，也是艺术品，因此不仅要满足人们的生活、工作、娱乐、生产等物质功能要求，而且要满足人们精神、文化方面的需要。风景园林建筑的美观问题，在一定程度上反映了社会的文化生活、精神面貌和经济基础。不同类型的建筑对艺术方面的要求不同，有些建筑物特别是风景园林建筑，其形象和艺术效果常常起着决定性的作用，成为主要因素。正是建筑的这种物质和精神的双重功能属性，使建筑的造型设计才显得十分重要。

风景园林建筑造型的设计包括体型设计和立面设计两个部分，其主要内容是研究建筑物群体关系、体量大小、组合方式、立面及细部比例关系等。建筑物的外部形象是设计者运用建筑构图法则，使坚固、适用、经济和美观等要求不断统一的结果。在本章，我们将逐一介绍如何创造出丰富的风景园林建筑造型。

10.1 风景园林建筑体型和立面设计的影响因素

10.1.1 建筑功能与建筑造型的关系

建筑是为供人们生产、生活、工作、娱乐等活动而建造的房屋，这就要求建筑设计首先要从功能出发，不同的功能要求形成了不同的建筑空间，而不同的建筑空间所构成的建筑实体又形成建筑外形的变化，因而产生了不同类型的建筑造型。与此同时，建筑的造型形象又反映出建筑的性质、类型。形式服从功能是建筑设计遵循的原则。一般一个优秀的建筑外部形象必然要充分反映出室内空间的要求和建筑物的不同性格特征，达到形式与内容的辩证统一。风景园林建筑尤其强调建筑功能和建筑造型并重的设计原则。

10.1.2 材料、结构和施工对建筑造型的制约

建筑是运用大量的建筑材料，通过一定的技术手段建造起来的，可以说，没有将建筑设想变成物质现实的物质基础和工程技术，就没有建筑艺术。因此它必然在很大程度上受到物质和技术条件的制约。

不同结构形式由于其受力特点不同，反映在体型和立面上也截然不同。如砖混结构，由于外墙要承受结构的荷载，立面开窗就要受到严格的限制，因而其外部形象就显得厚重；而框架结构由于其外墙不承重，则可以开大窗或带形窗，外部形象就显得开敞、轻巧；空间结构不仅为大型活动提供了理想的使用空间，同时各种形式的空间结构又赋予建筑极富感染力的独特的外部形象。

此外，不同装修材料，如石墙与砖墙的运用，其艺术表现效果明显不同，在一定程度上影响到建筑作品的外观和效果。

10.1.3 建筑规划与环境对建筑造型的影响

单体建筑是规划群体的一个局部，群体建筑是更大的群体或城市规划的一部分，所以拟建建筑无论是单体或群体的体型、立面，在内外空间组合以及建筑风格等方面都要认真考虑和规划中建筑群体的配合，同时还要注意与周围道路、原有建筑呼应配合，考虑与地形、绿

化等基地环境协调一致，使建筑与室外环境有机地融合在一起，达到和谐统一的效果。

如在山区或坡地上建房，就应顺应地势的起伏变化来考虑建筑的布局和形式，往往会取得高低错落的变化，从而产生多变的体型。

此外，气候、朝向、日照、常年风向等因素也都会对建筑的体型和立面设计产生十分重要的影响。

10.1.4 建筑标准与经济因素

房屋建筑在国家基本建设投资中占有很大的比例，因此设计者应严格执行国家规定的建筑标准和相应的经济指标，在设计时要区别对待大型公共建筑和大量民用建筑，既要防止滥用高级材料造成不必要的浪费，同时也要防止片面节约、盲目追求低标准而造成使用功能不合理及破坏建筑形象。同时，设计者应提高自身设计修养、水平，在一定经济条件下，合理巧妙地运用物质技术手段和构图法则，努力创新，设计出适用、经济、美观的建筑来。

10.1.5 精神与审美

建筑的造型还要考虑到人们对于建筑所提出的精神和审美方面的要求。

有史以来，建筑作为一种巨大的物质财富，总是掌握在统治阶级手中，它不仅要满足统治阶级对它提出的物质功能要求，而且还必须反映一定社会占统治地位的意识形态。无论是我国的气势磅礴的紫禁城和长城，还是古埃及建筑，都以其特有的建筑空间和体型的艺术效果抽象地表达着统治阶级的威严和意志。高直入天的教堂，所采用的细而高的比例、竖向线条的装饰尖拱、尖塔等形式，也无不表现了人们对宗教神权的无限向往和崇拜。对于教堂、寺庙、纪念碑等此类建筑，左右其外部形式的与其说是物质功能，毋宁说是精神方面的要求。

此外，在同一时代的建筑之所以风格迥异，是与不同国家、民族、地区的特点与审美观及设计流派密切相关的。

10.2 风景园林建筑造型设计的内容

科学与艺术是建筑所具有的双重性，而风景园林建筑被人们称为"城市的雕塑"。它既注重经济、实用与结构，又以其独特的艺术形象来反映生活，以其深刻的艺术性和思想性来感染人。

10.2.1 建筑设计与结构造型设计

建筑艺术与其他纯艺术的区别之一，在于它无法建立在空想的基础之上，它需借助于技术的支撑，而同时技术的发展也常常给建筑艺术注入新的内容，结构、材料、产品、施工等技术的发展，给建筑师提供了发挥的基础。同时，结构造型本身作为一种重要的表现形式，也越来越得到更多建筑师的运用。

风景园林建筑设计的立足点在于美学，而结构设计的立足点在于力学，美学与力学的结合并不是现代建筑所特有的新的课题，早在古希腊、古罗马和古代中国的建筑中都可找到其完美结合的例证。现代风景园林建筑中，各种结构和材料技术的迅速发展一次次将新的空间梦想变为现实，又一次次冲击古老的风景园林建筑美学的概念。在很长的一段时间中，建筑师为追求设计美学完美，尽可能利用装修手段将结构隐藏起来。但是，近几十年来，随着通透空间的大量应用，建筑结构所体现的理性和技术的美感被重新认识，结构设计以其特有的理性造型，给建筑设计师注入了新的内容。为此，结构造型设计也就应运而生。

所谓的结构造型设计是建筑师和结构工程师相互配合的结晶，它并不等同于单纯地暴露结构，暴露的方式、位置、结构形式、构件造型等都必须纳入建筑设计的范畴才能展示其魅力。建立在理性的技术基础上并注入了感性的建筑思维的结构造型设计，在现代风景园林建筑设计中起着不可忽视的作用，它体现出现代空间造型对技术的认同。

10.2.2 建筑造型与功能

对于风景园林建筑造型与功能的关系，不同人看法不同。美国建筑师沙利文在20世纪初曾提出"形式追随功能"的主张。针对当时复古与折衷主义思潮，它是具有革命意义的崭新观念，但随着时代发展，过分强调功能的信条的"现代主义"显露出许多单调、呆板的弊端，满足不了人们对建筑精神与审美方面的高层次需求，所以，倡导"后现代"的人提出了"从形式到形式"的观点，想要冲破"现代主义"的教条束缚，拓展"现代主义"建筑的内涵。事实上，风景园林建筑作为技术、艺术与价值观念的结合体，不但要满足一般的功能要求，还要在空间与造型的创造上为人类提供新的可能，在营造文化品位和场所的氛围上多下功夫，寻找到关于建筑的各种矛盾之间的最佳平衡点，成为一个优秀的风景园林建筑。

10.2.3 建筑造型与空间组合

独特的结构形式会创造出独特的风景园林建筑造型，在一些大型的体育建筑上很常见，各种形式的空间组合反映到建筑造型上会产生新颖的效果。现代风景园林建筑设计是一个复杂的体系，只有将各种建筑要素综合在一起考虑，才能在设计中把握住方向，得心应手。设计师要注重自身的造型艺术和其他艺术门类的修养，与其他专业密切配合，综合考虑经济、功能、美观等各种条件和制约，以人为本，精心设计和创作。

10.2.4 建筑造型与尺度

通常情况下，风景园林建筑所用的尺度层次越丰富，其造型效果就越生动。这种尺度包括亲切尺度和非亲切的尺度。例如，建筑物可以开正常大小的窗，也可开带形窗或做成幕墙等，而带形窗又可做成长的、短的、横的、竖的（图10-1）。以上各种窗的不同形式，表现出的不同尺度，用在同一建筑上就构成了多层次的尺度。在多尺度设计的同时，我们也要考虑其他因素，避免造成繁琐、杂乱无章的感觉。如柯布西耶的朗香教堂，在外立面上不规则排列的方形窗口使得大片实墙富于变化，又突出教堂的神秘感，而正好处于塔与大面墙之间

图 10-1　变化的带形窗

的门，在光影之下显得十分幽深，依靠点的韵律，使建筑本身略显单调的外表活泼起来（图10-2）。另外，许多人主张在生活中人们经常接触的部位宜采用亲切的尺度，使人感觉到愉悦、亲切和舒适。

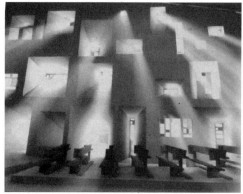

图 10-2　朗香教堂的各种方形窗

10.2.5　光与色在建筑造型中的运用

光与色是不可分割的整体。柯布西耶说："建筑是阳光下各种形体的展示"，也包括了色彩。在造型中，色彩可单独作为一种元素来用，也可同材质等结合起来应用。在光的照射下色彩常展现出难以言喻的意境，为造型增色，而且在空间处理方面也起了很大作用。在设计中，色彩是一种花费少而收效大的处理方式。

色彩的运用不是随心所欲的，要视具体情况来定，色彩可以点、面或体的形式出现，形式不同，产生的效果也不同。贝聿铭是和谐、质朴、怡然、超逸意境的营造者，他设计的北京香山饭店，依靠黑白色调的提炼，使自然环境中的苍松、翠竹、山石、清泉与装修中的竹帘、木椽、水墨画等融为一体，尤其是置于后花园休息厅的两侧赵无极的黑白水墨抽象画与建筑物的完美结合，获得了"此画只应此境有"的境界（图10-3、图10-4）。

图 10-3　北京香山饭店主庭院

10.2.6　材质在建筑造型中的运用

在风景园林建筑造型中，运用的材质不同，给人的感受效果也不一样。通过材质的运

图 10-4　北京香山饭店后院曲水流觞

用，可单独构成协调或对比的效果。粗糙材质如毛石给人以天然文化的意味，精美的花岗岩给人以坚固华贵的感觉，铝塑板则给人现代感十足的简洁气息，透明玻璃则给人以通透轻盈之感。对一幢建筑物的不同部分进行材质转换时，可以结合该建筑的体块关系、立面构成等因素进行组合与安排。不同类型的材质组合在一起，常会收到出人预料的效果（图 10-5）。有时，设计师所用的材质很少，有时只有一至两种，却能以少胜多，形成独特的意蕴（图 10-6）。

图 10-5　材质的对比　　　　　　　图 10-6　运用简单材质形成的效果

10.2.7　建筑造型与细部设计

　　风景园林建筑要注重细部，不能粗制滥造。建筑细部涉及节点、小型构件、构造做法、工艺等各方面，如饰面的贴砌与划分方式、窗的分格等都是细部设计，框架若没有精致的细部点缀，则无血无肉、呆板无趣。把细部设计同尺度联系起来看，细部是体现亲切尺度的着手点。细部设计时，一定要注意细部与细部之间、细部与整体之间的协调和统一（图 10-7）。

图 10-7　饰面的细节运用

10.3　风景园林建筑造型设计的一般规律与手法

10.3.1　风景园林建筑造型设计的一般规律

建筑构图规律是历代建筑师在长期的实践中通过自身的认识和经验总结出来的精华，这些规律来源于实践又用之于实际设计中，因此对于设计者掌握、研究并充实、完善这些规律是很重要的。

10.3.1.1　统一与变化

统一与变化（即统一中求变化）是形式美的根本规律。形式美的其他方面如韵律、节奏、主从、对比、比例、尺度等实际上是统一与变化在各方面的体现。

统一与变化缺一不可。建筑如果有统一而无变化就会产生呆板、单调、不丰富的感觉；反过来有变化而无统一，又会使建筑显得杂乱、繁琐、无秩序。两者皆无美感可言。要创造美的建筑，就要学习掌握恰当地运用统一与变化这个美的最基本的法则（图 10-8）。

10.3.1.2　主从与重点

在建筑设计实践中，从平面组合到立面处理，从内部空间到外部体型，从细部装饰到群体组合，为了达到统一，都应当处理好主与从、重点与一般的关系。一栋建筑如果没有重点或中心，不仅使人感到平淡无奇，而且还会由于松散以至失去有机统一性。

设计者可采取的手法有很多。对于由若干要素组合而成的整体，如果把作为主体的大体量要素置于中央突出地位，而把其他次要要素从属于主体，这样就可以使之成为有机统一的整体。同时，充分利用功能特点，有意识地突出其中的某个部分，并以此为重点或中心，而使其他部分明显地处于从属地位，同样可以达到主从分明、完整统一的效果（图 10-9）。

10.3.1.3　均衡与稳定

均衡与稳定是人们在长期实践中形成的观念，从而被人们当作一种建筑美学的原则来遵循。所谓均衡是指建筑物各体量在建筑构图中的左右、前后相对轻重关系；稳定是指建筑物在建筑构图上的上下轻重关系。均衡可以分为两大类：一类是对称形式的均衡；另一类是不对称形式的均衡，前者较严谨，能给人以庄严的感觉；后者较灵活，可以给人以轻巧和活泼的感觉。究竟采取哪一种形式的均衡，则要综合地看建筑物的功能要求、性格特征以及地

图 10-8　景窗的统一与变化

图 10-9　建筑的主从与重点

图 10-10　建筑的均衡与稳定

形、环境等条件（图 10-10）。

物体的上小下大能形成稳定感的概念早为人们所接受。但随着现代新结构、新材料、新技术的发展，丰富了人的审美观，传统的稳定观念逐渐改变，底层架空甚至上大下小的某些悬臂结构为人们所接受、喜爱（图 10-11）。

10.3.1.4　对比与微差

对比指的是要素之间显著的差异。在建筑设计上存在许多对比要素，如体量大小、高低，线条曲直、粗细、水平与垂直，虚与实，以及材料质感、色彩等；微差指的是不显著的差异，它反映出一种性质向另一种性质转变的连续性，如由重逐渐转变为次重和较轻。就形式美而言，这两者都是不可少的。对比可以借彼此之间的烘托陪衬来突出各自的特点以求得变化；微差则可以借相互之间的共同性求得和谐。没有对比会使人感到单调，过分地强调对比以至失去了相互之间的协调一致性，则可能造成混乱。只有把这两者巧妙地结合在一起，才能达到既变化多样又和谐统一（图 10-12、图 10-13）。

10.3.1.5　韵律与节奏

韵律与节奏是建筑构图最重要的手段之一。韵律美和节奏感在建筑中的体现极为广泛，有人把建筑比做"凝固的音乐"，原因就在于此。

韵律是最简单的重复形式，它是在均匀交替一个或一些因素的基础上形成，在建筑的外貌上表现为窗、窗间墙、门洞等按韵律的布置。

节奏是较复杂的重复。它不仅是简单的韵律重复，常常伴有一些因素的交替。节奏中包括某些属性的有规律的变化，即它们数量、形式、大小等的增加或减少。有明显构图中心的建筑物，常常有节奏的布置（图 10-14）。

10.3.1.6　比例与尺度

比例是建筑艺术中用于协调建筑物尺寸的基本手段之一，是指局部本身和整体之间的关系。任何建筑，都存在

图 10-11　突破传统稳定观念的建筑

图 10-12　建筑的形体对比

图 10-13　借助微差实现建筑立面的统一

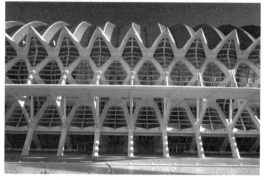

图 10-14　建筑韵律与节奏

图 10-15　建筑的比例与尺度

着长、宽、高三个方向之间的大小关系，比例所研究的正是这三者之间的理想关系。良好的比例可以给人舒适、和谐、完美的感受。

尺度所研究的是建筑物的整体或局部给人感觉上的大小印象和其真实大小之间的关系问题。在设计中，利用一些尺寸保持恒定不变的构件，如栏杆、扶手、踏步等和建筑物的整体或局部作比较，将有助于获得正确的尺度感，也是以人的正常高度与建筑物高度比较所获得的不同尺度感。尺度正确和比例协调，是使立面完整统一的重要方面（图 10-15）。

10.3.2　建筑体型和立面设计手法

10.3.2.1　建筑体型组合方法

体型组合是立面设计的先决条件。建筑体型各部分体量组合是否恰当，直接影响到建筑造型。如果建筑体型组合比例不好，即使对立面进行装修加工也是徒劳的。

（1）体型组合方式

① 单一体型　所谓单一体型是指整个建筑基本上是一个较完整的简单几何体型，它造型统一、完整，没有明显的主次关系，在大、中、小型建筑中都有采用（图 10-16）。

② 组合体型　由于建筑功能、规模和地段条件等因素的影响，很多建筑物不是由单一的体量组成，往往是由若干个不同体量组成较复杂的组合体型，并且在外形上有大小不同、前后凹凸、

图 10-16　建筑的单一体型

高低错落等变化。组合体型一般又分为两类：一是对称式，另一类是非对称式。对称式体型组合主从关系明确，体型比较完整统一，给人庄严、端正、均衡、严谨的感觉；非对称体型组合布局灵活，能充分满足功能要求并和周围环境有机地结合在一起，给人以活泼、轻巧、舒展的感觉（图10-17）。

（2）体量的联系与交接　体型组合中各体量之间的交接直接影响到建筑的外部形象，在设计中常采用直接连接、咬接及以走廊为连接体相连的交接方式（图10-18）。

图10-17　建筑的组合形体　　　　　　　图10-18　建筑的体量联系与交接

无论哪一种形式的体型组合都首先要遵循构图法则，做到主从分明、比例恰当、交接明确、布局均衡、整体稳定、群体组合、协调统一。此外体型组合还应适应基地地形、环境和建筑规划的群体布置，使建筑与周围环境紧密地结合在一起。

10.3.2.2　建筑立面设计手法

建筑立面是由门、窗、墙、柱、阳台、雨篷、檐口、勒脚以及线角等部件组成，根据建筑功能要求，运用建筑构图法则，恰当地确定这些部件比例、尺度、位置、使用材料与色彩，设计出完美的建筑立面，是立面设计的任务。立面处理有以下几种方法：

① 立面的比例与尺度　建筑物的整体以及立面的每一个构成要素都应根据建筑的功能、材料结构的性能以及构图法则而赋予合适的尺度，比例谐调，尺度正确，是使立面完整统一的重要因素。建筑物各部分的比例关系以及细部的尺度对整体效果影响很大，如果处理不好，即使整体比例很好，也无济于事。这就要求设计者借助于比例尺度的构图手法、前人的经验以及早已在人们心目中留下的某种确定的尺度概念，恰当地加以运用从而获得完美的建筑形象。图10-19所示不同的划分给人的感觉是不一样的。

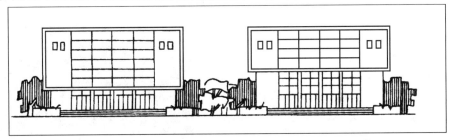

图10-19　建筑立面的比例尺度

② 立面的虚实与凹凸　虚与实、凹与凸是设计者在进行立面设计中常采用的一种对比手法。在建筑立面构成要素中，窗、空廊、凹进部分以及实体中的透空部分，常给人以轻巧、通透感，故称之为"虚"；而墙、垛、柱、栏板等给人以厚重、封闭的感觉，称之为

"实"，由于这些部件通常是结构支撑所不可缺少的构件，因而从视觉上讲也是力的象征。在立面设计中虚与实是缺一不可的，没有实的部分整个建筑就会显得脆弱无力；没有虚的部分则会使人感到呆板、笨重、沉闷。只有结合功能、结构及材料要求恰当地安排利用这些虚实凹凸的构件，使它们具有一定的联系性、规律性，才能取得生动的轻重明暗的对比和光影变化的效果（图10-20）。

图 10-20 建筑立面的虚与实

③ 立面的线条处理 建筑立面上客观存在着各种各样的线条，如檐口、窗台、勒脚、窗、柱、窗间墙等，这些线条的不同组织可以获得不同的感受。如横向线条使人感到舒展、平静、亲切感；而竖线条则给人挺拔、向上感；曲线有优雅、流动、飘逸感。具体采用哪一种应视建筑的体型、性质及所处的环境而定，墙面线条的划分应既要反映建筑的性格，又应使各部分比例处理得当（图10-21）。

④ 立面的色彩与质感 色彩与质感是材料的固有特性，它直接受到建筑材料的影响和限制。一般来说不同的色彩给人的感受是不同的，如暖色使人感到热烈、兴奋、扩张，冷色使人感到宁静、收缩，浅色给人明快感，深色又使人感到沉稳。运用不同的色彩还可以表现出不同的建筑性格、地方特点及民族风格。

立面色彩处理时应注意以下问题：第一，色彩处理要注意统一与变化，并掌握好尺度；在立面处理中，通常以一种颜色为主色调，以取得和谐、统一的效果；同时局部运用其他色调以达到统一中求变化、画龙点睛的目的；第二，色彩运用要符合建筑性格，如医院建筑宜给人安定、洁净感的白色或浅色调；商业建筑则常采用暖色调，以增加其热烈气氛；第三，色彩运用要与环境有机结合，既要与周围建筑、环境气氛相协调，又要适应各地的气候条件与文化背景（图10-22）。

图 10-21 建筑立面的线条处理

材料的质感处理包括两个方面：一方面可以利用材料本身的固有特性来获得装饰效果，如未经磨光的天然石材可获得粗糙的质感，玻璃、金属则可获得光亮与精致的质感；另一方面是通过人工的方法创造某种特殊质感。在立面设计中，历代建筑大师常通过材料质感来加强和丰富建筑的表现力从而创造出光彩夺目的建筑形象，镜面玻璃建筑充分说明了材料质感

图 10-22 建筑立面的色彩与质感

在建筑创造中的重要性。随着建材业的不断发展，利用材料质感来增强建筑表现力的前景是十分广阔的。

⑤ 重点与细部处理　立面设计中的重点处理，目的在于突出反映建筑物的功能使用性质和立面造型上的主要部分，它具有画龙点睛的作用，有助于突出表现建筑物的性格。

建筑立面需要重点处理的部位有建筑物出入口、楼梯、转角、檐口等，重点部位不可过多，否则就达不到突出重点的效果。重点处理常采用对比手法，如采用高低、大小、横竖、虚实、凹凸等对比处理，以取得突出中心的效果。立面的细部主要指的是窗台、勒脚、阳台、檐口、栏杆、雨篷等线脚以及门廊和必要的花饰，对这些部位做必要的加工处理和装饰是使立面达到简而不陋、从简洁中求丰富的良好途径。细部处理时应注意比例协调、尺度宜人，在整体形式要求的前提下，统一中有变化、多样中求统一（图10-23）。

图 10-23 建筑立面的重点与细部

第**11**章　风景园林建筑技术设计

11.1　概述

11.1.1　建筑技术设计研究的对象及其任务

建筑技术设计是建筑设计的一个组成部分，是建筑平面、立面、剖面设计的继续和深入，具有实践性强和综合性强的特点。它涉及建筑材料、建筑结构、建筑构造、建筑物理、建筑设备、建筑施工等有关知识。只有全面地、综合地运用好这些知识，才能在设计中提出合理的技术方案和措施。

研究的主要任务在于根据建筑物的功能要求，提供符合适用、安全、经济、美观的技术方案，以作为建筑设计中综合解决技术问题及进行施工图设计的依据。

解剖一座建筑物不难发现，它由许多部分组成，而这些组成部分在建筑工程上被称为构件或配件。建筑技术原理就是综合多方面的技术知识，根据多种客观因素，以选材、选型、工艺、安装为依据，研究各种构件、配件及其细部构造的合理性（包括适用、安全、经济、美观）以及能更有效地满足建筑使用功能的理论。

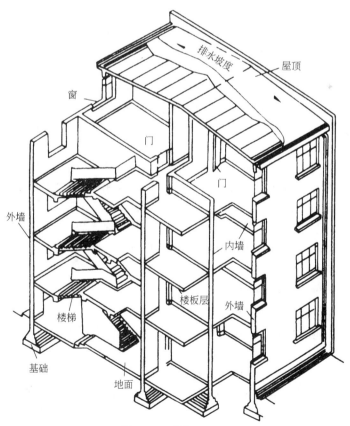

图 11-1　建筑的组成

11.1.2 建筑物的组成、作用与要求

一幢建筑物一般是由基础、墙、楼板层、楼梯、屋顶和门窗等几大部分所组成（图11-1）。它们在不同的部位发挥着各自的作用。

11.1.2.1 基础

基础是建筑物最下部的承重构件，它承受建筑物的全部荷载，并将荷载传给地基。基础必须具有足够的强度、稳定性，同时应能抵御土层中各种有害因素的作用。

11.1.2.2 墙和柱

墙是建筑物的竖向围护构件，在多数情况下也为承重构件，承受屋顶、楼层、楼梯等构件传来的荷载，并将这些荷载传给基础。外墙分隔建筑物内外空间，抵御自然界各种因素对建筑的侵袭；内墙分隔建筑内部空间，避免各空间之间的相互干扰。根据墙所处的位置和所起的作用，分别要求它具有足够的强度、稳定性以及保温、隔热、节能、隔声、防潮、防水、防火等功能以及具有一定的经济性和耐久性。

为扩大空间，提高空间的灵活性，也为了结构的需要，有时以柱代墙，起承重作用，或将墙视为柱的延展变形。

11.1.2.3 楼地层

楼地层是建筑物水平方向的围护构件和承重构件。楼层分隔建筑物上下空间，并承受作用其上的家具、设备、人体、隔墙等荷载及楼板自重，并将这些荷载传给墙或柱。楼层还起着墙或柱的水平支撑作用，以增加墙或柱的稳定性。楼板层必须具有足够的强度和刚度，根据上下空间的特点，还应具有隔声、防潮、防水、保温、隔热等功能。地层是底层房间与土壤的隔离构件，除承受作用其上的荷载外，应具有防潮、防水、保温等功能。

11.1.2.4 楼梯

楼梯是建筑物的垂直交通设施，供人们上下楼层、疏散人流及运送物品之用。它应具有足够的通行宽度和疏散能力，足够的强度和刚度，并具有防火、防滑、耐磨等功能。

11.1.2.5 屋顶

屋顶是建筑物顶部的围护构件和承重构件。它抵御自然界的雨、雪、风、太阳辐射等因素对房间的侵袭，同时承受作用其上的全部荷载，并将这些荷载传给墙或柱。因此，屋顶必须具备足够的强度、刚度以及保温、隔热、防潮、防水、防火、耐久及节能等功能。

11.1.2.6 门窗

门的主要功能是交通出入、分隔和联系内部与外部空间或室内不同空间，有的兼起通风和采光作用。门的大小和数量以及开关方向是根据通行能力、使用和防火要求等因素决定的，窗的主要功能是采光和通风透气，同时又有分隔与围护作用，并起到空间之间视觉联系作用。门和窗都属于围护构件，根据其所处位置，门窗应具有保温、隔热、隔声、节能、防风沙及防火等功能。

一栋建筑物除上述基本构件外，根据使用要求还有一些其他构件，如阳台、雨篷、台阶、烟道、通风道或垃圾道等。

11.1.3 影响建筑技术设计的因素及其设计原则

11.1.3.1 影响建筑技术设计的因素

建筑物处于自然环境和人为环境之中，受到各种自然因素和人为因素的作用。为提高建筑物的质量和耐久年限，在建筑技术设计时必须充分考虑各种因素的影响，并根据其影响程度采取相应的技术方案和措施。影响建筑技术的因素大致分为以下几个方面：

① 有关法规、标准及方针政策　建筑类法规及规范是我国建筑界常用的标准表达形式。它是以建筑科学、技术和实践经验的综合成果为基础，经有关方面认定，由国务院有关部委批准、颁发，作为全国建筑界共同遵守的准则和依据，设计人员必须遵守各种规范、标准与

方针政策来完成设计工作。

② 自然条件　建筑物的技术设计要受到自然条件包括温湿度、日照、雨雪、风力等气候条件及地形、地质条件以及地震烈度等的限制和制约。我国幅员辽阔，南北东西气候差别悬殊，因此建筑技术设计应与各地的气候特点相适应。表11-1是按照气温划分的建筑热工设计分区及其建筑设计要求，表11-2是我国主要城市的降雨量、积雪与冻土深度。在技术设计时，必须掌握建筑物所在地区的自然条件，明确影响性质和程度，对建筑物各部位采取相应的措施。如对于寒冷地区，应满足保温、防寒、防冻、防止冷风渗透等要求，且外窗的大小、层数及墙体的材料与厚度受到一定的限制。炎热地区的建筑，则应保证通风、隔热等要求。此外，技术设计还应考虑到自然界的风、地震等自然灾害，必须采取相关措施以防止建筑产生严重破坏，确保建筑的安全和正常使用。

表 11-1　建筑热工设计分区及设计要求

分区名称		严寒地区	寒冷地区	夏热冬冷地区	夏热冬暖地区	温和地区
分区指标	主要指标	最冷月平均温度≤−10℃	最冷月平均温度0～−10℃	最冷月平均温度0～10℃ 最热月平均温度25～30℃	最冷月平均温度＞10℃，最热月平均温度25～29℃	最冷月平均温度0～13℃ 最热月平均温度18～25℃
	辅助指标	日平均温度≤5℃的天数≥145d	日平均温度≤5℃的天数90～145d	日平均温度≤5℃(0～90d)日平均温度≥25℃(40～110d)	日平均温度≥25℃的天数100～200d	日平均温度≤5℃的天数0～90d
设计要求		必须充分满足冬季保温要求，一般可不考虑夏季防热	应满足冬季保温要求，部分地区兼顾夏季防热	必须满足夏季防热要求，适当兼顾冬季保温	必须充分满足夏季防热要求，一般可不考虑冬季保温	部分地区应注意冬季保温，一般可不考虑夏季防热

表 11-2　我国主要城市的降雨量、积雪与冻土深度

城市名称	降雨量/mm			最大积雪深度/cm	最大冻土深度/cm
	年总量	一日最大量	一小时最大量		
哈尔滨	580.3	104.8		41	199
齐齐哈尔	469.7	83.2		17	186
满洲里	376.2	75.7		24	250
长春	649.9	117.9	69.7	18	162
沈阳	835.5	178.8	70.0	20	139
鞍山	737.2	168.4	40.5	26	108
大连	641.0	171.1	66.1	16	
唐山	552.0	100.9		5	62
天津	561.3	123.3	80.0	16	
北京	781.9	244.2	126.7	24	85

③ 建筑使用性质　不同的建筑由于其使用性质不同，对建筑物的技术设计要求也不同。一些特殊使用性质的建筑会产生如机械振动、化学腐蚀、噪声、各种辐射等有损于建筑使用的问题；而有的建筑（如冷库、广播室等）则有保温、隔声等特殊要求。因此在建筑技术设计时，应针对性地采取相应的技术措施，以保证建筑物的正常使用。

④ 外力的影响　外力的大小和作用方式决定了结构的型式及构件的用料、形状和尺寸，而构件的选材、形状和尺寸与建筑物技术设计有着密切的关系，是技术设计的依据。风力对高层建筑技术设计的影响不可忽视，地震对建筑产生严重破坏，必须采取措施确保建筑的安全和正常使用。

⑤ 物质技术条件　物质技术条件是实现建筑设计的物质基础和技术手段，是使建筑物由图纸付诸实施的根本保证。建筑材料、结构、设备和施工技术条件是构成建筑的基本要素，建筑技术设计受这些基本要素的影响和制约。随着建筑事业的发展，新材料、新结构、新设备以及新的施工方法不断出现，建筑技术设计要解决的问题越来越多、越来越复杂。

⑥ 经济条件　基本建设的投资相当大，建造一幢建筑物需要耗费大量的人力、物力和财力，因此经济因素始终是影响建筑设计的重要因素。建筑设计应根据建筑物的等级与国家制定的相应的经济指标及建造者本身的经济能力来进行，脱离经济因素的建筑设计只能是纸上谈兵。建筑技术设计是建筑设计中不可分割的一部分，也必须考虑经济效益。在确保工程质量的前提下，既要降低建造过程中的材料、能源和劳动力消耗，以降低造价，又要有利于降低使用过程中的维护和管理费用。同时，在设计过程中要根据建筑物的不同等级和质量标准，在材料选择和构造方式上给予区别对待。

11.1.3.2　建筑技术设计原则

① 满足建筑物的各项使用功能要求　在建筑设计中，由于建筑物的功能要求和某些特殊需要，如保温、隔热、隔声、吸声、防射线、防腐蚀、防震等，给建筑设计提出了技术上的要求。为了满足使用功能的需求，在技术设计时，必须综合有关技术知识，进行合理的设计、计算，并选择经济合理的技术方案。

② 有利于结构安全　建筑物除根据荷载大小、结构的要求确定构件的必须尺度外，在构造上需采取措施，以保证构件与构件之间的连接，使之有利于结构的安全和稳定。

③ 适应当地的施工技术水平　建筑技术设计必须与当地的生产力发展水平、施工技术水平相适应，否则难以实现。

④ 适应建筑工业化的需要　为确保建筑工业化的顺利进行，在技术设计时，应大力推广先进技术，选择各种新型建筑材料，采用标准设计和定型构件，为制品生产工厂化、现场施工机械化创造有利条件。

⑤ 做到经济合理　造价指标是技术设计中不可忽视的因素之一。在技术设计时，应厉行节约，尽量利用工业废料，要从我国国情出发，做到因地制宜、就地取材。

⑥ 注意美观　构造方案的处理是否精致和美观，都会影响建筑物的整体效果，因此，亦需事先予以充分考虑研究。

总之，在技术设计中，应全面贯彻"适用、安全、经济、美观"的建筑方针，并考虑建筑物的使用功能、所处的自然环境、材料供应情况以及施工条件等因素，进行分析、比较，确定最佳方案。

11.2　建筑结构

结构是建筑物的承重骨架，是建筑物赖以存在的主要条件。建筑结构设计是建筑技术设计的重要组成。建筑材料和建筑技术的发展决定着结构型式的发展，而建筑结构型式的选用对建筑物的使用以及建筑形式又有着极大的影响。

大量民用建筑的结构型式，依其建筑物使用性质、规模、体形、构件所用材料及受力情况的不同而异。

依建筑物本身使用性质和体形的不同，可分为单层、多层、大跨度和高层建筑。在这些建筑中，单层及多层建筑的主要结构型式又可分为墙承重结构、框架承重结构。墙承重结构是指由墙体作为建筑物承重构件的结构型式；而框架结构则主要是由梁、柱、板作为承重构件的结构型式。大跨度建筑常见的结构型式有拱结构、桁架结构以及网架、薄壳、折板、悬索等空间结构型式；高层建筑常见的结构型式有框架结构、现浇剪力墙结构、框架-剪力墙结构、框架-筒体结构、筒中筒及成束筒结构等。

依照结构构件所使用材料的不同,目前有混合结构、钢筋混凝土结构和钢结构之分。混合结构是指在一座建筑中,其主要承重构件分别采用多种材料所构成,如砖与木、砖与钢筋混凝土、钢筋混凝土与钢等。这类建筑中,目前以砖与钢筋混凝土居多,由于它主要以砖墙为主体,故习惯上又称为砖混结构,它是多层建筑的主要结构形式,其特点是可根据各地情况因地制宜、就地取材、降低造价。

钢筋混凝土结构是指建筑物的主要承重构件均采用钢筋混凝土材料。由于钢筋混凝土的骨料亦可就地取材,耗钢量少,加之水泥原料丰富,造价较便宜,防火性能和耐久性能好,而且混凝土构件既可现浇,又可预制,为构件生产的工厂化和机械化提供了条件。所以钢筋混凝土结构是发展较广的一种结构型式,也是我国目前高层建筑所采用的主要结构型式。

钢结构则是指建筑物的主要承重构件用钢材制作的结构。它具有强度高、构件重量轻且平面布局灵活、抗震性能好、施工速度快等特点。由于我国钢产量不多,且造价高,因此目前它主要用于大跨度、大空间以及高层建筑中。随着钢铁工业的发展,今后钢结构在建筑上的应用将会逐步扩大。此外,目前由于轻型冷轧薄壁型材及压型钢板的发展,也使得轻钢结构在低层以及高层建筑的围护结构中得以广泛应用。

11.3 建筑材料

11.3.1 建筑材料的分类
11.3.1.1 按化学成分分类
（1）无机材料

金属材料:黑色金属钢、铁、不锈钢等;有色金属铝、铜等及其合金。

非金属材料:天然石材花岗石、大理石、石灰石等;烧土制品砖、瓦、陶瓷、玻璃等。

无机胶凝材料:石膏、石灰、水泥、水玻璃等,砂浆、混凝土及硅酸盐制品。

（2）有机材料

植物材料:木材、竹材等。

沥青材料:石油沥青、煤沥青、沥青制品。

高分子材料:塑料、涂料、胶黏剂、合成橡胶等。

（3）复合材料

金属与无机非金属复合材料如钢纤维增强混凝土等。

有机与无机非金属复合材料如聚合物混凝土、沥青混凝土等。

11.3.1.2 按材料在建筑物中的功能分类

① 建筑结构材料　在建筑中承受各种荷载,起骨架作用。这类材料质量的好坏直接影响结构安全,因此,其力学性能以及耐久性能,应特别予以重视。

② 围护和隔绝材料　在建筑物中起围护和隔绝作用,以便形成建筑空间,防止风雨的侵袭。这类材料应具有隔热、隔声、防水、保温等功能,其对建筑空间的舒适程度和建筑物的营运能耗有决定性影响。

③ 装饰材料　用于建筑物室内外的装潢和修饰,其作用在于满足房屋建筑的使用功能和美观要求,同时起保护主体结构在室内外各种环境因素的作用下的稳定性和耐久性。

④ 其他功能材料　包括耐高温、抗强腐蚀、太阳能转换等特种功能材料,它们将被用于特种工业厂房和民用建筑。

一种材料往往具有多种功能,例如混凝土是典型的结构材料,但装饰混凝土（露骨料混凝土、彩色混凝土等）则具有很好的装饰效果,而加气混凝土又是很好的绝热材料。

11.3.2 建筑材料的基本性质

11.3.2.1 力学性质

① 强度 材料在经受外力作用时抵抗破坏的能力，称为材料的强度。根据外力施加方向的不同，材料强度又可分为抗拉强度、抗压强度、抗弯强度和抗剪强度等。

② 材料的弹性、塑性、脆性与韧性 材料在承受外力作用的过程中，必然产生变形，如撤除外力的作用后，若材料几何形状恢复原状，则材料的这种性能称为弹性。若材料的几何形状只能部分恢复，而残留一部分不能恢复的变形，该残留部分的变形称为塑性变形。

材料受力时，在无明显变形的情况下突然破坏，这种现象称为脆性破坏。具有这种破坏特性的材料，称为脆性材料，如玻璃、陶瓷等。

在冲击、振动荷载的作用下，材料在破坏过程中吸收能量的性质称为韧性，吸收的能量越多韧性越好。

11.3.2.2 建筑材料的基本物理参数

① 密度 材料在绝对密实状态下单位体积内所具有的质量称为密度（g/cm^3）。

② 表观密度 材料在自然状态下（包含内部孔隙）单位体积所具有的质量，称为表观密度（g/m^3 或 kg/m^3）。

③ 堆积密度 散粒状材料在自然堆积状态下单位体积的质量，称为堆积密度（g/cm^3 或 kg/m^3）。

④ 孔隙率 材料中孔隙体积占材料总体积的百分率。材料中孔隙的大小以及大小孔隙的级配是各不相同的，而且孔隙结构形态也各不相同，有的与外界相连通，称开口孔隙，有的与外界隔绝，称封闭孔隙。孔隙率是反映材料细观结构的重要参数，是影响材料强度的重要因素。除此之外，孔隙率与孔隙结构形态还对材料表观密度、吸水、抗渗、抗冻、干湿变形以及吸声、绝热等性能密切相关。因此，孔隙率虽然不是工程设计和施工中直接应用的参数，但却是了解和预估材料性能的重要依据。

⑤ 空隙率 散粒状材料在自然堆积状态下，颗粒之间空隙体积占总体积的百分率，称为空隙率。

⑥ 吸水率 材料由干燥状态变为饱水状态所增加的（所吸入水的）质量与材料干质量之比的百分率，称为材料的吸水率。

⑦ 含水率 材料内部所包含水分的质量占材料干质量的百分率，称为材料的含水率。

11.3.2.3 建筑材料的耐久性

建筑材料在使用过程中经受各种常规破坏因素的作用而能保持其使用性能的能力，称为建筑材料的耐久性。建筑材料在使用中逐渐变质和衰退直至失效，有其内部因素，也有外部因素。其内部因素有材料本身各种组分和结构的不稳定、各组分热膨胀的不一致，所造成的热应力、内部孔隙、各组分界面上化学生成物的膨胀等；其外部因素有使用中所处的环境和条件，诸如日光曝晒，大气、水、化学介质的侵蚀，温度、湿度变化，冻融循环，机械摩擦，荷载的反复作用，虫菌的寄生等。这些内外因素，可归结为机械的、物理的、化学的、物理化学的及生物的作用。在实际工程中，这些因素往往同时综合作用于材料，使材料逐渐失效。

11.4 建筑保温、防热与节能

11.4.1 建筑保温

保温是建筑设计十分重要的内容之一，寒冷地区各类建筑和非寒冷地区有空调要求的建筑，如宾馆、实验室、医疗用房等都要考虑保温措施。建筑技术设计是保证建筑物保温质量的重要环节。合理的设计不仅能保证建筑的使用质量和耐久性，而且能节约能源，降低采暖、空调设备的投资和使用时的维护费用。

为提高围护结构的保温性能，通常采取下列措施：

11.4.1.1 提高围护结构的热阻

在寒冷季节里，热量通过建筑物外围护构件——墙、屋顶、门窗等由室内高温一侧向室外低温一侧传递，使热量损失，室内变冷。热量在传递过程中将遇到阻力，这种阻力称为热阻，其单位是 $m^2 \cdot K/W$。热阻越大，通过围护构件传出的热量越少，说明围护构件的保温性能越好；反之，热阻越小，围护构件的保温性能越差，热量损失就越多，如图 11-2 所示。因此，对有保温要求的围护构件须提高其热阻。围护构件热阻与其厚度成正比，增加厚度可提高热阻，即提高抵抗热流通过的能力。如双面抹灰 240mm 厚砖墙的传热阻大约为 $0.36m^2 \cdot K/W$，而 490mm 厚双面抹灰砖墙的传热阻约为 $0.69m^2 \cdot K/W$。但是，增加厚度势必增加围护构件的自重，材料的消耗量也相应增多，且减小了建筑有效使用面积。

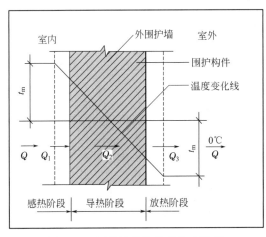

图 11-2 围护结构传热的物理性能

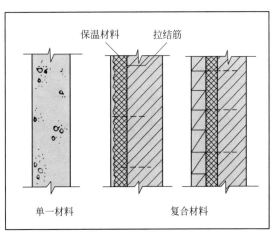

图 11-3 保温复合墙体

11.4.1.2 合理选材及确定构造型式

在建筑工程中，一般将热导率数小于 $0.3W/(m \cdot K)$ 的材料称为保温材料。导热系数的大小说明材料传递热量的能力，选择容量轻、热导率数小的材料如加气混凝土、浮石混凝土、陶粒混凝土、膨胀珍珠岩及其制品、膨胀蛭石为骨料的轻混凝土以及岩棉、玻璃棉和聚苯乙烯泡沫塑料等可以提高围护构件的热阻。其中轻混凝土具有一定强度，可做成单一材料保温构件，这种构件构造简单、施工方便；也可采用组合保温构件提高热阻，它是将不同性能的材料加以组合，各层材料发挥各自不同的功能。通常用岩棉、玻璃棉、膨胀珍珠岩、聚苯板等容重轻、导热系数小的材料起保温作用，而用强度高、耐久性好的材料如砖、混凝土等作承重或护面层（图 11-3）。

11.4.1.3 防潮防水

冬季由于外围护构件两侧存在温度差，室内高温一侧水蒸气分压力高于室外，水蒸气就向室外低温一侧渗透，遇冷达到露点温度时就会凝结成水，构件受潮。此外雨水、使用水、土壤潮气和地下水也会侵入构件，使构件受潮受水。

围护结构表面受潮、受水会使室内装修变质损坏，严重时会发生霉变，影响人的健康，构件内部受潮、受水会使多孔的保温材料充满水分，热导率提高，降低围护材料的保温效果。在低温下，水分在冰点以下形成冰晶进一步降低保温能力，并因冻融交替而造成冻害，严重影响建筑物的安全和耐久性。

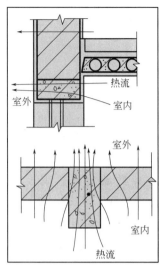

图 11-4　热桥现象

为防止构件受潮受水，除应采取排水措施外，在靠近水、水蒸气和潮气一侧应设置防水层、隔汽层和防潮层。组合构件一般在受潮一侧布置密实材料层。

11.4.1.4　避免热桥

在外围护构件中，由于结构要求，经常设有导热系数较大的嵌入构件，如外墙中的钢筋混凝土梁和柱、过梁、圈梁、阳台板、雨篷板、挑檐板等。这些部位的保温性能都比主体部分差，热量容易从这些部位传递出去。散热大，其内表面温度也就较低，当低于露点温度时将出现凝结水；这些部位通常叫做围护构件中的"热桥"（图 11-4）。为了避免和减轻热桥的影响，首先应避免嵌入构件内外贯通，其次应对这些部位采取局部保温措施，如增设保温材料等，以切断热桥（图 11-5）。

11.4.1.5　防止冷风渗透

当围护构件两侧空气存在压力差时，空气将从高压一侧

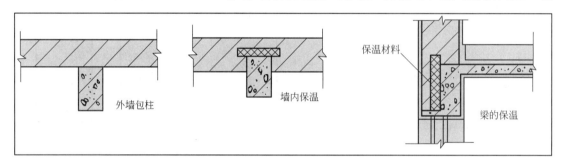

图 11-5　热桥保温处理

通过围护构件流向低压一侧，这种现象称为空气渗透。空气渗透可由室内外温度差（热压）引起，也可由风压引起。由热压引起的渗透，热空气由室内流向室外，室内热量损失。风压则使冷空气向室内渗透，使室内变冷。为避免冷空气渗入和热空气直接散失，应尽量减少外围护结构构件的缝隙，如墙体砌筑砂浆饱满，改进门窗加工和构造，提高安装质量，缝隙采取适当的构造措施等。

11.4.2　建筑防热

我国南方地区，夏季气候炎热，高温持续时间长，太阳辐射强度大，相对湿度高，建筑物在强烈的太阳辐射和高温、高湿气候的共同作用下，通过围护构件将大量的热传入室内，室内生活和生产也产生大量的余热。这些从室外传入和室内自生的热量，使室内气候条件变化，引起过热，影响生活和生产。为减轻和消除室内过热现象，可采取设备降温，如设置空调等，但费用大。对一般建筑，主要依靠建筑措施来改善室内的温湿状况。

建筑防热的途径可简要概括为以下几个方面：

11.4.2.1　降低室外综合温度

室外综合温度是考虑太阳辐射和室外温度对围护构件综合作用的温度。室外综合温度的大小，关系到通过围护构件向室内传热的多少。在建筑设计中降低室外综合温度的方法主要是采取合理的总体布局，选择良好的朝向，尽可能争取有利的通风条件，防止西晒，绿化周围环境，减少太阳辐射和地面反射等。对建筑物本身来说，采用浅色外饰面或采取淋水、蓄水屋面或西墙遮阳设施等有利于降低室外综合温度（图 11-6）。

11.4.2.2 提高外围护构件的防热和散热性能

炎热地区外围护构件应能尽可能隔绝热量传入室内,同时当太阳辐射减弱时和室外气温低于室内气温时能迅速散热,这就要求合理选择外围护构件的材料和构造型式。

带通风间层的外围护构件既能隔热也有利于散热,因为从室外传入的热量由于通风,使传入室内的热量减少,当室外温度下降时,从室内传出的热量又可通过通风间层被带走(图11-7)。在围护构件中增设导热系数小的材料也有利于隔热(图11-8)。利用表层材料的颜色和光滑度能对太阳辐射起反射作用,对防热、降温有一定的效果。另外,利用水的蒸发,吸收大量汽化热,可大大减少通过屋顶传入的热量。

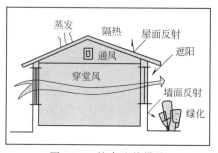

图 11-6 综合防热措施

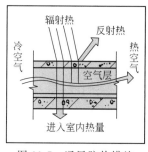

图 11-7 通风防热措施

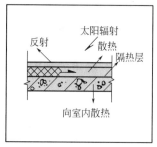

图 11-8 材料隔热措施

11.4.3 建筑节能

11.4.3.1 建筑节能的意义和节能政策

能源危机是威胁人类社会可持续发展的重大问题。在全世界日益增长的能源消耗中,无论是工业发达国家还是发展中国家,建筑能耗都是国家总能耗中比重很大的一项。因而,发展和推广使用建筑节能技术可有效缓解全球能源危机,有助于减轻大气污染、降低经济增长对能源的依赖,对社会和经济发展有重要的意义。无论在发达国家或发展中国家,建筑节能都被视为节能工作和能源政策的重要部分,并且是实现可持续发展的关键之一。我国是发展中国家,资源人均占有率低,能源使用效率低,发展建筑节能对我国经济建设尤其具有重大意义。目前,随着我国经济的不断发展,建筑物能耗的总量和其占总能耗的比例均不断上升,建筑节能更加成为我国经济建设中的又一重大课题。

所谓能源问题,就是指能源开发和利用之间的平衡即能源生产和消耗之间的关系。我国能源供求平衡一直是紧张的,能源缺口很大,是亟待解决的突出问题。解决能源问题的根本途径是开源节流,即增加能源和节约能源并重,而在相当长一段时间内节约能源是首要任务,是我国一项基本国策。在我国制定的能源建设总方针中就规定:"能源的开发和节约并重,近期要把节能放在优先地位,大力开展以节能为中心的技术改造和结构改革。"事实上,世界各国已经把节能提高到继煤、石油、天然气、太阳能、核能之后的第六种能源。

建筑能耗大,占全国能源耗量的1/4以上,它的总能耗大于任何一个行业的能耗量,而且随着生活水平的提高,它的耗能比例将有增无减。因此,建筑节能是整体节能的重点。建筑的总能耗包括生产用能、施工用能、日常用能和拆除用能等方面,其中以日常用能最大。因此,减少日常用能是建筑节能的重点。

11.4.3.2 建筑节能措施

建筑设计在建筑节能中起着重要作用,合理的设计会带来十分可观的节能效益,其节能措施主要有以下几个方面:

① 选择有利于节能的建筑朝向,充分利用太阳能。南北朝向比东西朝向建筑耗能少,在相同面积下,主朝向面积越大,这种情况就越明显。

② 设计有利于节能的建筑平面和体型。在体积相同的情况下，建筑物的外表面积越大，采暖制冷负荷也越大，因此尽可能取最小的外表面积。

③ 改善外围护构件的保温性能，并尽量避免热桥，这是建筑设计中的一项主要节能措施，节能效果明显。

④ 改进门窗设计，尽可能将窗面积控制在合理范围内，改革窗玻璃，防止门窗缝隙使能量损失等。

⑤ 重视日照调节与自然通风。理想的日照调节是夏季在确保采光和通风的条件下，尽量防止太阳热进入室内，冬季尽量使太阳热进入室内。

11.5 建筑隔声

11.5.1 噪声的危害与传播

噪声一般是指一切对人们生活、工作、学习和生产有妨碍的声音。随着社会和经济的发展，各种机电设备、运输工具大量增加，功率越来越大，转速越来越高，噪声声源的数量和强度都大大增加，噪声已成为一种公害。强烈或持续不断的噪声轻则影响休息、学习和工作，对生理、心理和工作效率不利，重则引起听力损害，甚至引发多种疾病。控制噪声须采取综合治理措施，包括消除和减少噪声源，减低声源的强度和采取必要的吸声措施。围护构件的隔声是噪声控制的重要内容。声音从室外传入室内，或从一个房间传到另一个房间主要有以下两种途径。

（1）空气传声

在空气中发生并传播的称为空气传声。空气传声主要通过以下途径：

① 通过围护构件的缝隙直接传声　噪声沿敞开的门窗、各种管道与结构所形成的缝隙和不饱满砂浆灰缝所形成的孔洞在空气中直接传播。

② 通过围护构件的振动传声　声音在传播过程中遇到围护构件时，在声波交变压力作用下，引起构件的强迫振动，将声波传到另一空间。

（2）撞击传声

通过围护构件本身来传播物体撞击或机械振动所引起的声音，称为撞击传声或固体传声。这种声音主要沿结构传递，如关门时产生的撞击声、楼层上行人的脚步声和机械振动声等均属此类。

虽然声音最终都是通过空气传入人耳，但是这两种噪声的传播特性和传播方式不同，所以采取的隔声措施也就不同。

11.5.2 围护构件隔声途径
11.5.2.1 对空气传声的隔绝

根据空气传声的传播特点，围护构件的隔声可以采取下列措施：

① 增加构件重量　从声波激发构件振动的原理可以知道，构件越轻，越易引起振动，越重则越不易引起振动。因此，构件的重量越大，隔声能力就越高，设计时可以选择面密度（kg/m²）大的材料。双面抹灰的 60mm 厚砖墙，其空气传声隔声量为 32dB；双面抹灰的 240mm 厚砖墙的隔声量为 45dB。

② 采用带空气层的双层构件　双层构件的传声是由声源激发起一层材料的振动，振动传到空气层，然后再激起另一层材料的振动。由于空气的弹性变形具有减振作用，所以提高了构件的隔声能力，但是应注意尽量避免和减少构件中出现"声桥"。所谓声桥是指空气间层内出现的实体连接。

③ 采用多层组合构件　多层组合构件是利用声波在不同介质分界面上产生反射、吸收的原理来达到隔声的目的。它可以大大减轻构件的重量，从而减轻整个建筑的结构自重。

11.5.2.2　对撞击声的隔绝

由于一般建筑材料对撞击声的衰减很小，撞击声常被传到很远的地方，它的隔绝方法与空气声的隔绝有很大区别。厚重坚实的材料可以有效地隔绝空气传声，但隔绝撞击声的效果却很差。相反，多孔材料如毡、毯、软木、岩棉等隔绝空气声的效果不大，但隔绝撞击声的传递却较为有效。因此，改善构件隔绝撞击声的能力可以从以下几方面着手：

① 设置弹性面层　在构件面层上铺设富有弹性的材料，如地毡、地毯、软木板等，构件表面接收撞击时，由于面层的弹性变形，减弱了撞击能量。

② 设置弹性夹层　在面层和结构层或两结构层之间设置一层弹性材料如刨花板、岩棉、泡沫塑料等，将面层和结构层或两结构层完全隔开，切断了撞击声的传递路线，在构造处理上应尽量避免声桥的产生。

③ 采用带空气层的双层结构　这里利用隔绝空气声的办法来降低撞击声，是利用空气弹性变形具有减振作用的原理来提高隔绝撞击声的能力。

11.6　建筑防震

11.6.1　地震震级与地震烈度

地震的强烈程度称为震级，一般称里氏震级，它取决于一次地震释放的能量大小。地震烈度是指某一地区地面和建筑遭受地震影响的强烈程度，它不仅与震级有关，且与震源的深度、距震中的距离、场地土质类型等因素有关。一次地震只有一个震级，但却有不同的烈度区，我国地震烈度表中将烈度分为 12 度。7 度时，一般建筑物多数有轻微损坏；8～9 度时，大多数损坏至破坏，少数倾斜；10 度时，则多数倾倒。过去我国一直以 7 度作为抗震设防的起点，但近数十年来，很多位于烈度为 6 度的地区发生了较大地震，甚至特大地震。因此，现行建筑抗震规范规定以 6 度作为设防起点，6～9 度地区的建筑物要进行抗震设计。

11.6.2　建筑防震设计要点

建筑物防震设计的基本要求是减轻建筑物在地震时的破坏，避免人员伤亡，减少经济损失。其一般目标是当建筑物遭到本地区规定的烈度的地震时，允许建筑物部分出现一定的损坏，经一般修复和稍加修复后能继续使用，而当遭到极少发生的高于本地区烈度的罕遇地震时，不至于倒塌和发生危及生命的严重破坏，即贯彻"小震不坏、大震不倒"的原则。在建筑设计时一般遵循下列要点：

① 宜选择对建筑物防震有利的建设场地。

② 建筑体型和立面处理力求匀称。建筑体型宜规则、对称；建筑立面宜避免高低错落、突然变化。

③ 建筑平面布置力求规整。如因使用和美观要求必须将平面布置成不规则时，应用防震缝将建筑物分割成若干结构单元，使每个单元体型规则、平面规整、结构体系单一。

④ 加强结构的整体刚度。从抗震要求出发，合理选择结构类型，合理布置墙和柱，加强构件和构件连接的整体性，增设圈梁和构造柱等。

⑤ 处理好细部构造。楼梯、女儿墙、挑檐、阳台、雨篷、装饰贴面等细部构造应予足够的重视，不可忽视。

第12章　风景园林建筑场地设计

由于风景园林建筑本身的特性决定了与其周围环境之间的关系密不可分。作为一个整体概念的风景园林建筑，其周围的场地是其中不可分割的组成部分。进行风景园林建筑设计就必然包括风景园林建筑场地设计。

12.1　场地设计的概念

简单来看，所谓"场地设计"必然是有关于"场地"的设计活动，所以为明确何谓"场地设计"，首先明确何谓"场地"是十分自然的。本章将首先讨论场地的相关内容。

12.1.1　概念

从所指的对象来看，"场地"一词有狭义和广义两种不同的含义。在狭义上，场地指的是建筑物之外的广场、停车场、室外活动场、室外展览场之类的内容。这时"场地"是相对于"建筑物"而存在的，所以当指称这一意义时，经常被明确为"室外场地"以示其对象是建筑物之外的部分。在广义上，场地可指基地中所包含的全部内容所组成的整体。在风景园林建筑概念中的场地是包括风景园林建筑基地内及周边对其功能、交通、形态等具有影响的客观事物。风景园林建筑场地可以认为是广义上的场地。在这一意义上，建筑物、绿化、小品、广场、停车场等都只是场地的构成元素。明确场地的概念必须明确元素与整体的这一层关系。因为风景园林建筑与场地中其他内容实际上是无法割裂开的，它们是相互依存的，所以用"场地"这一概念来描述它们所组成的整体对于风景园林建筑来说是合适的。

12.1.2　构成要素

任何一个建设项目都是因为人的某种使用需求而产生的。也就是说，任何建造都有着它的目的性。一个风景园林建筑场地所包含的每一项内容都是因为某种需要而存在的。反过来看，这些内容也都是保证场地能够成立的必备因素，缺少了其中的任何一项，场地则不能成为一个有机的、完善的整体，也就不能充分满足风景园林建筑在各个层次上的要求。

12.1.2.1　风景园林建筑

一般来说，对于风景园林建筑内外空间的要求是建设目的之中最主要的部分。但是，一个完整的风景园林建筑设计，有时，建筑物又只是项目中最主要的内容之一。

风景园林建筑在一般的风景园林建设中是必不可少的，它们也常常是场地中的核心要素，这是十分容易理解的。这时的场地是为风景园林建筑而存在的。风景园林建筑在场地中一般都是处于控制和支配的地位，其他要素则是处于被控制和被支配的地位，它们的组织常常是围绕着风景园林建筑来进行的。建筑物在场地中的组织形式，决定着其他要素的组织形式。建筑物在场地中的存在形态，决定了基地利用的基本模式，影响着整个场地的基本形态。建筑物在场地中的位置和形态一旦确定，场地的基本形态一般也就随之而确定了。

有些时候，由于某些风景园林设计和风景园林建筑自身的功能、体量以及在风景园林中的重要程度要低一些，场地中的组织形式、存在形态等就不受风景园林建筑的制约，而是受到其他场地构成要素的影响。

12.1.2.2　交通系统

道路、广场等交通系统是重要的风景园林建筑场地构成要素。一块场地如果无法进入，一栋孤立于基地中的建筑物如果人们无法接近它，那么则谈不上使用。因而，需要通道与场地外部相联系，这样它才是有意义的。所以道路、广场等所组成的交通系统也是场地不可缺少的构成要素。

道路、广场等所组成的交通系统将场地的各个部分联系起来，同时也使它们同外部取得联系，所以在场地中交通系统所起的是连接和纽带的作用。这一连接作用是十分关键的，如果没有交通系统，那么场地中的各个部分将是各自孤立的，相互之间无法产生活动上的关联，也无法与外部发生关联，这样场地各个部分之间的相互关系是不确定的和模糊的。场地中的交通组织方式确定了，各部分之间的关系以及它们与外部之间的关系才会最后确定。因而交通系统的形式所体现的是场地各部分之间以及它们与外部之间关联的形式。作为人、车及货物流线的载体，交通系统是场地内人、车流动的轨迹，它表征了使用者在场地内活动的展开方式，从这个意义上来看，道路交通系统对于场地也是至关重要的。诺伯格·舒尔兹认为，路线是人掌握环境的手段，通过在其中的运行人得以将外在于自身的环境内在化。人是通过在空间中的活动而获得了该空间，而路线即为活动的轨迹。因此道路交通系统是人占有场地空间的方式，场地内的交通组织形式在本质上体现的是使用者利用场地的形式。可以说它是人与场地关系的标志，也是人对于场地意志的体现。现在，汽车已成为一种基本的交通工具，为使乘车而来的使用者能顺利方便地利用场地，就必须解决好场地中车辆的停放问题，因而在绝大多数场地中，停车场也是一项必备的内容。从功能上看，停车场与场地内道路是连成一体的，是场地内流线的一个结点。在这里车辆使用者将完成车行和步行的转换，所以停车场是场地内交通系统的一个较特殊的组成部分。与上述问题同理，在使用自行车的人数较多的场地中，其内容还应包括专用的自行车停车场。

12.1.2.3　室外活动设施

人对于风景园林建筑的要求除室内空间之外，一定会有室外活动的需求，比如体育运动、游戏活动、休闲游憩等。这些活动就会被要求在一些专门的室外设施中进行，这使得运动场、游戏场、休闲场地等成为风景园林建筑场地设计中的一个组成部分。比如在风景区中的餐饮建筑、接待建筑、活动中心以及居住建筑的场地中，一般都要求设有相应的室外活动设施。

12.1.2.4　绿化景观设施

具备了建筑物、道路等这些因功能的直接需要而存在的内容，场地已可以基本运转起来，但是这样的风景园林建筑场地是不完整的。在场地中人们除了这些直接的物质功能要求之外，对于场地中的景观效果、环境质量等方面也会要求达到一定标准。所以在风景园林建筑场地中，绿化景观设施也是必不可少的，这对人在使用场地过程中的直观感受和心理体验十分重要，影响到使用者对场地利用的心理上和精神上的满意程度。绿化景观设在场地中所起的作用是多方面的：

① 它是场地的功能载体之一。在场地之内，使用者的室外活动很多是在景观设施之中进行的，比如在居住区活动中心的场地中，居民的户外休憩活动主要是在绿地、庭园之中进行的。在风景区餐饮建筑、宾馆建筑等类型的场地中，也常常设有类似功能的庭园设施供人们休息、停留、游玩。使用者的这些活动是室内活动的必要补充，是场地总体活动组成之中的不可缺少的一个部分，为使这些活动能有效地展开、顺利地进行，有必要在场地中配置适当的绿化景观设施。

② 对于场地的风貌和景观效果的构成。对于使用者在场地中的视觉以及心理感受，绿化景观设施所起到的作用更是无可替代的。绿化景园设施是场地中的修饰和润色因素，是场地视觉环境的调节者，它们既创造着良好的景观，又可遮掩和修补场地中的不良景观。一定

规模的外环境可构成展现建筑物的背景，室外环境中的小品如拱门、列柱以及树木等作为衬景标志，将会增强场地景观尤其是建筑物观赏的层次感，也会限制或强化视线，将其组织到最精彩之处。在场地中，风景园林建筑、道路、广场大多会以人工的几何形态出现，其构造材料一般也都是以人为加工的非自然的为主。这些内容在形态上是凝固不变的，给人的感觉也是硬性的、抽象的和静态的，体现的是人造的和人工的痕迹。而绿化景观设施能有效地减弱由于这种太多的人工建造物所形成的过于紧张的环境压力，起到有效的舒缓作用。绿化景观设施以自然形态为主，植物、水体、土壤、岩石都是自然的要素。植物的枯荣表现了四季的更替与轮回，晨昏之间，风中雨中，植物的姿态就是自然的表情，植物的生长标志了时光的流逝和场地的变迁……这些都体现了自然变化的生机，水体、岩石、土壤及其他景观设施的功用也大体如此。这些作用与使用者的心理和情感世界息息相关。因此绿化景园设施是场地中的一种必要的补充和平衡要素。

③ 从环境保护和生态的角度来看，绿化景观设施能对场地的小气候环境起到积极的调节作用。场地内若植被繁茂，布置得当，会形成良好的微气候环境，密集布置的树木可以有效地减弱风对场地的侵袭，尤其是冬季防风效果良好。在夏季树木又可形成遮阳效果，增大场地中的植被覆盖面积，有利于控制场地的蒸发量，调节空气的温湿度，防止过热和过分干燥。植物还能吸收二氧化碳和有害气体，吸滞烟灰粉尘，减少空气中的含菌量，降低外界的噪声干扰，利于场地卫生和使用者的健康。如果场地中有水池、喷泉等水景，在炎热的季节能有效地增加清凉湿润的感觉。

总之，绿化景观设施既是风景园林建筑场地的功能载体之一，在功能上是一个必要组成部分，又可对场地的景观效果起到积极的修饰和润色作用，同时又能有效调节场地的小气候环境。它影响着使用者对场地的总体视觉印象和对场地环境的心理感受，关系着使用者对场地利用的舒适程度和人们对环境的美好和幸福感的达成。因此绿化景观设施是场地构成中的一项必备要素。

12.1.2.5 工程系统

在场地中，除了上面的建筑物、交通系统、绿地设施之外，工程系统也是不可缺少的。场地中的工程系统包括两个部分的内容：一部分是各种工程与设备管线，比如给水管线、排水管线、燃气管线、热力管线以及电力、通讯电缆等，这些管线在场地中大都会采取地下敷设的方式；另一部分是场地地面的一些工程设施比如挡土墙、护坡、地面排水设施等。场地中的工程设施尤其是工程管线，虽说许多情况下在地面上不可见，或是不引人注意，但它们却是支撑建筑物以及整个场地能够正常运作的工程基础，缺乏了这种支撑，建筑物以及场地将处于瘫痪状态。在城市中很难设想在没有水电等供应的情况下，一座建筑物、一个场地能够顺利实现其使用功能。因此工程系统也是场地中的一项基本组成要素。

上述这些要素之间的关系是相辅相成的，它们连接成一体，形成了整体的场地。在这些要素之中，主次的分别是相对的，前面曾提到建筑物在场地中一般处于核心地位，建筑物的存在形式制约着其他要素的存在形式，但这并不绝对。如果从相反的角度来看，建筑物的布置方式也受到其他要素布置方式的制约，它们之间的关系是相互依存的。从使用功能上看，场地内的道路、停车场、工程设施是支持建筑物正常运作的基础，它们直接关系着建筑物使用的有效性，关系着建筑物内部的运转效率。在空间、形式、视觉景观的综合效果以及给予人的心理和精神感受方面，广场、道路、绿化景观与建筑物是一个统一的系统，最终的效果是系统完整性的体现，优劣的区分是由各个组成元素以及它们之间的关系共同决定的。研究场地问题，应看到场地是一个整体的环境，是一个有机的场所，而不是建筑物、道路、绿化景观等的简单拼凑，使用者对场地的印象和感受并不会按照各部分和各方面来区分，而是会将场地作为一个整体来体验和使用，建筑物、道路、绿化景观等，仅仅是人活动于其中的环境的组成部分而并非环境本身，整体才是最关键的。

北京的天坛是一个十分典型的例子。由于天坛的物质功能要求是很低的，其中没有很多的建筑物，也没有超大的体量，但由于场地中超大规模的绿化以及其他的构筑物手段，如双重坛墙、纵横轴线的道路、台基、围墙、高出地面的巨大尺度的甬道（丹陛桥）等，同样形成了整体上的崇高、神圣的氛围，满足了精神功能上的高要求。这说明了对于场地的空间和景观等方面的综合效果，以及人们在其中的实际视觉感受和心理体验有赖于场地中所有要素共同构成的整体效果（图 12-1、图 12-2）。

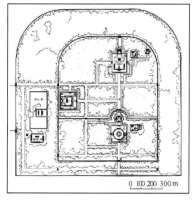

图 12-1　天坛平面图

图 12-2　天坛鸟瞰

12.1.3　场地的类型

按照场地用途的不同，场地可划分为以下几种类型：

① 民用建筑场地　一般是指商场、体育馆、影剧院、宾馆、图书馆、写字楼、学校、幼儿园、医院、饭店、住宅等建筑场地。

② 工业建筑场地　一般是指用于工业建设的场地，包括矿山工业场地和工厂工业场地，如钢铁厂、火力发电厂、石油化工厂、机械厂、纺织厂等建设用地。

③ 交通建筑场地　一般是指道路及汽车站、铁路线路及车站、港口、机场等专用场地。

12.1.4　风景园林建筑场地设计的概念

一般来说，场地设计是为满足一个建设项目的要求，在基地现状条件和相关的法规、规范的基础上，组织场地中各构成要素之间关系的设计活动。其根本目的是通过设计使场地中的各要素形成一个有机整体，以发挥效用，并使基地的利用能够达到最佳状态，以充分发挥用地效益，节约土地，减少浪费。本书中的风景园林建筑场地设计是指风景园林建筑所在环境的场地各要素之间关系的有效组织设计。

12.2　风景园林建筑场地设计的工作内容和特点

12.2.1　风景园林建筑场地设计的内容

前面已经讨论过，场地的组成一般包括建筑物、交通设施、室外活动设施、绿化景观设施以及工程设施等。为满足建设项目的要求，达到建设目的，从工作内容上看，风景园林建筑场地设计即是整个风景园林建筑设计中除建筑单体的详细设计外所有的设计活动。

这一般包括建筑物、交通设施、绿化景观设施、场地竖向、工程设施等的总体安排以及交通设施（道路、广场、停车场等）、绿化景园设施（绿化、景观小品等）场地竖向与工程设施（工程管线）的详细设计，这些都是场地设计的直接工作内容，它们与场地设计的最终目的又是统一的。因为每一项组成要素总体形态的安排必然会涉及它与其他要素之间总体关系的组织，而对风景园林建筑之外的各要素的具体处理又必然会体现出它们相互之间以及它们与风景园林建筑之间组织关系的具体形式。所以这与前面我们所认为的"场地设计即为组织各构成要素关系的设计活动"是相一致的。

12.2.2　风景园林建筑场地设计的特点

（1）综合性　场地设计是一门涉及社会经济、工程技术、环境保护等内容的综合性学科，涉及的知识范围广，联系的部门和专业多，遇到的矛盾错综复杂。因此，在进行场地设计时，应根据建设项目的性质、规模和使用功能，结合场地的自然条件、建设条件和环境条件等因素，遵循有关法规、规范，综合分析，合理安排，才能做好建、构筑物的布置、竖向设计、交通路线设计、管线综合设计、绿化与美化设计，并经多方案比较，选用最佳方案。所以说，场地设计是一项综合性强的工作。

（2）政策性　建设项目用地应贯彻执行《中华人民共和国土地管理法》《中华人民共和国城乡规划法》《中华人民共和国环境保护法》《中华人民共和国建筑法》等国家有关方针政策。场地内各种工程建设项目的性质、规模、建设标准及用地等，不但要考虑经济和技术因素，而且解决重大原则问题必须依据国家有关政策与国家的法律、法规，因此，场地设计是一项政策性很强的工作。

（3）地方性　每一块建筑场地都有其特定的地理位置，都受到特定的自然条件和建设条件的制约，都受到所处地区的气象、工程地质和水文地质、周围建筑环境、地方风俗习惯等影响，因此，场地设计还必须考虑地方特点和当地环境，因地制宜地设计出各具特色的场地设计方案。

（4）预见性　场地设计方案一旦实施，就具有相对的长期性和不可移动性。总结我国场地设计的实践经验，许多建设项目由于受到场地的制约而难以就地扩建发展。因此，场地设计应有科学的预见性，应充分考虑由于社会经济的发展、科学技术的进步对场地未来使用的影响，从而给场地留下一定的发展空间，使场地具有发展的弹性和相对稳定性及连续性。对于分期建设的场地，应处理好近期项目和远期项目的关系，近期集中，远期预留，一次规划，分期实施。

（5）全局性　场地设计是对建设项目的全部设施进行整体安排，其追求的是群体建筑的总体效益及群体建筑组合的总体艺术效果，因此场地设计应具有全局性和整体性，应正确处理好单体建筑同群体建筑的关系。作为群体建筑中的单体建筑应首先服从场地总体设计的全局，然后再考虑自身的要求，全局利益大于局部利益，局部服从全局，这就是场地设计的全局性。

12.3　风景园林建筑场地设计的原则和依据

12.3.1　风景园林建筑场地设计的原则

风景园林建筑场地设计尽管类型不同，规模大小各异，场地的自然条件、建设条件及环境条件也千差万别，但在实际设计工作中，均应遵循下列基本原则。

12.3.1.1　认真执行国家有关的法律、法规和方针政策

场地设计应执行国家有关的方针、政策，如在场地的选址和总平面设计方案中，均应切实注意节约用地，执行《中华人民共和国土地管理法》，十分珍惜和合理利用土地，因地制宜，合理布置，节约用地，提高土地利用率。可利用荒地，不得占用耕地；可利用劣地，不得占用好地。城市中的建设项目应执行《中华人民共和国城乡规划法》；对于场地环境保护

的有关设计，应执行《中华人民共和国环境保护法》等的相关法规。

12.3.1.2　符合当地城市规划

场地位于城市，场地设计应符合当地城市规划。因为场地出入口的位置，场地交通线路的走向，建筑物的形态、朝向、间距、空间组合、绿化美化以及用地、环境保护、技术经济指标等均与城市有关，只有满足城市规划的要求，才能使场地设计与周围环境相协调。

12.3.1.3　满足生产、生活、使用功能的要求

场地设计是在场地总体布局的基础上，根据建（构）筑物和设施的使用功能及相互之间的联系，按照交通、防火、安全、卫生、施工等要求，结合场地的地形、工程地质、气象等自然条件和建设条件，合理进行功能分区，全面地对场地内所有建（构）筑物、交通线路及设施、工程管线、绿化美化等进行平面和竖向布置，做到分区合理、布置紧凑、节约用地、节省投资、有利生产、方便生活。

12.3.1.4　满足交通运输要求

场地内交通线路的布置应短捷通畅、安全，尽量减少人流、物流相互干扰和交叉。场地内的交通组织应同场地外的交通状况相适应，场地内出入口的交通线路应与场地外交通线路衔接方便。

12.3.1.5　妥善处理改、扩建场地内新老建筑的关系

改、扩建场地设计应充分利用原有场地。对于原有建（构）筑物等设施，必须合理地利用、改造，力争通过改、扩建使场地平面布置更趋于合理，使新建工程与原有建（构）筑物等设施联系方便，布置更加合理、协调；并尽可能减少改、扩建工程对现有生产和生活的影响。

12.3.1.6　合理预留发展用地

由于经济的发展、技术的进步、市场的需求、人民生活水平的提高，原有建筑场地往往不能满足新建项目的用地需求，限制了场地的扩建，不得不异地选址，这样就增加了建设项目的投资，也不利于场地统一管理。因此，在进行场地总平面布置时，应适当地预留远期发展用地。对于分期建设的场地，应一次规划、分期实施。应正确地处理好近期建设和以后各期建设的关系，本着近远期结合，以近期为主；近期集中，远期预留；近期布置紧凑，远期规划合理的原则；不得先征后用，过早地占用土地。

12.3.1.7　为综合利用创造良好的条件

场地设计应满足循环经济、节能减排的要求，应为三废（废渣、废水、废气）治理、综合利用、环境保护创造良好条件。对于三废的综合利用工程应合理地留有用地，并满足其对运输、环境保护等的要求。

12.3.1.8　进行多方案比较

场地设计应进行深入、细致的调查研究，认真学习和吸收国内外场地设计的实践经验和教训，加强同建设、施工、科研等单位的联系，精心设计，不断创新。设计方案的确定应综合地进行多方案技术经济比较，择优确定符合国情，布置合理，使用安全，技术先进，经济效益、环境效益和社会效益好的场地设计方案。

12.3.2　风景园林建筑场地设计的依据

12.3.2.1　场址选择阶段

场址选择的依据是已批准的建设项目建议书或其他上报计划文件，并在地形图上标明场址建设区域和项目建设的具体地点。

12.3.2.2　用地规划阶段

用地规划的依据是场地选址报告及建设项目选址意见书，经相关部门核准的使用土地范

围，计划部门批准的建设项目可行性研究报告或其他有关批准文件、地形图，对项目可行性研究报告的评估报告。

12.3.2.3　方案设计阶段

方案设计的依据是相关部门批准的建设项目可行性研究报告或其他有关批准文件、建筑场地的土地使用权属证件或国有土地使用权属出让合同及附件、选址报告及建设项目选址意见书、设计委托任务书、场地地形图、项目规划设计条件及要求、建设用地规划许可证、规划设计方案评审会议纪要和建设工程设计合同。

12.3.2.4　初步设计阶段

初步设计的依据是已批准的场地总体规划或建筑设计方案评审会议纪要、设计委托任务书、建设工程设计合同、地形图和地质勘查报告。

12.3.2.5　施工图设计阶段

施工图设计的依据是已批准的初步设计文件及修改要求。

12.4　风景园林建筑场地设计的主要程序及阶段

从风景园林建筑设计的工作程序来看，大致可以分为以下几个过程：设计委托、调查研究、综合分析、场地设计、施工及运行。

12.4.1　风景园林建筑场地设计的主要程序

12.4.1.1　设计委托

在实际的建设流程中，一般首先是业主确定一个建设项目，并取得了相应的用地，然后再委托设计师来完成设计，设计师是在业主所提出的设计任务和基地的具体条件的基础上开始工作的。但是在很多情况下，给定设计者的任务往往是很笼统的，业主的倾向也有着许多模糊的地方，这时便要求设计者在进行具体的设计之前要做细化和完善设计任务的工作，包括详细配置项目的组成内容，并对这些内容的规模、形式等一些有关的问题做出较为明确的规定，同时要与业主相协商，以取得一致的意见。

12.4.1.2　调查研究

在前面章节我们曾经讲过，在进行风景园林建筑设计时要进行包括地段环境、人文环境和城市规划设计条件三个方面环境条件的调查分析。在风景园林建筑场地设计中同样适用。对场地本身及周边环境的一些资料进行调查和分析，犹如气象预报一样，事先收集的资料越是丰富，运用的仪器越是精密，则收到的预报"正确性"越准确，相应措施就做得越好。风景园林建筑场地设计的环境调查研究工作，对日后规划、设计、施工及管理成败的关系很大。所谓的场地环境分析是指对调查得到各项影响资料与因素加以分析、判断，了解场地的各种资源的位置与影响因素的类型，以便于日后进行规划、设计、施工和管理时，能够利用好的资源，避开坏的影响因素，让工作顺利地进行。

一般调查工作是为了取得我们所需要的数据，而数据的来源可能是来自书刊杂志；可能来自相关机构的报导；可能来自有关人士的口述；可能来自实地的观察测量；可能来自照片、媒体或网络信息。因此数据的收集方法有下列各类：

① 引用文献　自文献中找寻所需要的数据，是收集数据常用的来源。所谓文献资料大概有下列各种来源，包括书籍、期刊、杂志、报纸、研究报告、规划报告、考察报告、学位论文、宣传导游手册、政令、公文和会议记录等，由于来源众多，因此，资料的正确性是最重要的，一般研究报告、学术性期刊及学位论文都有审查制度，是较可靠的来源。整理文献时应有判断能力，分析文献的可靠性，如果不慎使用了错误的数据，就得不到正确的结果，

不但白做功夫，也可能会造成重大损失。从文献资料中，我们可获得下列几类数据：a. 气象、土壤、地质等自然环境因素；b. 人口、交通、产业、历史、文化等人文因素；c. 材料、工资的价格、市场供应情况；d. 与规划、设计相关的学术理论和作业方法；e. 动植物及生态资源之前人研究，科名、学名及产地状况。

② 实地观察或测量　许多资源可由实地观察获知，实地观察就是由观察者到场地现场或研究区域去踏勘、观看、纪录、拍照、测量、测定及体验现场之各种实况，将所得之资料加以整理分析，作为规划设计之依据，故观察时用纸笔和纪录表记录有关事项，用相机拍摄关键性场地作为证据，必要时使用望远镜、放大镜、显微镜、测量仪器、采集用具（如土壤、植物或昆虫标本）、探测仪器（如噪声计、亮度仪）等来收集特殊数据，一般而言，由观察可以获得的数据有下列各类：a. 场地土地使用现况；b. 场地内外的现存地上物，其中有些是可利用、可保留者；c. 场地内外的不良景观，应加以改善或移除者；d. 场地上游客或使用人的活动；e. 场地内外的景观资源，可加以利用者；f. 场地内外的交通状况。

③ 问卷调查　对使用人的问卷调查，可以获得使用人的意见，包括相关设施的偏好、对现况的看法、对原有环境的评论及建议等。问卷调查的步骤如下。

a. 制定问卷的目的：也就是要先设定希望从问卷得到的结论。

b. 设定问卷对象：对使用人的问卷，要先设定被问的人应具有哪一种代表性，是一般人还是特定人士。

c. 设计问卷内容：从问卷目的及问卷对象，设计问卷内容。

d. 决定使用的统计方法：以能测出问卷内容之题目答案为原则，决定分析统计方法，再表达在问卷上。

e. 抽样问卷之原则：被问的人必须具有代表性，故使用随机取样或目标取样，且必须依照问卷目的而定。

f. 统计方法：问卷数量依问卷目的而定，一般景观上能做统计的基本数量 30～1000份。收回问卷后，分别就各种变项算出平均值、标准偏差及所需数据。

g. 结果分析：如果取样具代表性，份数足够，则统计结果应可靠，这时可依问卷目的将统计出来的资料分析应用。

④ 专业访谈　如果要获得人们的意见，又不必达到统计的数量，则可以用访谈的方式进行。访谈对象是能够为我们解决问题的人，通常一般民众、游客、管理单位主管人士、专家学者都可以成为访谈的对象。设计师对自己的想法发生怀疑时，可经由访谈获取支持；设计师在规划设计过程中遇到困难时，也可以借助访谈的协助；设计师在想了解具有影响力的人之意见时，也可以通过访谈解决。访谈前应先设计问题，访谈时可以用速记、录音、摄录像等方式记录，文稿整理后最好再请受访者看一遍，以求慎重。

12.4.1.3　综合分析

对于通过各种各样的方法获得的调查数据和资料，我们应该分门别类地进行分析，以便得出哪些环境要素对设计具有影响，以及影响的方面和程度。

如自然条件方面，应该对气候条件、地质条件、地形地貌、景观朝向、周边建筑、道路交通、城市区位、市政设施、空气污染、噪声污染和不良景观等不利条件进行综合分析和评价。据此，我们可以得出对该地段比较客观、全面的环境质量评价以及在设计过程中可以利用和应该避免的环境要素。

在人文环境方面，我们应该对城市性质规模、地方风貌特色等人文环境要素进行深入的分析，为创造富有个性特色的场地空间提供必要的启发与参考。风景园林建筑场地设计特别要注重人文环境的发现和利用，使风景园林建筑设计能够具有人文艺术特色。

在行政规划管理方面，如后退红线限定、建筑高度限定、容积率限定、绿化率要求、停车量要求等，是由城市管理职能部门依据法定的城市总体发展规划提出的，其目的是从城市宏观角度对具体的建筑项目提出若干控制性限定与要求，以确保城市整体环境的良性运行与发展。这些条件是风景园林建筑场地设计所必须严格遵守的重要前提条件之一。

12.4.1.4 场地设计

根据综合分析得出的结论，结合场地设计的立意和构思，将建筑物、交通、绿化、工程设施等方面的场地要素组织在一起。

12.4.1.5 施工及运行

在建设项目的施工过程中，设计师应紧随施工进度提供施工现场的技术服务，及时解决施工中出现的问题，并根据实际情况，依照相关法规进行设计方案的调整。

在项目交付使用后，设计师也应该追踪观察场地的运行情况，并及时研究出现的情况，提出改进意见，同时进行记录，并将其作为今后设计的参考和依据。

12.4.2 风景园林建筑场地设计的阶段

风景园林建筑场地设计所包括的内容是风景园林建筑设计的重要组成部分，在整体的设计进程之中，这些内容一部分是处于开始阶段，另一部分则处于结束的阶段。在设计的时序和宏观与微观层次上，这两部分内容之间存在着显著的差异，分别向两个集合汇聚的倾向十分明显。这给我们一个启示，即场地设计的全部工作不仅可以，而且有必要做适当的阶段划分。

12.4.2.1 阶段划分

按照设计程序上的先后次序以及考虑问题在广度和精度侧重点上的不同，我们将风景园林建筑场地设计的全部工作划分成为场地布局和场地详细设计两个阶段。这两个阶段分别处于风景园林建筑设计整体进程的首尾两端，具有不同的重要性。场地布局是场地设计的第一阶段工作，主要包括用地的基本划分，建筑物、交通系统、绿化系统以及其他特殊内容的基本布局安排，在有些情况下，也包括前期的用地分析选择和项目内容的详细配置。场地详细设计是场地设计的第二阶段工作，主要包括道路、广场、停车场等交通系统的详细设计，绿化种植、景园设施及小品等的详细设计，以及工程管线系统的综合布置和场地竖向的详细设计等。简而言之，即是场地中除建筑物单体之外的所有内容的详细设计，而且还包括建筑物在场地中的平面与竖向上的工程定位。这一阶段是场地设计的第二部分工作内容。

12.4.2.2 划分意义

场地设计包容复杂，问题多种多样，可以说是巨细兼备，常常呈现出千头万绪的状态，使人感到难以理清关系。因此在设计中将所有问题都一并考虑、一并解决是难以做到的。如果不分主次条理，往往会造成顾此失彼的混乱局面，大量的精力都被消耗在不断的无意义的反复过程之中，致使设计难以顺利地进行。而且又会造成某些方面的问题被轻视甚至遗忘，最终不能被彻底完善地解决，这使设计的最终结果也往往会存在缺陷。所以设计应遵循一定的步骤，有层次、有计划地逐步进行，先整体后局部，先主要后次要，这样工作才能有效地展开。在此过程中虽然也不可避免地会出现反复和调整的情况，但这只会是局部的和可以控制的，不会造成全盘的推倒重来。按照这样的步骤有层次地展开设计，也能使设计进行得更深入更全面，最终的设计成果也能够比较完善，这也就是进行阶段划分的意义所在。

场地布局是对场地进行基本的组织和大体的安排。场地布局要确定场地的基本形态，建立起各组成要素之间的基本关系。这一阶段是场地设计的起始阶段，也是整个建筑设计的起始阶段，它决定着整个设计的理念，决定着设计的方向和目标，它的成功与否关系到整个设计的成败。一般而言，最终能否有一个适合的设计，在很大程度上依赖于这一阶段设计工作的质量。如果一开始选错了方向，那么发展下去也不会产生良好的结果。因此这一阶段的工作重点是要抓住基本的和关键的问题，控制大的关系，把握设计的基本思路和大方向，为下一步的详细设计提供一个良好的基本框架。这时的设计应具有一定的宏观性，应是粗线条的，而不能过多地深入细部问题，被细节拖住思路。也就是说，布局阶段所负担的是宏观控制上的任务，不能把不是同一层次上的问题一并考虑。相对来说，在这一阶段更强调考虑问题的广度。

场地详细设计主要是落实各项场地内容的具体设计要求，使它们能够得以成立，完成各自在场地中所担负的任务。详细设计阶段是设计的发展和完善阶段。相对于场地布局而言，详细设计的内容，从具体的功能组织到形式细节的推敲，都是具体的、复杂的，甚至是琐碎的。但这些工作也同样不可缺少，任何设计构想必须要落到实处才能检验其成败，显现其价值，详细设计所作的即是"落实"的工作。详细设计所担负的任务是对设计的发展、完善和丰富，详细设计阶段工作进行的好坏，关系到设计的现实可行性和完善程度，因此详细设计阶段的工作重点是要细致、深入地分析和解决各方面的问题，要做到全面、具体、切实可行。相对而言，详细设计阶段更强调考虑问题的深度和精度。

场地设计的这两个阶段各自担负着不同的任务，各有侧重点，因而将它们较明确地划分开来是很必要的。这将使每一阶段的任务和目标更加明确化，利于它们各有分工各司其职。使设计更具条理性，更加系统化，增加设计进程的有序性，便于对设计进程的控制和掌握。这样对于设计问题也能够做到有阶段、有步骤、有重点地逐一解决，可保证对设计成果在宏观和微观两个层次上都能有所控制，使这两个层次的效果更加均衡，使设计成果更全面、更完善，避免因主次不分而造成各部分的轻重不一。而且促使设计工作更系统化和条理化，也是将场地设计明确划分出来的一个基本目的，把场地设计划分成两个阶段与这一目的是相统一的。需要引起注意的是，将场地设计划分成两个阶段，并非是要把这两部分的设计内容截然割裂开来。

实际上，这两个阶段的工作又是相互依存不可分离的。布局阶段所确立的框架使详细设计有所遵循，目标更明确。反过来，详细设计工作又使布局阶段的框架得以充实和完善。如果说布局是主干和框架，那么详细设计则是枝叶和内容。布局保证了设计整体上的合理性，详细设计则使设计更完善、充实、有血有肉，这两个阶段是统一于设计的整体进程之中的。

下篇　风景园林建筑实例

第13章　中国传统风景园林建筑

　　亭、廊、榭、桥、舫、厅、堂、楼、阁、斋、馆、轩等，是中国传统风景园林的主要建筑形式。风景园林建筑是人工所造，有了建筑也就有了艺术之美。自然美和艺术美相结合，就会形成绚丽多彩的园林艺术美。园林中有了建筑的装点，就更富有诗情画意、情景交融的美。园林中的建筑，非常注意创造艺术意境。风景园林建筑的设计要有助于扩大空间，丰富游览者的审美感受。唐代诗人宋之问有一联诗云："楼观沧海日，门对浙江潮。"从这一联诗的意思看，风景园林建筑的审美价值还不只限于建筑本身，而是通过这些建筑的门、窗，还可以欣赏外界无限空间的优美自然景色，增加了意境的美。因此，通透的建筑空间成为中国传统风景园林的一大特色。

13.1　亭

13.1.1　功能
　　① 休息　可防日晒、避雨淋、消暑纳凉，是园林中游人休息之处。
　　② 赏景　作为园林中凭眺、畅览园林景色的赏景点。
　　③ 点景　亭为园林景物之一，其位置体量、色彩等因地制宜，表达出各种园林情趣，成为园林景观构图中心。
　　④ 专用　作为特定目的使用。如纪念亭、碑亭、井亭、鼓乐亭。

13.1.2　类型
　　① 按亭的形态分　南亭和北亭（图 13-1）

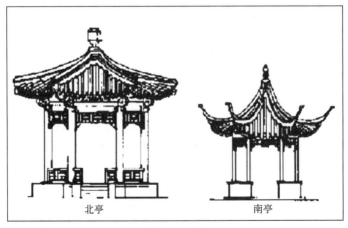

北亭　　　　　　　　　　南亭

图 13-1　亭

② 按亭的屋顶形式分　攒尖顶、歇山顶、庑殿顶、盝顶、十字顶、悬山顶等。

③ 按亭的平面形式分　正多边形平面、不等边形平面、曲边形平面、半亭平面、组合亭平面、不规则平面。

④ 按材料不同分　木亭、石亭、竹亭、茅草亭以及铜亭等。

13.1.3　特点

① 亭的造型设计　亭的体量不大，但造型的变化却是非常多样、灵活的，亭的造型主要取决于其平面形状、平面组合和屋顶形式。中国传统的亭子在造型上最大的差异是在屋顶檐角的起翘上。北方的亭，起翘小、平缓、持重；南方的亭，起翘很高，轻巧飘逸。

② 亭的位置选择　亭的位置选择有两个主要原则，一是为观景，以便游人驻足休息和观赏景色；二是为点景，既点缀风景。概括来说，亭子位置的选择有如下几种：山上建亭、临水建亭、平地建亭、与建筑结合建亭等。

13.1.4　实例

① 知春亭　知春亭位于北京颐和园昆明湖东岸边，为重檐四角攒尖顶。凭栏可纵眺全园景色。知春亭的特殊之处一在点景，二在观景。

从近景观赏，重檐攒尖顶的知春亭，畅朗秀丽，与连接双岛的木桥，和东岸耸立的文昌阁，构成一组水陆相谐的清爽景观。从远景观赏，从园林的全局着眼，比如由昆明湖或西堤眺望，这一组景观使得湖东北的天际线饱满丰富，疏朗中显得厚实。

比起作为点景，知春亭的观景作用更为卓越，无可替代。它为游人提供了一个远观全园景物的极佳视角。在亭上，能从极豁朗的大弧度环眺三面，北面葱郁凌霄的万寿山、佛香阁，西面秀丽的长堤以及玉泉山、西山岚影，南面的龙王庙、十七孔桥，一幅壮美清丽的山水长卷，扇面般尽收眼底。这个观景点在整个颐和园可谓独一无二（图13-2）。

图13-2　知春亭

图13-3　廊如亭

② 廊如亭　廊如亭俗称八方亭，始建于1752年，坐落在北京颐和园东堤岸边，为八方重檐攒尖顶式样，每面显三间，明间面阔3.2m，两次间各面阔1.6m，面对面阔15.5m，角至角进深16.7m，是中国古代园林中最大的一座亭式建筑（图13-3）。

③ 绣绮亭　绣绮亭是苏州拙政园中部水池南边唯一的山巅亭台，位于枇杷园北边假山上。小亭造型很是清秀美丽，四角起翘轻盈又舒展，台座、柱身及屋顶之间的比例恰到好处，充分表现了古典园林小建筑之美。亭西檐下，悬挂着横卷形的匾额，上边行楷书写着亭名（图13-4）。

④ 沧浪亭　著名的沧浪亭结构古雅，它高踞丘陵，飞檐凌空与整个园林的气氛相协调。亭四周环列有数百年树龄的高大乔木五、六株。亭上石额"沧浪亭"为俞樾所书。石柱上石

图 13-4 绣绮亭

图 13-5 沧浪亭

刻对联：清风明月本无价；近水远山皆有情。上联选自欧阳修的《沧浪亭》诗中"清风明月本无价，可惜只卖四万钱"句，下联出于苏舜钦《过苏州》诗中"绿杨白鹭俱自得，近水远山皆有情"句（图 13-5）。

⑤ 月到风来亭　亭在苏州网师园内彩霞池西，六角攒尖，三面环水，亭心直径 3.5m，高 5m 余，戗角高翘，黛瓦覆盖，青砖宝顶，线条流畅。取宋人邵雍诗句"月到天心处，风来水面时"之意，故名。内设"鹅颈靠"，供人坐憩，是临风赏月之佳处（图 13-6、图 13-7）。

图 13-6 月到风来亭（一）

图 13-7 月到风来亭（二）

13.2 廊

13.2.1 功能

① 廊是有顶盖的游览通道，防雨遮阳，联系不同景点和园林建筑，并自成游憩空间；

② 分隔或围合不同形状和情趣的园林空间，通透的、封闭的或半透半合的分隔方式变化出丰富的园林景物；

③ 作为山麓和水岸的边际联系纽带和勾勒山体的脊线走向和轮廓。

13.2.2 基本类型

① 从平面划分　a. 曲尺回廊、抄手廊；b. 之字曲折廊；c. 弧形月牙廊。

② 从立面划分　a. 平廊；b. 跌落廊；c. 坡廊。

③ 从剖面划分　a. 双面空廊；b. 半壁廊、单面空廊；c. 暖廊；d. 复廊；e. 楼廊。

④ 与景物环境配合的廊　a. 水廊；b. 桥廊。

13.2.3 实例

13.2.3.1 北京颐和园长廊

长廊位于颐和园万寿山南麓,面向昆明湖,北依万寿山,东起邀月门,西止石丈亭,全长728m,共273间,是中国园林中最长的游廊,1992年被认定为世界上最长的长廊,列入"吉尼斯世界纪录"。廊上的每根枋梁上都有彩绘,共有图画14000余幅,内容包括山水风景、花鸟鱼虫、人物典故等。画中的人物均取材于中国古典名著(图13-8、图13-9)。

图13-8 颐和园长廊(一)

图13-9 颐和园长廊(二)

13.2.3.2 苏州留园曲廊

苏州留园有曲廊长达三百米左右,与拙政园的游廊、沧浪亭的回廊一起被誉为苏州园林三大园林走廊。留园曲廊路路相通,沿曲廊走去,周围的景色不断变化。留园的建筑群设在留园东北角落,楼阁之间重重叠叠,庭院深深,院落之间以漏窗、门洞、空圈和曲廊沟通穿插,互相对比映衬,变化万千,使留园成为苏州园林中最富变化的建筑群(图13-10、图13-11)。

图13-10 留园曲廊(一)

图13-11 留园曲廊(二)

13.2.3.3 苏州沧浪亭复廊

苏州沧浪亭东北面的复廊,把园内的山和园外的水通过复廊互相引借,使山、水、建筑构成整体。复廊将园内园外进行了巧妙的分隔，形成了既分又连的山水借景，山因水而活，水随山而转，使园内的山丘和园外的绿水融为一体。游人在复廊临水一侧行走，有"近水远山"之情；游人在复廊近山一侧行走，有"近山远水"之感。通过复廊，将园外的水景和园内的山景相互资借，联成一气，手法甚妙（图13-12、图13-13）。

图13-12　沧浪亭复廊（一）

图13-13　沧浪亭复廊（二）

13.2.3.4　苏州拙政园浮廊

苏州拙政园的这条浮廊通过条石挑托，湖石垒砌，临池而建，使原本较狭窄的水面产生舒阔之感，同时，廊形贯以平面上曲折透逶、竖向高低错落的变化，丰富了景致的空间层次，营造出一个"天连林色参天尺，地借波心拓半弓"的特色空间。水廊分为南北两部分，南段始于别有洞天入口，终于卅六鸳鸯馆，位于实地，北段止于倒影楼，悬空于水上，整条水廊由南往北，经一系列的弯曲起伏后，突然在中部由水亭以较大角度向西折，地面坡度亦向上伸展，廊顶变化如亭盖，临水处立小石栏柱两根，形成面西小榭，并在波形廊近倒影楼处下置一孔水涧，使园的中西部水系自然相通（图13-14、图13-15）。

图13-14　拙政园浮廊（一）

图13-15　拙政园浮廊（二）

13.3　榭

在园林建筑中，榭与亭、轩、舫等属于性质上比较接近的一种建筑类型。其特点是：除了满足人们休息、游赏的一般功能要求外，主要起观景与点景的作用，是园内景色的"点缀"品。它们虽一般不作为园林内的主体建筑物，但对丰富园林景观、丰富游览内容起着突出的作用。在建筑性格上也多以轻快、自然为基调，注意与周围环境的配合。

13.3.1 苏州拙政园芙蓉榭

芙蓉榭屋顶为卷棚歇山顶，四角飞翘，一半建在岸上，一半伸向水面，灵空架于水波上，伫立水边、秀美倩巧。此榭面临广池，池水清清，是夏日赏荷的好地方（图13-16、图13-17）。

图 13-16　拙政园芙蓉榭（一）　　　　　　　图 13-17　拙政园芙蓉榭（二）

13.3.2 苏州网师园濯缨水阁

濯缨水阁是歇山卷棚式，纤巧空灵，坐南朝北，高架水上，凉爽宜人，可凭栏观荷赏鱼。取名"濯缨水阁"，源于《孟子·离娄》："有孺子歌曰：'沧浪之水清兮，可以濯我缨；沧浪之水浊兮，可以濯我足。'"（缨，指官帽帽带）意为达则濯缨，隐则濯足（图13-18、图13-19）。

图 13-18　网师园濯缨水阁（一）　　　　　　图 13-19　网师园濯缨水阁（二）

13.4　桥

13.4.1 功能

① 连接水岸两边景物、跨水游览；
② 组织水景，增加水景层次。

13.4.2 基本类型

① 平桥　单跨平桥、多跨平桥。
② 拱桥　圆弧、椭圆、莲瓣拱、单拱、多拱。

③ 平梁桥　固定单梁桥、撤板桥。
④ 亭桥　单亭桥、多亭桥。

13.4.3　特点

① 以桥连接被水面截断的园路；
② 桥中线与水流中线垂直；
③ 桥的形状和大小与园林相配合；
④ 高岸架低桥，低岸架高桥，增加游览路径起伏；
⑤ 结合植物成景。

13.4.4　实例

13.4.4.1　扬州瘦西湖五亭桥

五亭桥又是瘦西湖的标志，在全国园林中有一席之地。其最大的特点是阴柔阳刚的完美结合，南秀北雄的有机融合。该桥建于莲花堤上，还是因为形状像一朵盛开的莲花，所以它又叫莲花桥（图 13-20、图 13-21）。

图 13-20　五亭桥（一）

图 13-21　五亭桥（二）

13.4.4.2　北京颐和园十七孔桥

十七孔桥西连南湖岛，东接廓如亭，飞跨于东堤和南湖岛之间，不但是前往南湖岛的唯一通道，而且是湖区的一个重要景点。桥身长 150m，宽 8m，由 17 个券洞组成，是颐和园内最大的一座桥梁。十七孔桥上石雕极其精美，每个桥栏的望柱上都雕有神态各异的狮子，大小共 544 只。桥两边的白石栏杆，共有 128 根望柱，每根望柱上都雕刻着精美的姿态各异

图 13-22　十七孔桥（一）

图 13-23　十七孔桥（二）

的石狮，有的母子相抱，有的玩耍嬉闹，有的你追我赶，有的凝神观景，个个惟妙惟肖。桥头各有两只大水兽，很像麒麟，十分威武。桥的两头有四只石刻异兽，形象威猛异常，极为生动（图13-22、图13-23）。

13.4.4.3　拙政园小飞虹

小飞虹是苏州园林中极为少见的廊桥。朱红色桥栏倒映水中，水波粼粼，宛若飞虹，故以为名。古人以虹喻桥，用意绝妙。它不仅是连接水面和陆地的通道，而且构成了以桥为中心的独特景观，是拙政园的经典景观（图13-24、图13-25）。

图 13-24　小飞虹（一）

图 13-25　小飞虹（二）

13.5　舫

舫的基本形式与船相似，一般下部用石砌做船体，上部为木构架上层建筑。也有些舫（如颐和园大石舫）全部为石材做成。舫分为三部分，即船头、中舱和船尾。舫的选址宜在水面开阔之处，既取得了良好的视野，又可使舫的造型较完整地体现出来。

13.5.1　北京颐和园石舫

颐和园万寿山西部湖边的大石舫，原建于1755年，船体长36m，船上建有中国传统式的木制舱楼。1860年英法联军火烧清漪园（颐和园原名）时，石舫的船体因石制而幸存，但船上舱楼却被焚毁。1893年，慈禧太后重修石舫，在船体上仿建起洋式舱楼，并在船两侧添建了两个西洋火轮船式的机轮改建后，石舫成为颐和园内唯一的西洋式建筑（图13-26）。

13.5.2　苏州拙政园香洲

香洲是拙政园中的标志性景观之一，为典型的"舫"式的结构，有两层舱楼，通体高雅而洒脱，它的身姿倒映在水中，越发显得纤丽雅洁。香洲位于水边，正当东、西水流和南北向河道的交汇处，三面环水，一面依岸。登"船"是由三块石条组成的跳板，站在船头，波起涟漪，天地开敞明亮，满园秀色令人心

图 13-26　大石舫

图 13-27　香洲（一）　　　　　　　　　　　　图 13-28　香洲（二）

爽。拙政园中的这条舫，不仅建筑手法典雅精巧，引人入胜，还能使人感悟到一种对高洁人格的追寻（图 13-27、图 13-28）。

13.6　斋

　　斋的含义是指专心一意工作的地方，是一种幽居的房屋之意。洁身净心、修身养性的场所一般都可称其为"斋"，因而斋并没有固定的型制，燕居之室、学舍书屋均能名之为斋。《园冶》"屋宇"篇载："凡家宅住房，五间三间，循次第而造；惟园林书屋，一室半室，按时景为情。方向随宜，鸠工合见；家居必论，野筑惟因。"园林中设斋，一般建于园之一隅，取其静谧。虽有门、廊可通园中，但需一定的遮掩，使游人不知有此路线安排即"迂回与进入"。

　　北京香山见心斋是一座环形庭院式建筑，造型别致，环境清静，具有江南园林特色，为香山著名的园中之园。院内有半圆形水池。池水清澈，游鱼可数。沿水池东、南、北三面建有半圆形回廊，连接着正面三间水榭即为见心斋（图 13-29、图 13-30）。

图 13-29　见心斋（一）　　　　　　　　　　　图 13-30　见心斋（二）

13.7　厅与堂

　　厅是满足会客、宴请、观赏花木或欣赏小型表演的建筑，它在古代园林宅第中发挥公共建筑的功能。它不仅要求较大的空间，以便容纳众多的宾客，还要求门窗装饰考究，建筑总体造型典雅、端庄，厅前广植花木，叠石为山。一般的厅都是前后开窗设门，但也有四面开门窗的四面厅。

堂是居住建筑中对正房的称呼，一般是一家之长的居住地，也可作为家庭举行庆典的场所。堂多位于建筑群中的中轴线上，体型严整，装修瑰丽。室内常用隔扇、落地罩、博古架进行空间分割。

厅与堂在私家园林中一般多是园主进行各种享乐活动的主要场所。从结构上分，用长方形木料做梁架的一般称为厅，用圆木料者称堂。

13.7.1　苏州拙政园远香堂

远香堂为四面厅，是拙政园中部的主体建筑，建于原若墅堂的旧址上，为清乾隆时所建，青石屋基是当时的原物。它面水而筑，面阔三间。堂北平台宽敞，池水旷朗清澈。堂名因荷而得。夏日池中荷叶田田，荷风扑面，清香远送，是赏荷的佳处（图13-31、图13-32）。

图13-31　远香堂（一）　　　　　　　　　　　图13-32　远香堂（二）

13.7.2　北京恭王府萃锦园蝠厅

恭王府中轴线最后一进院落终点是蝠厅。因建筑正厅五间，前后出抱厦三间，两侧又出耳房，耳房比正厅略前，形成曲折对称类似蝙蝠的平面，故名蝠厅。也是以蝠喻福（图13-33、图13-34）。

图13-33　蝠厅（一）　　　　　　　　　　　图13-34　蝠厅（二）

13.8　楼与阁

楼是两重以上的屋，故有"重层曰楼"之说。楼的位置在明代大多位于厅堂之后，在园林中一般用作卧室、书房或用来观赏风景。由于楼高，也常常成为园中的一景，尤其在临水背山的情况下更是如此。

阁与楼近似，但较小巧。平面为方形或多边形，多为两层的建筑，四面开窗。一般用来藏书、观景，也用来供奉巨型佛像。

论及传统风景园林建筑，人们很自然地会提到楼与阁。在传统风景园林建筑中，楼与阁是很引人注目的建筑物。它们在园中体量比较大、造型复杂，所以在园林中占有比较重要的地位，往往起到控制全园的作用。

楼与阁极其相似，而又各具特点。楼的平面一般呈狭长形，也可曲折延伸，立面为二层以上。传统风景园林中的楼有居住、读书、宴客、观赏等多种功能，通常布置在园林中的高地、水边或建筑群的附近。阁，外形类似楼，四周常常开窗，攒尖顶，每层都设挑出的平座等。

图 13-35　岳阳楼

13.8.1　湖南省岳阳市岳阳楼

岳阳楼的建筑构制独特，风格奇异。气势之壮阔，构制之雄伟，堪称江南三大名楼之首。岳阳楼为四柱三层、飞檐、盔顶、纯木结构，楼中四柱高耸，楼顶檐牙啄，金碧辉煌，远远望之，恰似一只凌空欲飞的鲲鹏。全楼高达 25.35m，平面呈长方形，宽 17.2m，进深 15.6m，占地 251m²。中部以四根直径 50cm 的楠木大柱直贯楼顶，承载楼体的大部分重量。再用 12 根圆木柱子支撑 2 楼，外以 12 根梓木檐柱，顶起飞檐。彼此牵制，结为整体，全楼梁、柱、檩、椽全靠榫头衔接，相互咬合，稳如磐石。岳阳楼的楼顶为层叠相衬的"如意斗拱"托举而成的盔顶式，这种拱而复翘的古代将军头盔式的顶式结构在我国古代建筑史上是独一无二的（图 13-35）。

13.8.2　苏州拙政园浮翠阁

浮翠阁为八角形双层建筑，高大气派，煞是引人注目。山上林木茂密，绿草如茵，建筑好像浮动于一片翠绿浓荫之上，因而得名"浮翠阁"。登阁眺望四周，但见山清水绿，天高云淡，满园青翠，一派生机盎然，令人心旷神怡，乐不思返（图 13-36、图 13-37）。

图 13-36　浮翠阁（一）

图 13-37　浮翠阁（二）

13.9 馆与轩

馆与轩实属厅堂类型，有时置于次要位置，以作为观赏性的小建筑。馆和轩是园林中最多的建筑物，在造型、布局和与环境结合上，都表现出比厅堂更多的灵活性。有时布局极为开阔，建筑深入自然环境之中，成为环境的重要点缀；有时也独立组成一个环境封闭的庭院空间。在建筑体量上介于厅堂和亭榭之间，属于中等大小的建筑物，体型变化灵活多样，对风景园林空间起到组织景观的重要作用。

13.9.1 北京颐和园听鹂馆

听鹂馆在颐和园万寿山前山西部。内有供宫廷演出的两层戏楼一座。始建于清乾隆时，光绪十八年（1892年）重建。现为餐厅，其桌椅陈设和菜谱都具有宫廷色彩风格（图13-38、图13-39）。

图13-38 听鹂馆（一）

图13-39 听鹂馆（二）

13.9.2 苏州网师园竹外一枝轩

竹外一枝轩为卷棚硬山屋顶，东西狭长三间，临水面设吴王靠坐槛，远望似一叶小舟。轩北为集虚斋庭院，庭植青翠潇洒的慈竹两丛，有花窗相映，有洞门相通。东面通五峰书屋，东墙上有两方精美的园林和花鸟砖雕。西墙上开设空窗，窗外点植垂丝海棠，框景入画。轩外池岸畔植梅花，原有横卧偃伏的黑松，成为轩外一景。在轩内隔池远望，池上理山的云岗黄石假山，成为园中第一山景（图13-40、图13-41）。

图13-40 竹外一枝轩（一）

图13-41 竹外一枝轩（二）

第 14 章　外国传统风景园林建筑

14.1　日本传统风景园林建筑

14.1.1　日本京都桂离宫

桂离宫是日本主要的三大皇家园林之一，位于京都市西南郊右京区桂川西岸，原名桂山庄，或称桂别业，因桂川在它旁边流过而得名。全园占地面积达 6.9 万平方米，是池泉式园林与茶庭相结合布局的典型实例，也是日本古典园林的第一名园。

桂离宫的主体建筑是书院，它是由古书院、中书院和新御殿三部分组成的复合式建筑，平面复杂，形体纯朴清秀，色彩明快，外观轻巧空透，底层架空形成木构平台，具有典型的日本建筑特色（图 14-1～图 14-7）。

图 14-1　新御殿

图 14-2　古书院和月波楼

图 14-3　古书院

图 14-4　外腰挂

图 14-5　笑意轩

图 14-6　园林堂

图 14-7　松琴亭

14.1.2　日本京都修学院离宫

修学院离宫位于日本京都市东郊，始建于 1655 年，直到 1699 年完工，建造过程前后达 44 年之久。修学院离宫根据地形高低分成三个分离的部分，称之为下离宫、中离宫与上离宫（图 14-8～图 14-13）。

图 14-8　离宫的大门

图 14-9　寿月观

图 14-10　中离宫竹门

图 14-11　乐只轩

图 14-12　邻云亭

图 14-13　千岁桥

14.2　西方传统风景园林建筑实例

14.2.1　意大利传统风景园林建筑
14.2.1.1　法尔奈斯庄园

　　法尔奈斯庄园在五角大楼府邸之后，与府邸隔着一条狭窄的壕沟，自成一体。园中还有一座二层小楼。庄园围绕着小楼布置，呈长条形，依地势辟为四个台层及坡道，入口是栗树林围绕着的方形草坪广场，中心为圆形喷泉。中轴线上是一条宽大的缓坡，直到小楼前，甬道分列两侧，中间是蜈蚣形的石砌水槽，构成系列叠水景观。第二层是椭圆形广场，两侧弧形台阶环绕着贝壳形水盘，上方有巨大的石杯，瀑布从中流下，落在水盘中。第三层台是真正的花园台地，中央部分为二层小楼，两座马匹塑像用来活跃气氛。这座游乐花园的三面均有矮墙，墙上有 28 根女神像柱（图 14-14～图 14-17）。

图 14-14　入口广场的圆形水池及中轴

图 14-15　中轴线上的叠水

图 14-16　园中的主体建筑

图 14-17　规则的植物剪型及女神柱围墙

14.2.1.2　埃斯特庄园

　　埃斯特庄园建造在罗马以东 40km 处的帝沃里小镇上，由红衣主教埃斯特委托利戈里奥将他的府邸改建而成，全园面积 45hm²。全园分为 6 个台层，上下高差近 50m。底层花园中有著名的水风琴。第二层中心为椭圆形的龙泉池，第三层为著名的百泉谷，并依山就势建造了水剧场。埃斯特庄园以其突出的中轴线，加强了全园的统一感。庄园因其丰富的水景和水声著称于世（图 14-18～图 14-22）。

图 14-18　底层花园中的鱼池

图 14-19　中轴及主体建筑

图 14-20　百泉谷

图 14-21　龙泉池

图 14-22　雕塑及喷泉

14.2.1.3 兰特庄园

兰特庄园地处高爽干燥的丘陵地带，1547年由著名的建筑家、造园大师维尼奥拉设计，修筑于美丽的风景如画的巴涅亚小镇，历时近二十年，是一座堪称巴洛克典范的意大利台地庄园。

兰特庄园，从主体建筑、水体、小品、道路系统到植物种植，都充满了文艺复兴时期建筑那种典型的均衡、大度和巴洛克式的夸张气息。兰特庄园由四个层次分明的台地组成：平台规整的刺绣花园、主体建筑、圆形喷泉广场、观景台。在兰特庄园，维尼奥拉对丘陵地带变化丰富的地形进行了灵活巧妙的利用，在三层平台的圆形喷泉后，用一条华丽的链式水系穿越绿色坡地，使得渐行渐高的园林中轴终点落在了整个庄园的至高点上，并在此修筑亭台方便从此处俯瞰庄园全景。在这个新奇、精美、不断变化的展现中，理水的高超技巧和精美的雕塑艺术完美地体现出巴洛克式美感（图14-23~图14-28）。

图14-23　底层花园的植物剪型和水池

图14-24　水池

图14-25　喷泉及入口大门

图14-26　叠水

图14-27　装饰有河神雕像的水池

图14-28　轴线一侧的建筑

14.2.2 法国传统风景园林建筑
14.2.2.1 沃·勒·维贡特花园

沃·勒·维贡特花园始建于1656年，南北长1200m，东西宽600m。沃·勒·维贡特花园的布局与原有地形紧密联系。虽然是几何式的园林，但其本质仍是尊重自然的。主轴线与等高线垂直，轴线两侧的地形基本持平，便于布置对称的要素，获得均衡统一的构图。园中的空间也是一系列跌宕起伏、处在不同高差上的空间。城堡位于中轴线的最高处，俯视整个花园。地势的最低处原本是河谷，设计成大运河，便于排水并形成与中轴线垂直的另一条轴线（图14-29～图14-33）。

图14-29 沃·勒·维贡特花园
主体建筑——城堡（一）

图14-30 沃·勒·维贡特花园
主体建筑——城堡（二）

图14-31 沃·勒·维贡特花园北岸

图14-32 沃·勒·维贡特花园王冠喷泉

14.2.2.2 凡尔赛宫

凡尔赛宫宫殿为古典主义风格建筑，立面为标准的古典主义三段式处理，即将立面划分为纵、横三段，建筑左右对称，造型轮廓整齐、庄重雄伟，被称为是理性美的代表。其内部装潢则以巴洛克风格为主，少数厅堂为洛可可风格。

正宫前面是一座风格独特的"法兰西式"的大花园，园内树木花草别具匠心，使人看后顿觉美不胜收。而建筑群周边园林亦是世界知名。它与中国古典和皇家园林有着截然不同的风格。它完全是人工雕琢的，极其讲究对称和几何图形化（图14-34～图14-43）。

14.2.2.3 枫丹白露宫

枫丹白露宫是法国最大的王宫之一，在法国北部法兰西岛地区赛纳·马恩省的枫丹白露，这座16世纪的宫殿，直到19世纪它的修缮扩建都未停止过，各个时期的建筑风格都在这里留下了痕迹，众多著名的建筑家和艺术家参与了这座法国历代帝王行宫的建设。枫丹白露宫的主体建筑包括一座主塔、六座王宫、五个不等边形院落、四座花园。宫内的主要景点有舞厅、会议厅、狄安娜壁画长廊、瓷器廊、王后沙龙、国王卫队厅、王后卧室和教皇卧

图 14-33　沃·勒·维贡特花园喷泉雕塑

图 14-34　凡尔赛宫前广场大门

图 14-35　凡尔赛宫前广场

图 14-36　凡尔赛宫前广场路易十四雕塑

图 14-37　凡尔赛宫立面

图 14-38　凡尔赛宫立面细部

图 14-39　凡尔赛宫花园中轴

图 14-40　凡尔赛宫花园拉托娜泉池

图 14-41　凡尔赛宫花园阿波罗泉池

图 14-42　凡尔赛宫花园龙泉池

图 14-43　柱廊林园中的大理石圆形柱廊

室、国王办公室、弗郎索瓦一世长廊等（图 14-44～图 14-49）。

14.2.3　英国传统风景园林建筑

14.2.3.1　斯陀园

英国的风景园起源于对牧场风光的模仿，在使用过程中，也起到了牧场的作用。英国的斯陀园摒弃了绿篱、笔直的园路、行道树、喷泉等，而采用树冠潇洒的孤植树和合树丛。斯陀园中处理地形的手法十分细腻，山坡和谷底，高低错落有致，令人难以觉出人工刀斧的痕迹。哥特式的教区建筑、圆形穹顶、古罗马风格建筑形式，系列柱廊、维纳斯神庙、文艺复兴时期半圆形室外座椅，甚至还有从罗马别墅中发展而来的木头桥，都被运用到斯陀园中（图 14-50～图 14-53）。

图 14-44　枫丹白露宫鸟瞰

图 14-45　枫丹白露宫主体建筑

图 14-46　枫丹白露宫湖中岛屋

图 14-47　枫丹白露宫花园中的雕塑（一）

图 14-48　枫丹白露宫花园中的雕塑（二）

图 14-49　枫丹白露宫狄安娜花园中的狄安娜铜像

14.2.3.2　斯托海德风景园

　　大约 18 世纪中叶，在富于革新精神和有文化修养的贵族中间，崇尚造园艺术成为一种时尚。这一时期的斯托海德是这类英国式传统园林的杰出代表。

　　斯托海德位于威尔特郡，在索尔斯伯里平原的西南角。流经园址的斯托尔河被截流，在

图 14-50　斯陀园中帕拉第奥式桥梁

图 14-51　斯陀园中希腊式庙宇

图 14-52　斯陀园中的雕塑

图 14-53　斯陀园中哥特式教堂

园内形成一连串近似三角形的湖泊。沿岸设置了各种风景园林建筑，有亭、桥、洞窟及雕塑等，它们位于视线焦点上，互为对景，在园中起着画龙点睛的作用（图 14-54～图 14-59）。

图 14-54　斯托海德风景园中的阿波罗神庙

图 14-55　斯托海德风景园中的希腊庙宇

图 14-56　斯托海德风景园中的帕拉第奥式桥梁　　　　图 14-57　斯托海德风景园中的
　　　　　　　　　　　　　　　　　　　　　　　　　　　　　　阿尔佛烈德塔

图 14-58　斯托海德风景园中的修道院　　　图 14-59　斯托海德风景园中的花神庙和桥

第15章　中国近现代风景园林建筑

15.1　中国近代风景园林建筑（1840～1949 年）

1840 年鸦片战争后，我国风景园林历史进入一个新阶段。在沿海开埠城市出现租界公园，以满足侨居中国的洋人生活所需。少量私家园林的近代化改建，将西化的风景园林，特别是建筑要素融入传统的园林文化之中，适应了社会环境变化的需求。中华民国成立后，军阀官僚造园兴起。这一时期的风景园林建筑既具有中国传统建筑韵味，同时，不可避免地带有殖民色彩，形成了独具特色的风景园林建筑，在中国风景园林建筑发展历史过程中占有重要地位。

15.1.1　广州越秀公园

越秀公园位于广州市中心，占地 84 万平方米，是一个设施完善、自然景观和人文景观丰富的综合性的文化休憩公园，包括三个人工湖、七个山冈，为五岭余脉最末的丘陵。越秀公园以山水秀丽、文物古迹众多、风景优美而著称。主要名胜古迹有海员亭、光复纪念亭、镇海楼、孙中山纪念碑、孙中山读书治事处纪念碑（越秀楼遗址）以及中山纪念堂等（图 15-1～图 15-7）。

图 15-1　孙中山纪念碑

15.1.2　南京中山陵

中山陵是中国近代伟大的政治家、伟大的革命先行者、国父孙中山先生（1866～1925年）的陵墓及其附属纪念建筑群。中山陵坐北朝南，面积共 8 万余平方米，中山陵的主要建筑有牌坊、墓道、陵门、石阶、碑亭、祭堂和墓室等，排列在一条中轴线上，体现了中国传统建筑的风格。

当时，孙中山先生的葬事筹备处广泛征集陵墓设计方案。结果，建筑师吕彦直设计的"自由钟"式图案荣获首奖。吕彦直还被聘请为陵墓总建筑师。这组建筑，在型体组合、色

图 15-2　孙中山读书治事处纪念碑

图 15-3　中山纪念堂

图 15-4　海员亭

图 15-5　海员亭牌坊

图 15-6　光复纪念亭

图 15-7　镇海楼

彩运用、材料表现和细部处理上，都取得很好的效果，色调和谐，从而更增强了庄严的气氛（图 15-8～图 15-15）。

15.1.3　浙江叶家花园

叶家花园为浙江镇海巨贾叶澄衷之子叶贻铨建造。清宣统二年（1910 年）江湾跑马厅建成后，叶贻铨从所获利润中筹款，建造了这座花园，主要供赛马赌客休息游乐。花园在 1923 年初步建成对外开放，占地近 80 亩（1 亩＝666.7m²）。园内设弹子房、瑶宫舞场、电影场、高尔夫球场等游乐场所。时人称之为夜花园（图 15-16～图 15-22）。

图 15-8　中山陵博爱牌坊

图 15-9　中山陵石阶

图 15-10　中山陵陵门

图 15-11　中山陵碑亭

图 15-12　中山陵祭堂

图 15-13　中山陵孙中山纪念馆前孙中山铜像

图 15-14　中山陵孙中山纪念馆

图 15-15　中山陵音乐台

图 15-16　叶家花园入口门洞

图 15-17　叶家花园主体建筑——小白楼

图 15-18　中西合璧的风雨亭

图 15-19　风雨亭细部

图 15-20　园中小桥（一）

图 15-21　园中小桥（二）

图 15-22　园中廊架

15.2　中国现代风景园林建筑（1949～1978 年）

解放后中国城市公共绿地获得了长足的发展。各个城市都投入很大精力营建城市的公共绿地系统。据 1985 年底对全国 220 个城市的统计，仅公园就有 978 个，全国城市公园总面积增加到 20956hm²，是解放初的 7 倍，分布也逐渐普及，总游人量达到了 80223 万人次，公共绿地的类型和内容也很丰富，供居民游憩的公园绿地就有综合性公园、纪念性公园、专类花园、动植物园、儿童公园、小游园、林荫路和广场绿地等，城市公园成为市民休憩的重要场所。这一时期的风景园林建筑也随着城市公共绿地的增多而逐渐发展起来。无论是建筑数量、建筑类型还是建筑风格都较 1949 年前有了长足的发展和进步。

15.2.1　广州起义烈士陵园

广州起义烈士陵园，位于广州市中山二路 92 号，为纪念 1927 年 12 月广州起义中英勇牺牲的烈士，于 1954 年修建的纪念性公园。陵区有正门门楼、陵墓大道、广州起义纪念碑、广州公社烈士墓、叶剑英元帅墓、英雄广场、血祭轩辕亭、中苏人民血谊亭、中朝人民血谊亭等（图 15-23～图 15-29）。

图 15-23　广州起义烈士陵园正门门座

图 15-24　广州革命历史博物馆

15.2.2　哈尔滨斯大林公园

哈尔滨斯大林公园原名"江畔公园"，建于 1953 年，公园位于市区松花江南岸，东起松花江铁路大桥，西至九站公园，东西全长 1750m，是顺堤傍水建成的带状形开放式的公园，与驰名中外的"太阳岛"风景区隔江相望，占地面积 10.5 万平方米。整个公园以"防洪纪

图 15-25　广州起义纪念碑

图 15-26　血祭轩辕亭

图 15-27　中苏人民血谊亭

图 15-28　中朝人民血谊亭

图 15-29　广州起义烈士陵园东门

图 15-30　防洪纪念塔

念塔"为中心（建于1958年），俄罗斯式建筑散布其间，其中江畔餐厅建于1949年前（伪满时期），铁路江上俱乐部建于1912年（图15-30～图15-37）。

15.2.3　上海鲁迅公园

　　鲁迅公园位于上海市虹口区四川北路。清光绪二十二年（1896年）英国殖民主义者在此圈地筹建万国商团打靶场，1922年改为虹口公园。该园是鲁迅先生生前常来散步的地方。1956年鲁迅诞辰75周年，市政府将鲁迅之墓，由万国公墓迁到这里，并塑立了鲁迅铜像，

图 15-31　防洪纪念塔夜景

图 15-32　俄罗斯风格的建筑

图 15-33　江畔餐厅（一）

图 15-34　江畔餐厅（二）

图 15-35　友谊门

图 15-36　哈尔滨铁路工人俱乐部（一）

图 15-37　哈尔滨铁路工人俱乐部（二）

图 15-38　鲁迅纪念馆入口

建立了鲁迅纪念亭、鲁迅纪念馆等。1959年公园扩建，新建人工湖、大假山等。1988年改名鲁迅公园，是上海著名的纪念性文化休憩公园（图15-38～图15-44）。

图15-39　鲁迅铜像

图15-40　鲁迅墓

图15-41　中日青年世代友好钟

图15-42　尹奉吉义举现场纪念石

图15-43　鲁迅公园石桥

图15-44　鲁迅公园拱桥

15.3　中国当代风景园林建筑（1978年以后）

现代风景园林设计以保护和恢复场地的自然特性为宗旨，强调可持续地利用自然资源为人服务。风景园林设计过程就是对自然的认识过程，以保护、恢复并展示地域的领土景观为目标。在以生态理念为指导、以自然文化为主体的国际风景园林设计发展潮流下，中国风景园林及风景园林建筑适时地融入其中，阐释本土的自然景观属性和自然文化特征，不断发展成熟，并为国际园林文化的发展做出应有的贡献。

15.3.1　长春净月潭风景区观景塔

　　长春净月潭风景区位于长春市东南郊，是长白山脉与东北平原交接的丘陵地带。作为整个景区的标志性建筑的观景塔楼，选址在净月潭前区制高点，在建筑造型的构思中，以集簇高耸的形态来契合森林的韵律，以体现对地域风景品性的表达。多个坡屋面层层错叠，标高各不相同，加之檐下的斜撑，整座塔楼犹如冠盖层叠的松树。竖向条形玻璃、参差的构架把单纯的体量支离成错落有致的竖直形体的集簇，更加突出了观景塔楼体量的挺拔和高耸（图15-45）。

图15-45　净月潭风景区观景塔

15.3.2　福建长乐海螺塔

　　福建省长乐海螺塔，在造型上为大海这一自然的主题，使用仿生的设计手法，利用海边岩礁，将建筑设计成一个高耸的螺和一个舒展的蚌的形象，向上拔起的螺顶螺旋收小，似合又开的蚌则水平挑出礁石，使建筑和谐地根植于自然环境之中，与大海、小岛完全融合（图15-46、图15-47）。

15.3.3　武夷山风景区风景园林建筑

　　在景区内的建筑设计中将屋顶的坡度放缓，出挑屋檐扩大进深，控制在1.2～1.5m之间，使之很自然地和周围民居协调。在细部设计方面，将钢筋混凝土的梁头与木栏杆的架构结合起来，这种混合取得一种新的又是传统的木栏杆风格。武夷山民居的特点是有大量的栏杆装饰，再加上不同变化的垂莲柱，以当地的石料作为主要的建造用料，创出一种以现代石墙体的水平划分、漏窗和刻花，以及用石柱、木栏杆和斜坡顶的既有现代功能又有地方风格的新建筑（图15-48、图15-49）。

15.3.4　山东青岛平度现河公园

　　山东省青岛平度现河公园是以原现河故道改造而建成的，以游览、休闲、娱乐为主的观

图 15-46　长乐海螺塔（一）

图 15-47　长乐海螺塔（二）

图 15-48　景区建筑

图 15-49　景区码头

光公园。现河公园始建于 1992 年，扩建于 1997 年，总面积 350 亩（1 亩＝666.7m²）。公园分为东西两区，以现河为中心设景，有游廊水榭、庭院台阁、梅溪竹径、景墙影雕。其中，尤以各种水榭最具特色。凭柱阁、临渊坊、倚玉轩和静心斋等均依水面而建，造型别致，形态优美（图15-50～图15-53）。

图 15-50　水榭

图 15-51　郁秩山庄

15.3.5　福建漳浦西湖公园

福建漳浦西湖公园基地面积 14hm²，原为一个养鱼池。东西两端水面较开阔，中部相对狭窄，呈哑铃状。在东部相对开阔的湖面上又以人工方法堆筑了一个小岛，并于其上设置

图 15-52　游船码头

图 15-53　凭柱阁

体量较大、较集中的一组建筑。这样不仅可以在构图上形成焦点和重心，同时又可建一楼阁建筑作为全园的制高点，并兼作城市主要街道的底景（图 15-54～图 15-57）。

图 15-54　公园内的主体建筑群

图 15-55　东门（一）

图 15-56　东门（二）

15.3.6　上海松江方塔园

方塔园的建设工程由同济大学冯纪忠负责总体规划。规划以明代方塔为主体，保存邻近的明代大型砖雕照壁、宋代石桥和七株古树，新建公园有两座大门、长廊、堑道、亭榭、服务社、售品部、生活设施、绿化种植等。从 1982 年 5 月 1 日起，公园边建设边开放（图 15-58～图 15-63）。

15.3.7　桂林七星岩月牙楼

月牙楼根据功能要求采用了"楼"的形式。月牙楼主体为三层，高约 15m，使之与

图 15-57　民俗馆储英阁建筑群

图 15-58　明代方塔

　　"剑把峰"高度比例控制在 1:3 左右，为主峰高度六分之一到五分之一。这样人们在楼前景区一带望去，按视角分析，主楼高度约为主峰的三分之一。从对面金鲤池望去则楼高为山高的四分之一到三分之一。这便保持了建筑与其所依赖的石山体量之间的适宜比例，使体量较大的建筑群组不致产生压倒山势的感觉。同时建筑也不至为山势所逼而显得局促，并与较为陡峭的石山取得构图上对立统一的鲜明性（图 15-64）。

图 15-59 北大门

图 15-60 东大门（一）

图 15-61 东大门（二）

图 15-62 垂门

图 15-63 何陋轩

15.3.8 桂林芦笛岩景区游船码头

码头位于芳莲池西岸水中，平面呈十字形，主体与池岸之间桥廊相连，临湖平台贴水面而建，与主体平面互相垂直。作为游船码头，底层敞厅作休息及小卖，二层楼阁及平台作眺望远景，建筑有四个不同标高，空间多变，造型吸取传统舫的形式，其体型扁平，接近水面，有漂浮游动之感，此外有莲叶汀步与对岸相连，自由布局，形式新颖（图 15-65）。

15.3.9 上海世博会滕头馆

上海世博会滕头馆是中国美术学院建筑艺术学院院长王澍教授设计，是中国 2010 年上海世界博览会城市最佳实践区宁波案例，位于上海世博会城市实践区的北部。展馆外观古色古香，运用体现江南民居特色的建筑元素，以空间、园林和生态化的有机结合，表现"城市与乡村的互动"，再现全球生态 500 佳和世界十佳和谐乡村的发展路径，进而凸显宁波"江南水乡、时尚水都"的地域文化，展示生态环境、现代农业技术成就以及宁波滕头人与自然

图 15-64　月牙楼

图 15-65　游船码头

和谐相处的生活（图 15-66～图 15-68）。

图 15-66　上海世博会滕头馆（一）

图 15-67　上海世博会滕头馆（二）

图 15-68　上海世博会滕头馆（三）

15.3.10　广东岐江公园

岐江公园位于中国广东省中山市西区的岐江河畔，是一个以工业为主题的市政公园。它是由中山市政府投资 9000 万元在粤中船厂的旧址上改建而成，总面积 11hm²，于 2001 年 10 月正式对公众开放。岐江公园在设计上保留了很多粤中船厂的工业元素和自然植被，并加入了一些和工业主题有关的创新设计。2002 年，该公园的设计和它的设计者获得了美国景观设计师协会 2002 年度荣誉设计奖，成为第一个获得该奖项的中国项目和中国人。

岐江公园在设计上保留了粤中船厂旧址上的许多旧物，它们包括原址上的所有古树、部分水体和驳岸；两个不同时代的船坞、两个水塔、废弃的轮船和烟囱等物；还有一些如龙门吊、变压器、机床等废旧机器，并且通过对这些旧物的改变、修饰和重组来提升整个公园的艺术性。两个船坞被改造成游船码头和洗手间；两个水塔则变成了两个艺术品，一个称为"琥珀水塔"，另一个称为"骨骼水塔"；龙门吊、变压器、机床等废旧机器经艺术和工艺修饰后变成一堆艺术品散落在公园各处（图 15-69～图 15-77）。

图 15-69　中山美术馆（一）

图 15-70　中山美术馆（二）

图 15-71 保留的船坞

图 15-72 "琥珀水塔"

图 15-73 "骨骼水塔"

图 15-74 "琥珀水塔"夜景

图 15-75 保留的铁轨

图 15-76 景观设施

图 15-77 景观雕塑

15.3.11 北京昌平柿子林会所

柿子林会所是由张永和于 2001 年主持设计的，位于北京城北昌平十三陵万娘坟某果园一个树木排列整齐的柿子林中，西面、南面有山为对景，北邻村落，东面开敞。总建筑面积 4800m²。经过了 4 轮的设计，这个在北京昌平一个柿子林中的项目终于聚焦在看与被看这一对关系上。由于建筑周围有优美的自然环境，于是房间或房间组被作为取景器来设计。取景器——房间共有9个,面向不同的方向与景观;视觉观看的需要促使其三维形状内收外放,作为景框的大口是落地窗,两侧承重实墙呈八字关系,屋顶倾斜构成单坡。换而言之,坡屋面首先是为限定取景器而出现的。取景器——房间之间,有时是中间,则是保留下来的柿子树。建筑与景观又相互融合了,建立起与基地之间的另一重关系(图15-78~图15-81)。

图15-78 柿子林会所(一)

图15-79 柿子林会所(二)

图15-80 柿子林会所(三)

图15-81 柿子林会所(四)

15.3.12 丽江玉湖完小学校

玉湖村是位于世界文化遗产保护基地丽江的纳西小村落,昆明向西约10h车程。小村坐落在玉龙雪山脚下,海拔2760m,气候宜人,冬暖夏凉。美丽的雪山、晶莹的雪峰为村落提供了一个壮观的背景。

建筑师李晓东设计理念的产生建立在他对当地传统、建造技术、建筑材料以及资源的研究基础之上。因此,该项目将研究和设计融为一体,试图通过对环境、社会和建筑保护的根本理解来达到对丽江乡土建筑的新的诠释。

联合国教科文组织亚太区文化遗产奖评审团给予该设计这样的评价:"玉湖完小学校"精美的设计,运用当代建筑实践巧妙地诠释了传统建筑环境,其对地方材料的大胆运用及极富创意的演绎乡土建筑技术,不仅创造出一个具有震撼力的形式,也把可持续建筑设计推进了一步(图15-82~图15-85)。

图 15-82　玉湖完小学校入口大门

图 15-83　玉湖完小学校建筑立面

图 15-84　玉湖完小学校外廊

图 15-85　玉湖完小学校楼梯

第 16 章　外国现代风景园林建筑

16.1　外国现代风景园林建筑（19 世纪末至第二次世界大战结束）

　　18 世纪伴着蒸汽机的轰鸣，对人类具有深刻影响的工业革命在欧洲爆发了。人类社会也随之跨入了工业时代。与此同时，随之而来社会、艺术、文化领域也发生了深刻的变革，从 19 世纪末到两次世界大战，"现代主义运动"席卷了绘画、雕塑、建筑等领域。风景园林设计领域在这一时期也因为大量全新设计思想和设计语言的出现，使其迈进了现代风景园林的新时代。

16.1.1　西班牙居尔公园

　　1900 年，高迪受朋友、实业家居尔的委托，在巴塞罗那郊区设计一个居住区，尽管最终只完成了少数几栋建筑，但是却建成了一个梦幻般的居尔公园，在公园中高迪以超凡的想像力，将建筑、雕塑和大自然环境融为一体。整个设计充满了波动的、有韵律的、动荡不安的线条和色彩，光影、空间的丰富变化，围墙、长凳、柱廊和绚丽的马赛克镶嵌装饰表现出鲜明的个性，其风格融合了西班牙传统中的摩尔式和哥特式文化的特点。公园虽然没有全部建成，但高迪超凡的创造力已令人仿佛置身于梦幻之中（图 16-1～图 16-3）。

图 16-1　居尔公园具有西班牙风格的建筑

图 16-2　居尔公园入口鸟瞰

16.1.2　德国爱因斯坦天文台

　　位于波茨坦的爱因斯坦天文台是德国早期表现主义建筑的代表作。德国建筑师门德尔松 1917 年设计，1921 年建成。这座以著名科学家命名的建筑，却并未采用最先进的技术来建造，塔体大部分用砖砌筑，但其流线形的造型却对后来尤其是美国工业建筑产生了极其深刻

图 16-3　西班牙居尔公园具有鲜明高迪风格的建筑

的影响（图 16-4、图 16-5）。

图 16-4　德国爱因斯坦天文台（一）

图 16-5　德爱因斯坦天文台（二）

16.1.3　荷兰乌德勒支住宅

由里特维德设计的这座住宅大体上是一个立方体，但设计者将其中的一些墙板、屋顶板和几处楼板推伸出来，稍稍脱离住宅主体，这些伸挑出来的板片形成横竖相间、错落有致、纵横穿插的造型，加上不透明的墙片与透明的大玻璃窗的虚实对比、明暗对比、透明与反光的交错，造成活泼新颖的建筑形象（图 16-6～图 16-8）。

16.1.4　德国包豪斯教师住宅

包豪斯风格的代表人物格罗庇乌斯亲自为"包豪斯"设计校舍和教师住宅。他按照建筑的实用功能，采用非对称、不规则、灵活的布局与构图手法，充分发挥现代建筑材料和结构的特性，运用建筑本身的各种构件创造出令人耳目一新的视觉效果。建筑墙身虽无壁柱、雕刻、花饰，但通过对窗格、雨罩、露台栏杆、幕墙与实墙的精心搭配和处理，却创造出简洁、清新、朴实并富动感的建筑艺术形象，而且造价低廉，建造工期缩短。它们成为后来形成的"包豪斯"建筑风格的"开山鼻祖"，也是现代主义建筑的先声和典范，更是现代建筑

图 16-6　德国乌德勒支住宅（一）

图 16-7　德国乌德勒支住宅（二）

图 16-8　德国乌德勒支住宅（三）

史上的一个里程碑。"包豪斯"校舍建筑在 1996 年被联合国教科文组织列为世界文化遗产，一直以来也是吸引许多游客光顾的旅游景点（图 16-9～图 16-11）。

16.1.5　法国萨伏伊别墅

　　萨伏伊别墅是现代主义建筑的经典作品之一，位于巴黎近郊的普瓦西（Poissy），由现代建筑大师勒·柯布西耶于 1928 年设计，1930 年建成，使用钢筋混凝土结构。这幢白房子表面看来平淡无奇，简单的柏拉图形体和平整的白色粉刷的外墙，简单到几乎没有任何多余装饰的程度，唯一的可以称为装饰部件的是横向长窗，这是为了能最大限度地让光线射入。

　　在 1926 年出版的《建筑五要素》中，柯布西耶曾提出了新建筑的"五要素"，它们是：①底层的独立支柱；②屋顶花园；③自由平面；④自由立面；⑤横向长窗。萨伏伊别墅正是勒·柯布西耶提出的这"五要素"的具体体现，甚至可以说是最为恰当的范例，对建立和宣

图 16-9　德国包豪斯教师住宅（一）

传现代主义建筑风格影响很大。萨伏伊别墅深刻地体现了现代主义建筑所提倡新的建筑美学原则。表现手法和建造手段的相统一，建筑形体和内部功能的配合，建筑形象合乎逻辑性，构图上灵活均衡而非对称，处理手法简洁，体型纯净，在建筑艺术中吸取视觉艺术的新成果等，这些建筑设计理念启发和影响着无数建筑师。即便是到了今天，现代主义的建筑仍为诸多人士所青睐。因为它代表了进步、自然和纯粹，体现了建筑的最本质的特点（图 16-12～图 16-15）。

图 16-10　德国包豪斯教师住宅（二）

图 16-11　德国包豪斯教师住宅（三）

图 16-12　法国萨伏伊别墅（一）

图 16-13　法国萨伏伊别墅（二）

16.1.6　美国流水别墅

流水别墅是现代建筑的杰作之一，它位于美国匹兹堡市郊区的熊溪河畔，由建筑大师赖特设计。别墅主人为匹兹堡百货公司老板德国移民考夫曼，故又称考夫曼住宅。

别墅共三层，面积约 380m²，以二层（主入口层）的起居室为中心，其余房间向左右铺展开来，别墅外形强调块体组合，使建筑带有明显的雕塑感。两层巨大的平台高低错落，一层平台向左右延伸，二层平台向前方挑出，几片高耸的片石墙交错着插在平台之间，很有力度。溪水由平台下怡然流出，建筑与溪水、山石、树木自然地结合在一起，像是由地下生长出来似的。

别墅的室内空间处理也堪称典范，室内空间自由延伸，相互穿插；内外空间互相交融，浑然一体。流水别墅在空间的处理、体量的组合及与环境的结合上均取得了极大的成功，为有机建筑理论作了确切的注释，在现代建筑历史上占有重要地位（图 16-16～图 16-23）。

图 16-14 法国萨伏伊别墅（三）

图 16-15 法国萨伏伊别墅（四）

图 16-16 美国流水别墅（一）

图 16-17 美国流水别墅（二）

图 16-18 美国流水别墅（三）

图 16-19 美国流水别墅（四）

图 16-20　美国流水别墅（五）

图 16-21　美国流水别墅（六）

图 16-22　美国流水别墅（七）

图 16-23　美国流水别墅（八）

16.1.7　西班牙巴塞罗那世界博览会德国馆

　　1929 年西班牙巴塞罗那世界博览会有个德国馆，轰动了整个建筑界。密斯·凡德罗在这个建筑物中完全体现了他在 1928 年所提出的"少就是多"的建筑处理原则。他认为，建筑本身就是展品的主体，以水平和竖向的布局、透明和不透明材料的运用以及结构造型等，使建筑进入诗意般的水平。这座德国馆建立在一个基座之上，主厅有 8 根金属柱子，上面是薄薄的一片屋顶。大理石和玻璃构成的墙板也是简单光洁的薄片，它们纵横交错，布置灵活，形成既分割又连通、既简单又复杂的空间序列；室内室外也互相穿插贯通，没有截然的分界，形成奇妙的流通空间。整个建筑没有附加的雕刻装饰，然而对建筑材料的颜色、纹理、质地的选择十分精细，搭配异常考究，比例推敲精当，使整个建筑物显出高贵、雅致、生动、鲜亮的品质，向人们展示了历史上前所未有的建筑艺术质量。博览会结束，该馆也随之拆除了，存在时间不足半年，但其所产生的重大影响一直持续着。展馆对 20 世纪建筑艺术风格产生了广泛影响。半个世纪以后，西班牙政府于 1983 年决定在它的原址——现西班牙巴塞罗那的蒙胡奇公园里重建这个展览馆（图 16-24～图 16-29）。

图 16-24　西班牙巴塞罗那世界博览会德国馆（一）

图 16-25　西班牙巴塞罗那世界博览会德国馆（二）

图 16-26　西班牙巴塞罗那世界博览会德国馆（三）

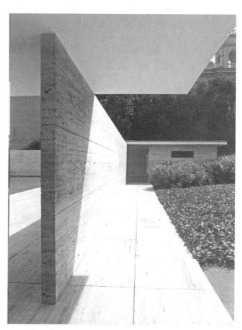

图 16-27　西班牙巴塞罗那世界博览会德国馆（四）

图 16-28　西班牙巴塞罗那世界博览会德国馆（五）

图 16-29　西班牙巴塞罗那世界博览会德国馆（六）

16.1.8　芬兰玛丽亚别墅

　　玛丽亚别墅是阿尔托古典现代主义的巅峰之作，被称为"把 20 世纪理性构成主义与民族浪漫运动传统联系起来的构思纽带"。它可与赖特的流水别墅、柯布西耶的萨伏伊别墅、密斯的范斯沃斯住宅相媲美（图16-30～图16-35）。

图16-30　芬兰玛丽亚别墅（一）

图16-31　芬兰玛丽亚别墅（二）

图16-32　芬兰玛丽亚别墅（三）

图16-33　芬兰玛丽亚别墅（四）

图16-34　芬兰玛丽亚别墅（五）

图16-35　芬兰玛丽亚别墅（六）

16.2　外国当代风景园林建筑（第二次世界大战结束以后）

第二次世界大战结束以来，随着西方社会和经济发展由稳定、繁荣的鼎盛时期逐步转向衰落，经济、社会以及文化的危机最终引发了一场继现代主义之后的社会思潮和文化运动。这些思潮和运动对西方当代风景园林及风景园林建筑产生了不可忽视的影响，其中包括后现代主义、结构主义、极简主义、可持续发展、绿色和生态主义等。这些思潮和运动，自从20世纪60年代开始，时至今日，它已在全球范围内传播，改变了人们的思维方法，也改变了人们的审美原则和评判标准。随之，也产生了大量的具有全新风格的风景园林建筑。

16.2.1 美国西塔里埃森

1911年，赖特在威斯康星州斯普林格林（Spring Green，Wisconsin）建造了一处居住和工作的总部，他按照祖辈给这个地点起的名字，把它叫做"塔里埃森"（Taliesin）。1938年起，他在亚利桑那州斯科茨代尔（Scottsdale，Arizona）附近的沙漠上又修建了一处冬季使用的总部，称为"西塔里埃森"。

西塔里埃森坐落在沙漠中，是一片单层的建筑群，其中包括工作室、作坊、赖特和学生们的住宅、起居室、文娱室等。那里气候炎热，雨水稀少，西塔里埃森的建筑方式也就很特别。选用当地的石块和水泥筑成厚重的矮墙和墩子，呈45°倾斜的混凝土结构则是以当地的巨大圆石头为骨料，大量使用了当地产的红木作房屋的上部结构，上面用木料和帆布遮盖。需要通风的时候，帆布板可以打开或移走。这是一组不拘形式的、充满野趣的建筑群。它同当地的自然景物很匹配，给人的印象是建筑物本身好像沙漠里的植物，是从那块土地中长出来的（图16-36～图16-41）。

图 16-36　美国西塔里埃森（一）

图 16-37　美国西塔里埃森（二）

图 16-38　美国西塔里埃森（三）

图 16-39　美国西塔里埃森（四）

图 16-40　美国西塔里埃森（五）

图 16-41　美国西塔里埃森（六）

16.2.2　意大利喷泉广场

　　位于新奥尔良市的意大利喷泉广场是美国后现代主义的代表人物之一查尔斯·摩尔的代表作，也是后现代主义建筑群和广场设计的一个例子。意大利广场中心部分开敞，一侧有祭台，祭台两侧有数条弧形的由柱子与檐部组成的单片"柱廊"，前后错落，高低不等。这些"柱廊"上的柱子分别采用不同的罗马柱式，祭台带有拱券，下部台阶呈不规则形，前面有一片浅水池，池中是石块组成的意大利地图模型，长约 24m。整个广场以地图模型中的西西里岛为中心。广场有两条通路与大街连接，一个进口处有拱门，另一处为凉亭，都与古代罗马建筑相似。广场上的这些建筑形象明确无误地表明它是意大利建筑文化的延续。整个意大利广场的处理既古又新，既真又假，既传统又前卫，既认真又玩世不恭，既严肃又嬉闹，既俗又雅，有强烈的象征性、叙事性、浪漫性（图 16-42、图 16-43）。

图 16-42　意大利喷泉广场（一）

图 16-43　意大利喷泉广场（二）

16.2.3　法国拉维莱特公园

　　拉维莱特公园位于巴黎东北部，占地约 50hm²，乌尔克运河几乎恰好将基地一分为二。运河东端南岸是一座大型流行音乐厅。北半部有刚建成的具有大型高技派建筑风格的科学工业城。馆前为一巨大的不锈钢球幕电影院。1982 年法国文化部向全球设计师征集设计方案。建筑师伯纳德·屈米带有解构主义色彩的方案脱颖而出，成为中选方案。屈米从法国传统园林中学到了一些手法，例如巨大的尺度、视轴、林荫大道等，但是并没有按西方传统模式设计公园。相反，公园在结构上由点、线、面三个互不关联的要素体系相互叠加而成。"点"由 120m 的网线交点组成，在网格交点上共安排了 40 个鲜红色的、具有明显构成主义风格的小构筑物。这些构筑物以 10m 边长的立方体作为基本形体加以变化，有些是有功能的，如茶室、临时托儿所、询问处等，另一些附属于建筑物或庭园，还有一些没有功能的"线"由空中步道、林荫大道、弯曲小径等组成，其间没有必然的联系。空中步道一条位于运河南岸，另一条位于园西侧贯穿南北。林荫大道有的是利用了现状，有的是构图安排的需要，例如科学博物馆前的圆弧形大道。在规整的建筑与主干道体系之中还穿插了另一种线型节奏——弯曲的小径。小径将一系列娱乐空间、庭园、小游泳池、野炊地、教育园等联系起来。"面"是指地面上大片的铺地、大型建筑、大片草坪与水体等（图16-44～图16-47）。

图 16-44　法国拉维莱特公园空中步道

图 16-45　法国拉维莱特公园构筑物（一）

图 16-46　法国拉维莱特公园构筑物（二）

图 16-47　法国拉维莱特公园构筑物（三）

16.2.4 德国杜伊斯堡北风景公园

由德国慕尼黑工业大学教授、景观设计师拉茨设计的杜伊斯堡北风景公园面积230hm^2，坐落于杜伊斯堡市北部。这里是曾经有百年历史的钢铁厂。1989年，政府决定将工厂改造为公园，成为埃姆舍公园的组成部分。拉茨的事务所赢得了国际竞赛的一等奖，并承担设计任务。这个项目的特点之一就是用生态的手段来处理这个大型的工业废墟。设计师在最大程度上保留了这个当地的生态环境，并几乎保留了所有的构筑物并利用原有的废弃材料建造公园，并赋予其新的意义和用途（图16-48～图16-52）。

图16-48　德国杜伊斯堡北风景公园钢铁厂

图16-49　德国杜伊斯堡北风景公园
钢铁厂废弃的设备

图16-50　德国杜伊斯堡北风景公园钢铁厂夜景

图16-51　德国杜伊斯堡北风景公园钢铁厂
废弃的设备作为景观元素

图16-52　德国杜伊斯堡北风景公园设施

16.2.5 日本水之教堂

水之教堂位于日本北海道夕张山脉东北部群山环抱之中的一块平地上，由日本建筑师安藤忠雄设计。安藤忠雄和他的助手们在场里挖出了一个90m×45m的人工水池。面对池塘，设计将两个分别为10m×10m和15m×15m的正方形在平面上进行了叠合。环绕它们的是一道"L"型的独立的混凝土墙。人们在这道长长的墙的外面行走是看不见水池的，只有在墙尽头的开口处转过180°，参观者才第一次看到水面。在这样的视景中，人们走过一条舒缓的坡道来到四面以玻璃围合的入口。这是一个光的盒子，天穹下矗立着四个独立的十字架。人们从这里走下一个旋转的黑暗楼梯来到教堂。水池在眼前展开，中间是一个十字架。教堂面向水池的玻璃面是可以整个开启的（图16-53～图16-56）。

图16-53 日本水之教堂（一）

图16-54 日本水之教堂（二）

图16-55 日本水之教堂（三）

图16-56 日本水之教堂（四）

16.2.6 日本美秀美术馆

日本美秀美术馆创办人为小山美秀子，由美国建筑师贝聿铭联同日本纪萌馆设计室设

图16-57 日本美秀美术馆（一）

图16-58 日本美秀美术馆（二）

计，是一个由日本与美国联合建筑的工程，是位于日本滋贺县甲贺市的私立美术馆，1997 年 11 月竣工。美术馆每一部分均体现了建筑家打破传统的创新风格，由外形崭新的铝质框架及玻璃天幕，再配上 Magny Dori 石灰石及专门开发的染色混凝土等暖色物料；还有展览形式及存放装置，都充分表现出设计者匠心独运的智慧（图 16-57～图 16-61）。

图 16-59　日本美秀美术馆（三）

图 16-60　日本美秀美术馆（四）

图 16-61　日本美秀美术馆（五）

16.2.7　澳大利亚凯恩斯植物园游客中心

　　凯恩斯植物园游客中心于 2011 年由 Charles Wright Architects 建筑师事务所（CWA）设计，藏身于澳大利亚昆士兰州偏远的北部热带雨林之中，其独特的入口设计获得了澳大利亚建筑师协会（AIA）颁发的 2012 年度 Eddie Oribin 建筑奖。为了满足市政府新颖有趣的设计创意要求，建造一座令人难忘的热带建筑，并能天衣无缝地融入周边环境，CWA 提出了一种镜子立面的设计方案，能如实反射出周围的花园景致。隐藏的入口内包含咖啡馆露台、信息和展览空间以及政府员工办公室。这里使人行长廊更富有活力，并连接艺术中心与花园，同时还能全年为游览闷热潮湿的热带花园的游客提供一处阴凉干爽的区域（图 16-62、图 16-63）。

16.2.8　新喀里多尼亚让·马里·吉巴乌文化中心

　　让·马里·吉巴乌文化中心由伦佐、皮阿诺设计，让·马里·吉巴乌文化中心由十个单

图 16-62　澳大利亚凯恩斯植物园游客中心（一）

图 16-63　澳大利亚凯恩斯植物园游客中心（二）

体组成，共有三种大小。这些类似山间木屋的曲线形构筑物，全都是木桁架和木肋条建成。它们各有自己的主题，但都朝向贯穿中心的通道开放，给参观者提供了一条由狭小空间到开阔空间的戏剧性的途径。这些建筑物表达了一种与夏威夷文化氛围之间和谐的关系。在功能上充分利用新喀里多尼亚的气候特征，在建筑内部安装了一套十分有效的被动通风系统。其原理是采用双层结构，使空气可以自由地在内部的弓形表面与外部的垂直表面之间流通。而建筑外壳上的开口则是用于吸纳海风，或者用于导引建筑所需的对流。气流由百叶窗进行调节，当有微风吹来时，百叶窗会自动开启让气流通过，当风速很大时，它们又会按照由下而上的顺序关闭。文化中心由三个小村落组成：一个专门举办展览；一个是大型的展示空间；中间的是历史学家、研究员、展览管理人员用房；位于小路尽头的是行政管理用房（图 16-64～图 16-67）。

图 16-64　新喀里多尼亚
让·马里·吉巴乌文化中心（一）

图 16-65　新喀里多尼亚
让·马里·吉巴乌文化中心（二）

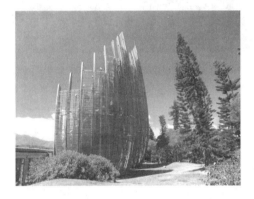

图 16-66　新喀里多尼亚
让·马里·吉巴乌文化中心（三）

图 16-67　新喀里多尼亚
让·马里·吉巴乌文化中心（四）

本书思考与练习

1. 建筑与风景园林建筑的区别是什么?
2. 风景园林建筑的特点是什么?
3. 中国传统风景园林建筑的特点是什么?
4. 中国传统风景园林建筑与西方传统风景园林建筑的异同点是什么?
5. 风景园林建筑设计的过程是什么?
6. 风景园林建筑方案设计的表达包括哪些方面? 各自的特点有哪些?
7. 如何能够很好地进行风景园林建筑设计?
8. 风景园林建筑设计图面表达有哪些形式? 各自特点是什么?
9. 风景园林建筑设计的内容是什么?
10. 风景园林建筑设计的程序是什么?
11. 风景园林建筑设计的依据是什么? 对风景园林建筑设计的影响是什么?
12. 风景园林建筑空间的组织形式有哪些?
13. 风景园林建筑立面设计的影响因素有哪些?
14. 风景园林建筑技术设计包括哪些方面?
15. 风景园林建筑场地设计的特点是什么?
16. 选取一座小型风景园林建筑进行平立剖面图的测绘,并进行不同表达方式的练习。
17. 风景园林建筑设计图面表达有哪些形式? 各自特点是什么?
18. 风景园林建筑设计的内容是什么?
19. 风景园林建筑设计的程序是什么?
20. 风景园林建筑设计的依据是什么? 对风景园林建筑设计的影响是什么?
21. 风景园林建筑空间的组织形式有哪些?
22. 风景园林建筑立面设计的影响因素有哪些?
23. 风景园林建筑技术设计包括哪些方面?
24. 风景园林建筑场地设计的特点是什么?
25. 选取一座小型风景园林建筑进行平立剖面图的测绘,并进行不同表达方式的练习。
26. 西方现代风景园林建筑的特点是什么?
27. 西方现代风景园林建筑的流派及其特点是什么?
28. 中国当代风景园林建筑的特点是什么?
29. 简述你对中国未来风景园林建筑发展趋势的看法。
30. 选取一小型风景园林建筑对其建筑环境、建筑功能、空间设计、交通组织、结构形式和建筑立面及造型进行全面系统的分析,并运用图示语言和文字说明相结合的方法将分析结论通过适当的表达方式表现出来。

参 考 文 献

[1] 彭一刚 . 感悟与探寻 [M]. 天津：天津大学出版社，2000.

[2] 彭一刚 . 创意与表现 [M]. 哈尔滨：黑龙江科技出版社，1994.

[3] 彭一刚 . 建筑空间组合论 [M]. 北京：中国建筑工业出版社，1998.

[4] 吴良铺 . 国际建协《北京宪章》——建筑学的未来 [M]. 北京：清华大学出版社，2002.

[5] 侯幼彬著 . 中国建筑美学 . 哈尔滨：黑龙江科技出版社，1997.

[6] 刘先觉 . 阿尔瓦·阿尔托 . 北京：中国建筑工业出版社，1998.

[7] 杨鸿勋 . 江南园林论 . 上海：上海人民出版社，1994.

[8] 计成原著 . 陈植注释 . 园冶注释 . 北京：中国建筑工业出版社，1998.

[9] 卢仁 . 园林建筑 [M]. 北京：中国林业出版社，1999.

[10] 刘福智，佟裕哲 . 风景园林建筑设计指导 [M]. 北京：机械工业出版社，2007.

[11] 卢济威 . 山地建筑设计 [M]. 北京：中国建筑工业出版社，2001.

[12] 尚廓 . 风景建筑设计 [M]. 哈尔滨：黑龙江科学技术出版社，1998.

[13] 刘滨谊 . 现代景观规划设计 [M]. 南京：东南大学出版社，1999.

[14] 周立军 . 建筑设计基础 . 哈尔滨：哈尔滨工业大学出版社 . 2003.

[15] 田学哲 . 建筑初步（第二版）. 北京：中国建筑工业出版社，2006.

[16] 张伶伶 . 场地设计 . 北京：中国建筑工业出版社，2002.

[17] 王向荣 . 西方现代景观设计的理论与实践 . 北京：中国建筑工业出版社，2002.

[18] [美] 约翰·O·西蒙兹著 . 俞孔坚、王志芳、孙鹏译 . 景观设计学——场地规划设计手册 . 北京：中国建筑工业
出版社，2000.

[19] 王树栋 . 园林建筑 [M]. 北京：气象出版社，2004.

[20] 佟裕哲 . 中国景园建筑图解 [M]. 北京：中国建筑工业出版社，2001.

[21] 佟裕哲 . 中国传统景园建筑设计理论 [M]. 西安：陕西科学技术出版社，1993.

[22] 陆嵘 . 现代风景园林概论 [M]. 西安：西安交通大学出版社，2007.

[23] 于正伦 . 城市环境艺术：景观与设施 [M]. 天津：天津科学技术出版社，1990.

[24] 成涛 . 城市环境艺术 . 广州环境艺术的发展 [M]. 广州：华南理工大学出版社，2000.

[25] 杨赉丽 . 城市园林绿地规划 [M]. 北京：中国林业出版社，2007.

[26] 王晓俊 . 园林建筑设计 [M]. 南京：东南大学出版社，2004.

[27] 周维权 . 中国古典园林史 [M]. 北京：清华大学出版社，1999.

[28] 杨滨章 . 外国园林史 . 哈尔滨：东北林业大学出版社，2003.

[29] 郑忻，华晓宁著 . 山水风景与建筑 [M]. 南京：东南大学出版社，2007.

[30] 黄华明 . 现代景观建筑设计 [M]. 武汉：华中科技大学出版社，2008.

[31] 安藤忠雄 . 安藤忠雄论建筑 . 白林译 . 北京：中国建筑工业出版社，2003.

[32] 查尔斯·詹克斯 . 后现代建筑语言 . 北京：中国建筑工业出版社 .

[33] [美] 麦克哈格著 . 设计结合自然 . 苗经纬译 . 北京：中国建筑工业出版社，1992.

[34] 郦芷若，朱建宁 . 西方园林 [M]. 河南：河南科学技术出版社，2001.

[35] 项秉仁，赖特 . 北京：中国建筑工业出版社 1992 年 .

[36] 南京工学院等编 . 中国建筑史 . 北京：中国建筑工业出版社，1992.

[37] 王受之 . 西方现代建筑史 . 北京：中国建筑工业出版社，1999.

[38] 俞孔坚 . 生存的艺术 [M]. 北京：中国建筑工业出版社，2006.

[39] 俞孔坚 . 城市景观之路 [M]. 北京：中国建筑工业出版社，2003.